T0224754

Biofluidmechanik

Dieter Liepsch

Biofluidmechanik

Grundlagen und Anwendungen

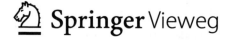 Springer Vieweg

Dieter Liepsch
Hochschule München University of Applied Sciences
München, Deutschland

ISBN 978-3-662-63178-2   ISBN 978-3-662-63179-9 (eBook)
https://doi.org/10.1007/978-3-662-63179-9

Die Deutsche Nationalbibliothek verzeichnet diese Publikation in der Deutschen Nationalbibliografie; detaillierte bibliografische Daten sind im Internet über http://dnb.d-nb.de abrufbar.

Springer Vieweg

Lektorat/Planung: Michael Kottusch
Springer Vieweg ist ein Imprint der eingetragenen Gesellschaft Springer-Verlag GmbH, DE und ist ein Teil von Springer Nature.
Die Anschrift der Gesellschaft ist: Heidelberger Platz 3, 14197 Berlin, Germany

Vorwort

Das Buch gibt eine Einführung in die fluidmechanischen Grundlagen und die medizinischen Grundkenntnisse, die für das Gebiet der Biofluidmechanik erforderlich sind. Es wird ausführlich auf die Blutströmung im Menschen und das Kreislaufsystem eingegangen, da dies für viele diagnostische und therapeutische Verfahren in der Medizin wichtig ist.

Luft und Wasser sind lebensnotwendige Biofluide, neben den vielen Körperflüssigkeiten, die kurz abgehandelt werden.

Auf die Gebiete Fliegen und Schwimmen von Tieren, sowie die Strömungvorgänge in Pflanzen wird verzichtet, da dies den Umfang des Buches sprengen würde. Hier sei auf die einschlägige Literatur verwiesen.

Neben den Grundlagen, wie stationäre, instationäre, pulsierende Strömung, spielt die Elastizität der Gefässe und das nichtnewtonsche Fließverhalten eine entscheidende Rolle bei vielen physiologischen Vorgängen.

Anhand verschiedener Beispiele werden experimentelle Arbeiten gezeigt, die teilweise numerisch mittels CFD simuliert und kontrolliert wurden. Diese zeigen die Anwendungen der Biofluidmechanik in der Medizin auf, z. B. Radiologie, Gefäßchirurgie, Kardiologie, Neurochirurgie. Neben den numerischen Verfahren sind Experimente unabdingbar, um eine präzise Aussage zu erhaltern. Viele rein numerisch erfolgte Publikationen haben die lokalen Viskositätsänderungen nicht berücksichtigt und es gibt dadurch unexakte Aussagen.

Das Buch soll Studenten der Ingenieur- und Naturwissenschaften, sowie der Medizin, als auch den in der Praxis Tätigen helfen, die strömungsmechanischen Phänomene näher zu bringen.

Es wird weiter ein kurzer Abriss verschiedener invasiver und nicht-invasiver Messmethoden, wie Druck, Geschwindigkeit und Volumenstrom gegeben.

Mein Dank gilt besonders Frau Joyce McLean, die das Manuskript aus zahlreichen meinen Vorträgen und Publikationen zusammengestellt hat.

Auch meinen Master- und Bachelor Studenten, Maximilian von Brauneck, Mihael Bukal, Felix Toxey Ehrat, Samet Kahveci, Stephan Huber, Isa Bullinger, Andreas Nikolas Lemke, Mathias Repak, Furkau Sakizli, die bei der Erstellung und Korrektur mitgeholfen haben, sei gedankt.

Feldafing, Deutschland   Dieter Liepsch

Inhaltsverzeichnis

Einleitung

1

Die Biofluidmechanik befaßt sich mit Strömungsvorgängen in Lebewesen und Pflanzen. In diesem Buch sei nur auf die wichtigen Vorgänge im Menschen, speziell dem Kreislaufsystem eingegangen. In allen menschlichen Organen laufen Transportvorgänge wie Impuls-, Wärme- und Stofftransport ab. Diese Transportvorgänge beruhen auf Druck-, Konzentrations- und Temperaturdifferenzen. Die strömungstechnischen Grundvorgänge spielen somit eine entscheidende Rolle beim Blut- und Lymphtransport, aber auch bei der Diffusion durch Gefäßwände und Zellwände. Zu den wichtigsten Strömungsvorgängen im Menschen zählt der Blutkreislauf, wobei man zwischen großem Körperkreislauf und kleinem Lungenkreislauf unterscheidet.

In den meisten westlichen, hoch entwickelten Industrienationen sind nahezu 75 % aller Todesfälle auf Kreislaufversagen zurückzuführen. Das arterielle Gefäßsystem spielt dabei eine besondere Rolle. Am häufigsten gefährdet sind Gehirn und Herz, aber auch Nieren- und Beinarterien. Hier treten die meisten sklerotischen Veränderungen und Thrombosen an Krümmungen und Verzweigungen auf. Aus Sicht der Strömungsmechanik kommt es dort zur Ausbildung von Staupunkten, Strömungsablösungen und Rückströmungen. Schon sehr früh wurde die Bedeutung der Blutströmung von Medizinern und Physikern zur Kontrolle und Diagnose des Kreislaufs erkannt.

Die Messung des Blutdruckes ist eine einfache und in jeder Arztpraxis durchführbare Methode, um Veränderungen im Blutkreislauf festzustellen. Bereits Galileo Galilei (1564–1642) benutzte das Pendel, um die Pulsrate des Menschen zu messen. Zu dieser Zeit wies William Harvey (1578–1658) die Existenz eines geschlossenen Blutkreislaufs nach. „Das Herz schlägt 72mal in der Minute". Die Herzkapazität maß er mittels eines Wachsausgusses. „In einer Stunde fließen somit 2 x 72 x 60ounces = 8640 ounces = 540 pounds". Dies entspricht ca. 245 kg bzw. 245 l, wenn man eine Dichte von 1000 kg/m^3 annimmt. Aus dieser hohen Blutmenge schloss er auf die Existenz eines Kreislaufes.

Stephen Hales (1677–1761) maß den arteriellen Blutdruck an Pferden. Er stellte auch die Dehnung von Aorten fest. Er führte den Begriff des peripheren Widerstandes ein und be-

© Springer-Verlag GmbH Deutschland, ein Teil von Springer Nature 2022
D. Liepsch, *Biofluidmechanik*, https://doi.org/10.1007/978-3-662-63179-9_1

hauptete, die Dehnung der Aorta wirke wie ein Windkessel. Jean Poiseuille (1799–1869) benutzte das Quecksilbermanometer, um den Blutdruck in der Aorta eines Hundes zu messen.

August Krogh (1874–1949) gewann den Nobelpreis mit einer Arbeit über die Mechanik der Mikrozirkulation. Schwieriger ist es, den Blutfluss in den einzelnen Blutgefäßen zu messen, was für viele diagnostische Aussagen von großer Bedeutung ist, z. B., ob einzelne Organe ausreichend mit Blut versorgt werden. Dazu sind zahlreiche neue Messverfahren entwickelt worden, wie z. B. Ultraschallgeräte und Magnetresonanzverfahren.

In den letzten Jahrzehnten ist die große Bedeutung interdisziplinärer Forschungsgebiete, bei denen Ingenieure, Physiker, Chemiker und Mediziner zusammenarbeiten, erkannt worden. Biomechanik-Biofluidmechanik, künstlicher Gefäßersatz, Blutrheologie, Mikrozirkulation, um nur einige Beispiele zu nennen, sind heute Forschungsgebiete, bei denen Mediziner und Ingenieure eng zusammenarbeiten. In vielen Ländern wurde deshalb mit der Ausbildung von Bio-Ingenieuren begonnen.

Die Biomechanik ist ein sehr umfangreiches Gebiet. Man kann sie als Oberbegriff für die oben aufgeführten Richtungen bezeichnen. Die Biomechanik wendet die Mechanik auf biologisch lebende Systeme an. Dies reicht von der Erforschung der Funktionsweise der Organe, bis zur Erstellung künstlicher Prothesen. Berechnung, Erprobung und Bau künstlicher Gelenke sind heute Stand der Technik. Täglich werden künstliche Hüftgelenke erfolgreich implantiert. Dazu ist eine genaue Kenntnis der Materialien erforderlich; so haben sich keramische Werkstoffe oder Edelstahl (Titan) bzw. Materialkombinationen wie Metall-Polyethylen oder Metall-Metall wegen ihrer hohen Festigkeit und Verträglichkeit gut bewährt.

Die Biofluidmechanik als Teilgebiet der Biomechanik befasst sich mit allen biologischen Strömungen, also Fluiden (Gas, Wasser, Blut, Gewebeflüssigkeit etc.) im Lebewesen. Sie erforscht die Gesetzmäßigkeiten der Bewegung und des Kräftegleichgewichtes von ruhenden und bewegten Fluiden. Hierzu gehören:

Atmung
Blutkreislauf
    Mikrozirkulationsvorgänge
    Lymphströmungen
    künstlicher Gefäßersatz-Gefäßprothesen aus verschiedenen Materialien
    künstliche Herzklappen
    urologische Messungen
    künstliche Harnleiter
    die Blutrheologie
    Massentransport, Transport durch Membranen
    Diffusionprozesse
    Ionen in Lösung
    Vibrationen
    Wellenfortpflanzung, Schockwellen
    Luftzusammensetzung und Einfluß der Luftströmung um den Körper
    und noch viele andere Bereiche.

Der Einsatz künstlicher Herzklappen ist heute aus chirurgischer Sicht kein Problem mehr. Allerdings kommt es vereinzelt zur Thrombosebildung. So befassen sich viele Forschergruppen in den einzelnen Ländern mit der Entwicklung strömungsgünstiger Herzklappen. Umfangreiche Untersuchungen dieser Strömungen wurden von Köhler (1979) und Stein et al. (1982) durchgeführt. Sabbah und Stein (1982) stellten z. B. fest, dass die Strömungsverhältnisse an künstlichen Herzklappen höhere Scherspannungen hervorrufen als bei gesunden Patienten mit intakten Herzklappen. Weitere wichtige Forschungsgebiete für den Biofluidmechaniker sind die Blutzirkulation in Knochen und Muskelgeweben, (vergleiche Schmid-Schönbein und Chien 1980).

Dieses Buch soll einen Überblick über die physikalischen Grundlagen der Biofluidmechanik geben, einige grundlegende rheologische Eigenschaften, also Fließeigenschaften des Blutes beschreiben, die wichtigsten Biofluide in Menschen vorstellen, sowie auf die Anatomie bzw. Geometrie des menschlichen Kreislaufsystems eingehen und weitere medizinische Grundlagen in Bezug auf die Blutrheologie erklären.

Literatur

Köhler J (1979) Der Einfluß der Schließkörperwölbung auf den Öffnungswinkel und den Druckverlust von Pendelklappen. In: 1. Innsbrucker Workshop Künstliche Organe

PD Stein, FJ Walburn, Sabbah HN (1982) Turbulent stresses in the region of aortic and pulmonary valves ". In: Journal of Biomechanical Engineering 104(3):238–244.

Sabbah HN, Stein, P (1982) Fluid dynamic stresses in the region of a porcine bioprosthetic valve. In: Henry Ford Hospital Medical Journal 30 (3) 134–138.

Schmid-Schönbein G, Shu Chien (1980) Morphometry of human leukocytes". In: Blood 51 (5):866–875.

Biofluidmechanik

2

2.1 Begriffserläuterungen

Der Begriff Biofluidmechanik setzt sich aus den Worten Mechanik und Biofluid zusammen.

Das Wort Mechanik wurde ursprünglich von Galileo Galilei im Jahre 1638 geprägt. Es beschreibt die Lehre von Kräften, Bewegungen und Materialeigenschaften von Körpern. Die Mechanik kann in verschiedene Teilgebiete untergliedert werden. Die Kinematik beschreibt den Bewegungsablauf ohne Kräfte also die zeitliche und räumliche Bewegung von Körpern als Funktion der Zeit, Geschwindigkeit, Beschleunigung.

Die Dynamik beinhaltet die auf die bewegliche Masse wirkenden Kräfte. Hierbei unterscheidet man zwischen Statik (Kräfte im Gleichgewicht ruhender Körper) und Kinetik (Kräfte bei verändertem Bewegungszustand).

Für die Biofluidmechanik gelten die Gesetze der Technischen Mechanik und Mathematik, die ein Teilgebiet der Biomechanik sind.

Das interdisziplinäre Gebiet der Biomechanik beschreibt die biologischen Systeme, zum Beispiel die Bewegungen und Kräfte auf den menschlichen Körper mit den Gesetzmäßigkeiten und Methoden der Mechanik (Fung 1998). Dazu zählt die Untersuchung von Organen und deren Physiologie, sowie Diagnose und Therapie. Therapeutische Eingriffe, wie Operationen, oder Entwicklung und Einsatz von künstlichen Organen bzw. Gelenken, Stents sind wichtige Anwendungen.

Die Biofluidmechanik behandelt die Fließeigenschaften von Körperflüssigkeiten (Biofluide) z. B. von Blut und des Blutkreislaufs bzw. anderen flüssigkeitstransportierenden Systemen des Körpers (Lymphe, Verdauung, Flüssigkeiten der Körperhöhlen, etc.). Ferner spielen die Eigenschaften der Biofluide (z. B. Unterscheidung newtonsches, nicht-newtonsches Fluid) eine entscheidende Rolle im Gesamtsystem des Organismus (Liepsch 2002; Oertel 2008). Durch die Kenntnis der Fluidmechanik ergeben sich viele Anwendungen und Entwicklungen für die Medizin z. B. Stents, künstliche Herzklappen

© Springer-Verlag GmbH Deutschland, ein Teil von Springer Nature 2022
D. Liepsch, *Biofluidmechanik*, https://doi.org/10.1007/978-3-662-63179-9_2

und künstliche Gefäße. Die Wirkung der Strömung auf Zellen, Stoffaustausch, Aneurys-
menbildung und deren Behandlung sind weitere Forschungsgebiete.

2.2   Einteilung

Die Biomedizinische Technik befaßt sich mit den technischen Apparaturen und
Methoden, die zur Früherkennung, Diagnose, Therapie und Rehabilitation von
Krankheiten dienen. Im Folgenden sind einige Teilgebiete aufgeführt:

Biomedizinische Apparate und Systeme
z. B. zur Untersuchung von Patienten (Ultraschall, MRT, Computertomografie, Katheter
etc.) oder zur Unterstützung von Körperfunktionen (Herzunterstützungssysteme, Herz-
Lungen-Maschine etc.)

Biofluidmechanik
z. B. Strömungsuntersuchungen in verschiedenen Anatomien (Arterien, Venen, Verzweigungen, Hohlräume, Klappen etc.) in Abhängigkeit verschiedener Strömungsparameter

Biomaterialien
z. B. künstlicher Organersatz (künstliche Haut, künstliche Herzklappen)

Biosensoren
z. B. zur Echtzeiterfassung organismusspezifischer Parameter (Insulinspiegel, Blutdruck
oder anderer klinisch relevanter Werte)

Entwicklung von Herstellungsverfahren
Technische Mikrobiologie
Lebensmitteltechnologie
Zu der biomedizinischen Technik sind auch die Themen Krankenhaustechnik, Kyber-
netik und die allgemeine medizinische Versorgung der Bevölkerung zu zählen:

- Umwelttechnik
- Hygiene
- Einhaltung von Hygienestandards zur Vermeidung der Bildung multiresistenter Keime
  (MRSA) und Verbreitung anderer Infektionen (z. B. durch strickte Einhaltung von Hy-
  gienevorschriften (Desinfektionsstationen), speziellen Lüftungsanlagen, Isolierstatio-
  nen etc.)
- Medizinische Versorgung, Gesundheitsvorsorge.

Das Fachgebiet der Bionik beschreibt die Übertragung von aus der Natur bekannten Pro-
zessen, Phänomenen oder Eigenschaften auf die Entwicklung z. B. technischer Apparaturen.

2.3   Aufgaben und Ziele

Im Folgenden werden stichpunktartig einige Aufgaben und Ziele, der Biofluidmechanik genannt:

Diagnose
- Früherkennung von Verengungen (Stenose), Wandschädigungen
- Aneurysmen (z. B. mittels Ultraschalles)
- In Katheter eingelassene Chips zur Messung der Geschwindigkeit, Leitfähigkeit und elektrischer Potenziale des Blutes, sowie Druck- und Temperatursensoren für OP und Intensivstation
- Berührungslose Meßverfahren (Ultraschall, MRI, CT und Lasertechniken)
- Therapie
- Gefäßchirurgie
- End zu End und End zu Seit Anastomosentechnik
- Optimierung der Gefäßprothesen (hinsichtlich Durchmesser, Verzweigungswinkel)
- Herzchirurgie
- Bypass, künstliche Herzklappen, künstliches Herz, künstliche Lunge, künstliche Organe
- Laser
- Diagnose und Behandlung von Krebsgeschwülsten
- Laserchirurgie
- Korrelation
- Korrelation von LDA-Ultraschall
- LDA- Kernspinresonanz (MRI)
- Ursachen und Reaktionsforschung
- Zell-Zell
- Zelle-Zellwand (Endothel) Wechselwirkung
- Reaktion und Beeinflussung der Strömung durch Pharmaka

2.4   Anwendungen der Biofluidmechanik

Einige Anwendungen der Biofluidmechanik seien kurz aufgeführt.

- Atemsystem
- Blutkreislaufsystem
- Mikrozirkulation
- Lymphfluss
- Urologische Messungen, z. B. künstliche Blasenausgänge
- Infusionstherapie, Chemotherapie
- Blutrheologie

- Massentransport, Transport durch Membranen
- Organtransplantation: Künstliche Organe
- Gefäßchirurgie: OP-Techniken, Künstliche Gefäße
- Radiologie und Kardiologie, Nichtinvasive Messmethoden
- Ultraschall
- MRI und CT

Literatur

Nachtigall W (2001) Biomechniak, Vieweg & Teubner, Wiesbaden
Nachtigall W (2005) Biologisches Design: Systematischer Katalog für bionisches Gestalten. Springer Berlin
Da Vinci, L (1505) Sul volo degli uccelli, Florenz
Oertel H (2008) Bioströmungsmechnik Grundlagen, Methoden u. Phänomene, Vieweg & Teubner
Fung YC (1998) Biomechanics: Motion, Flow, Stress and Growth. Springer, New York
Liepsch D (2002) An introduction to biolfuid mechanic. Basic models and applications. J. of Biomechanics. 35: 415-425

Physikalische und Fluidmechanische Grundlagen

3

3.1 Allgemeines

Die Fluidmechanik beinhaltet die Lehre von Kräften, Bewegungen und Materialeigenschaften von Fluiden, also Gasen und Flüssigkeiten. Ein Fluid verformt sich im Vergleich zu Festkörpern unter dem Einfluss von Schubspannungen. Die meisten Fluide, bis auf wenige Ausnahmen, bestehen aus Molekülen. Man verwendet zur Beschreibung fluidmechanischer Vorgänge, die sogenannte Kontinuumshypothese, die besagt, dass die Masse eines Fluids stetig über das Volumen verteilt ist (Böswirth und Bschorer 2014). Gasförmige Fluide sind im Zusammenhang dieser Arbeit ein wichtiges Thema, da der Gasaustausch bei Lebewesen ein lebensnotwendiger Vorgang ist, wie beispielsweise die Atmung über die Lunge oder anderen Geweben bzw. Membranen und die damit verbundene Sauerstoffaufnahme und Kohlenstoffdioxidabgabe.

Auf die Biofluide unserer Umwelt und des menschlichen Körpers und deren physikalischen Eigenschaften wird in Kap. 5 näher eingegangen. Die Fluidmechanik gliedert sich in zwei große Teilgebiete: zum einem in die Fluidstatik, die Lehre von ruhenden Fluiden, mit den Untergebieten Aerostatik (Schichtung ruhender Atmosphären, z. B. der Erdatmosphäre) und Hydrostatik (Druckverteilung ruhender Flüssigkeiten, statischer Auftrieb, Kräfte auf Behälterwände, Ausbildung freier Oberflächen), zum anderen die Fluiddynamik, die Lehre von bewegten Fluiden, die weitere Kräfte, wie Reibungskräfte und

Ergänzende Information Die elektronische Version dieses Kapitels enthält Zusatzmaterial, das berechtigten Benutzern zur Verfügung steht. [https://doi.org/10.1007/978-3-662-63179-9_3].

Turbulenzkräfte hervorrufen. Diese unterteilt sich wiederum in die Aerodynamik (Verhalten von Körpern in kompressiblen Gasen), Hydrodynamik (Verhalten von Körpern in Flüssigkeiten bzw. Bewegungen der Flüssigkeiten) und die Magnethydrodynamik (elektrische und magnetische Eigenschaften von Flüssigkeiten, Gasen und Plasmen). Diese elektrischen und magnetischen Felder rufen Bewegungs- und Transportvorgänge hervor, die hier nicht weiter betrachtet werden.

Im Gegensatz zu festen Körpern besitzen Fluide die Eigenschaft, dass sich ihre Teilchen durch Druck- oder Schubkräfte leicht verschieben lassen. Ihre Dichte ändert sich bei Druckeinwirkung nur geringfügig bzw. meist in einem vernachlässigbaren Bereich, wodurch Flüssigkeiten in aller Regel als inkompressible Fluide betrachtet werden. Eine Flüssigkeit nimmt dem ihr zugeordneten Raum ein, unter der Berücksichtigung von Oberflächenkräften und anderer wirkender Kräfte.

Gase sind kompressible Fluide. Sie verändern in Folge des Drucks und der Temperatur, ihre Dichte. Ein Gas nimmt den gesamten ihm zur Verfügung stehenden Raum ein.

3.2   Zustandsgrößen

Zustandsgrößen beschreiben die Eigenschaften von Fluiden. Bei den Größen handelt es sich um sogenannte Kontinua, das heißt, dass mit jedem möglichen Wert auch alle Werte in einer genügend kleinen (mathematisch definierten) Umgebung möglich sind (Kontinuum). Somit kann von Zustandsgrößen „an einem Punkt" gesprochen werden (Böckh und Saumweber 2013).

3.2.1   Aggregatzustände

Wenn Flüssigkeiten und Gase als reine Stoffe vorliegen, also gleichen Molekülverbindungen und nicht Gemischen aus mehreren Stoffen, kann mit Hilfe der Dampf, Schmelz-, und Sublimationsdruckkurven zwischen den Aggregatzuständen fest-flüssig und gasförmig differenziert werden. Der sich bei einem Stoff einstellende Aggregatzustand ist abhängig von dessen Druck und Temperatur. Abb. 3.1 zeigt die Schmelzdruckkurve zwischen fest und flüssig, die Dampfdruckkurve zwischen flüssig und gasförmig und die Sublimationskurve zwischen fest und gasförmig. Auf den Druckkurven kann ein Stoff in jeweils beiden Zuständen vorkommen (fest-flüssig, flüssig-gasförmig, fest-gasförmig), am Tripelpunkt können gleichzeitig alle drei Aggregatzustände vorkommen. Oberhalb des kritischen Punktes ist eine Unterscheidung zwischen flüssig und gasförmig direkt nicht möglich. Die Temperatur eines Stoffes ändert sich während einem Phasenübergang nicht. Bei Stoffgemischen kann sich die Zusammensetzung beim Phasenwechsel flüssig gasförmig und umgekehrt ändern.

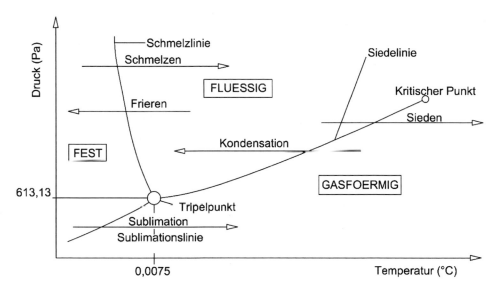

Abb. 3.1 Aggregatzustände reiner Stoffe

3.2.2 Oberflächenspannung

Flüssigkeiten mit freien Oberflächen haben eine weitere Eigenschaft, die Oberflächenspannung. An der Flüssigkeitsoberfläche wirkt eine Kraft, deren Richtung parallel zur Flüssigkeitsoberfläche ist. Die Flüssigkeitsoberfläche steht damit unter Spannung. Dies ermöglicht es, Objekten auf der Wasseroberfläche zu schwimmen, so lange deren Gewichtskraft nicht ausreicht, die sogenannte Oberflächenspannung zu überwinden. Sie ist die Ursache dafür, dass Flüssigkeiten, ohne Einfluss anderer Krafteinwirkungen, eine kugelförmige Gestalt annehmen. In ähnlicher Form tritt diese auch zwischen zwei Flüssigkeiten oder Festkörpern und flüssigen Medien auf, der Grenzflächenspannung. Hier wirken zusätzliche, anziehende Kräfte zwischen Festkörper und Flüssigkeit, Adhäsion genannt, die bewirken, dass die Gestalt von der Kugelform abweicht. Umso höher die Adhäsion zwischen Festkörper und Flüssigkeit ist, desto größer ist auch die Abweichung von der Kugelform. Die Ursache der Oberflächen- und Grenzflächenspannungen liegt in den Wechselwirkungskräften zwischen den Molekülen (Molekularkräfte). Da ein einzeln betrachtetes Molekül innerhalb einer Flüssigkeit von Molekülen gleicher Kräfte umgeben ist, heben sich die Kräfte auf. An der Grenzfläche zwischen Flüssigkeits- und Gasmolekülen sind die Wechselwirkungskräfte wesentlich geringer, sodass sich eine resultierende Kraft ergibt, die die Oberflächenspannung σ erzeugt. Die Oberflächenspannung ergibt sich zu

$$\sigma = \frac{|F|}{L} \qquad (3.1)$$

Dabei ist:

F Oberflächenkraft

L Länge der Oberfläche

Gemessen wird die Oberflächenspannung in den SI-Einheiten $\frac{kg}{s^2}$ bzw. $\frac{N}{m}$.

Für eine zweifach gekrümmte Oberfläche der Krümmungsradien r_1 und r_2 resultiert aus der Kräftebilanz an der Oberfläche ein Drucksprung, woraus sich ein höherer Druck auf der konkaven Seite der gekrümmten Oberfläche ergibt.

$$\Delta p = \sigma \cdot \left(\frac{1}{r_1} + \frac{1}{r_2} \right) \tag{3.2}$$

Für eine Blase oder einen Tropfen mit $r_1 = r_2 = r$ ergibt sich die Druckdifferenzüber die Oberfläche zu:

$$\Delta p = \frac{2\sigma}{r} \tag{3.3}$$

Für eine Seifenblase beispielsweise, die eine innere und äußere Oberfläche besitzt, ergibt sich der erhöhte innere Druck zu:

$$\Delta p = \frac{4\sigma}{r} \tag{3.4}$$

Mit der Druckdifferenz und dem entstehenden Kontaktwinkel α zwischen Flüssigkeit und Grenzfläche, kann die Flüssigkeit in einer Kapillare steigen oder sinken. Bei einem Quecksilbertropfen mit einem Winkel α von über 90° tritt keine Benetzung der Glasoberfläche auf, da hier die Oberflächenspannung σ größer ist als die Adhäsionskraft zwischen Stoff und Glas. Bei einem Wassertropfen verhält es sich genau umgekehrt, allerdings ist dies abhängig von der zu benetzenden Oberfläche. Auf einer Wachsoberfläche findet mit Wasser keine Benetzung statt, der Kontaktwinkel liegt bei über 90°. Öl benetzt auf Glas fast vollständig, dessen Oberflächenspannung ist extrem gering gegenüber der Adhäsionskraft zwischen Öl und Glas. Der Kontaktwinkel α geht also gegen 0 ($\alpha \rightarrow 0$) (Oertel et al. 2011).

Der Kontaktwinkel α zwischen festen Oberflächen, Flüssigkeiten und Gasen lässt sich mit der Youngsche Gleichung berechnen, wenn die Oberflächenspannungen bekannt sind (Abb. 3.2):

$$\sigma_w = \sigma_{Gw} - \sigma_{FW} = \sigma_{GF} \cdot cos\alpha \tag{3.5}$$

Wenn $\sigma_w > \sigma_{GF}$ herrscht kein Gleichgewichtszustand. Die Wand wird vollständig benetzt. Ist $\sigma_w < \sigma_{GF}$ aber positiv, d. h. $\sigma_{GW} > \sigma_{FW}$, so wird α ein spitzer Winkel wie bei Wasser.

Abb. 3.2 Skizzenhafte Darstellung der Kontaktwinkel zwischen dem Festkörper Glas, verschiedenen Flüssigkeiten und das Gas

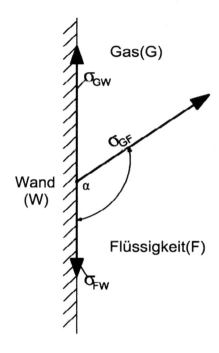

Oberflächenspannung bewirkt, dass Flüssigkeiten bestrebt sind Minimalflächen zu bilden.

Kapillarität

Taucht man eine Kapillare in eine Flüssigkeit. So steigt z. B. bei Wasser diese. Die Anstiegshöhe z läßt sich zwischen Flüssigkeitsgewicht und Kohäsionskraft berechnen:

$$\left(\pi \cdot d^2 / 4\right) \cdot z \cdot \rho \cdot g = \sigma \cdot d \cdot \pi$$

Die Kapillarelevation bei Umgebungsluft ergibt sich zu:

$$z_m = 4 \cdot \sigma / \left(d \cdot \rho \cdot g\right) \tag{3.6}$$

Bsp.: Wie groß ist die Kapillarelevation für Wasser ($\sigma = 0{,}0741$ N/m) gegenüber Luft von 20 °C, wenn der Kapillardurchmesser $d = 1$ mm beträgt und bei vollkommener Benetzung, die Dichte der Luft vernachlässigt werden kann?

$$Z_m = 4 \cdot \sigma / \left(d \cdot \rho \cdot g\right) = 4 \cdot 0{,}0741\,\text{N/m} / \left(10^{-3}\,\text{m} \cdot 10^3\,\text{kg/m}^3 \cdot 9{,}81\,\text{m/s}^2\right) = 0{,}0302\,\text{m}$$

Für einen beliebigen Rohrdurchmesser ergibt sich eine Kapillarelevation von

$$Z_m = 30/d \text{ in mm.}$$

3.2.3   Dichte und Spezifisches Volumen

Dichte ist die auf ein Volumenelement ΔV bezogene Masse Δ m eines kontinuierlich verteilten Fluids:

$$\rho = \frac{m}{V} \; in \left[\frac{kg}{m^3} \right] \tag{3.7}$$

Das spezifische Volumen ist der Kehrwert der Dichte:

$$v = 1 / \rho \; m^3/\text{kg} \tag{3.8}$$

Dichte und spezifisches Volumen hängen, je nach Medium, stark von Temperatur und Druck ab. Es gilt:

$$\rho = \rho(p, T)$$

Das spezifische Volumen wird meist bei einer Bezugstemperatur T_0 von 0 °C, und einem Bezugsdruck p_0 = 1,01325 bar angegeben.

Spezifisches Volumen von Gasen und Dämpfen
Das spezifische Volumen von Gasen und Dämpfen ist stark druck- und temperaturabhängig. Gase sind nicht raumbeständig, sie sind kompressibel. Außer vom Druck ist das Volumen von der Temperatur abhängig. Der Zusammenhang wird durch die allgemeine Gasgleichung beschrieben. Sie gilt für ein ideales Gas

$$p \cdot V = R \cdot T \tag{3.9}$$

Die Gaskonstante R ist der Unterschied der Wärmekapazität des entsprechenden Gases bei gleichem Druck zur Wärmekapazität bei gleichem Volumen, bezogen auf die Stoffmenge in Mol. Sie hat einen Wert von gerundet R = 8,314 $\frac{J}{molK}$. Die Gl. (3.9) lässt sich bei vielen Gasen bei nicht allzu großem Drücken mit sehr guter Genauigkeit anwenden, wird allerdings bei hohem Drücken und Temperaturen nahe der Dampfdruckkurve ungenau.

Bei diesen Anwendungsfällen wird die Gleichung um den Realgasfaktor Z, der von Druck und Temperatur abhängig ist, erweitert (Böckh und Saumweber 2013). Die Gleichung des spezifischen Volumens für reale Gase lautet damit:

$$v = \frac{Z \cdot R \cdot T}{p} \tag{3.10}$$

Unter Kompressibilität versteht man die Volumenänderung eines Fluids bei verschiedenem Drücken.

Spezifisches Volumen von Flüssigkeiten
Flüssigkeiten erfahren selbst unter sehr hohen Druck nur eine geringe Volumenänderung. Sie sind nahezu raumbeständig. Man spricht dann von einem inkompressiblen Fluid.

3.2.4 Druck

Druck ist ein Maß für den Widerstand, den Materie bei einer Verkleinerung des ihr zur Verfügung stehenden Raumes entgegensetzt, d. h. einer auf eine Fläche einwirkenden Kraft. Es ist eine skalare Größe mit der SI-Einheit Pascal (Pa).

Der Druck ergibt sich aus der Normalkraft, die senkrecht auf eine Fläche, die sog. projizierte Fläche wirkt:

$$p = \frac{F_n}{A} \qquad (3.11)$$

oder partiell:

$$p = \frac{dF_n}{dA} \qquad (3.12)$$

Dabei ist:

p = Druck
F_N = Normalkraft
A = Fläche, auf die die Kraft einwirkt

Die Einheiten des Drucks sind N/m^2, Pa und bar. Andere in verschiedenen Fachgebieten gebräuchliche Einheiten sind mmWS (Millimeter Wassersäule), physikalische Atmosphäre oder Torr gleich mm Hg (Millimeter Quecksilbersäule). In Ländern, die nicht das metrische System verwenden, sind noch Einheiten, wie in.Hg (inch mercury column), in.WG (inch watergauge), psi (pound per square inch) oder psf (pound per square foot) gebräuchlich (Böckh und Saumweber 2013).

Bei Berechnungen oder Zustandsgleichungen werden meist Absolutdrücke *(pabs)* verwendet, das heißt der Druck gegenüber dem Vakuum. Der relative Druck *(p$_{rel}$)* ist dagegen der Druck gegenüber dem jeweiligen Atmosphärendruck *(patm)*, auch Luftdruck genannt. Der Luftdruck ist höhen- und wetterabhängig und entsteht durch die Gewichtskraft der Luftsäule auf die Erdoberfläche oder einem anderen Referenzobjekt. Der mittlere Luftdruck der Atmosphäre (Atmosphärischer Druck) beträgt auf Meereshöhe normgemäß 101.325,00 Pa bzw. 1013,25 hPa.

Im Abb. 3.3 sind die Beziehungen zwischen Absolutdruck, Atmosphärendruck, Überdruck und Unterdruck dargestellt.

Hierbei wird zwischen Überdruck (gauge pressure) $p_{\ddot{U}berdruck} = p_{Absolut} - p_{Atm.Absolut}$ und Unterdruck (vacuum pressure) $p_{Unterdruck} = p_{Atm.\,Absolut} - p_{Absolut}$ unterschieden.

Die folgende Tab. 3.1 zeigt die Umrechnungsfaktoren der verschiedenen Druckeinheiten.

Druck in strömenden Medien

Der Druck in einem strömenden Medium setzt sich aus zwei Komponenten zusammen, einem statischen und einem dynamischen Druck. Beide Teile sind von der Dichte abhängig. Der statische Druck steigt bei Fluiden konstanter Dichte linear mit der Höhe der

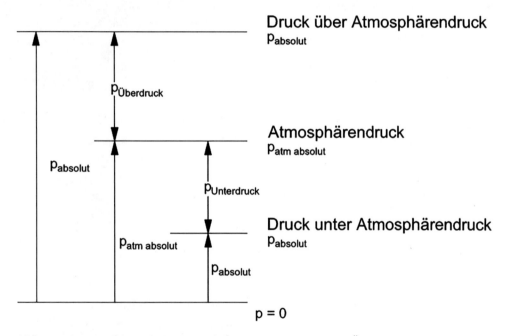

Abb. 3.3 Beziehungen zwischen Absolutdruck, Atmosphärendruck, Überdruck und Unterdruck

Tab. 3.1 Umrechnungsfaktoren verschiedener Druckeinheiten

1 bar	10^5 Pa	750,06 Torr	10.197,2 mmWS
1 atm	$1,01325 \cdot 10^5$ Pa	760 Torr	10.332,3 mmWS
1 at	$0,980665 \cdot 10^5$ Pa	735,56 Torr	10.000,0 mmWS
1 mmWS	9,80665 Pa	0,073556 Torr	-
1 psi	6894,74 Pa	51,7148 Torr	703,068 mmWS
1 psf	47,8802 Pa	0,35913 Torr	48,824 mmWS
in.Hg	3386,39 Pa	25,4 Torr	345,316 mmWS
in.WG	249,09 Pa	1,86832 Torr	25,4 mmWS

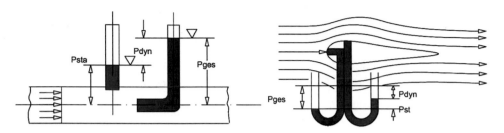

Abb. 3.4 stat. und dyn. Druck in einer Rohrleitung

Flüssigkeitssäule an und ist abhängig von der Gravitation. Der dynamische Druck wächst quadratisch mit der Strömungsgeschwindigkeit des Fluids (Abb. 3.4).

$$p_{ges} = p_{st} + p_{dyn} = p + u^2 \cdot \rho / 2$$

Giovanni Battista Venturi formulierte die Kontinuitätsgleichung. Die Fließgeschwindigkeit eines durch ein Rohr strömendes, inkompressibles Fluid verhält sich umgekehrt zu einem sich verändernden Rohrquerschnitt. Die Geschwindigkeit des Fluiden ist dort am größten, wo der Querschnitt des Rohres am kleinsten ist und umgekehrt.

Massenerhaltungssatz

Das Kontinuitätsgesetz besagt, dass bei einem sich verengenden Rohr dieselbe Fluidmenge austritt, wie am Anfang eingebracht wurde und die Fluidmenge pro Zeit an jeder Stelle gleich ist, d. f. die Fließgeschwindigkeit an dem verengten Querschnitt erhöht sich. Es gilt für eine stationäre Gasströmung in einer Rohrleitung von Punkt 1 zum Punkt 2 der Massenerhaltungssatz:

$$\rho_1 \cdot u_1 \cdot A_1 = \rho_2 \cdot u_2 \cdot A_2 = Constant \tag{3.13}$$

Daniel Bernoulli entdeckte die Beziehung zwischen Fließgeschwindigkeit und Druck eines Fluids. Das Gesetz von Bernoulli (der **Energieerhaltungssatz**) gilt längs eines Stromfadens. Die Summe aus statischem Druck und dynamischen Druck ist konstant. Steigt die Strömungsgeschwindigkeit in einem Rohr an, so sinkt der statische Druck.

Voraussetzung für die Anwendbarkeit des Gesetzes von Bernoulli auf Strömungen sind folgende Kriterien:

Inkompressibles Fluid
Reibungsfreiheit und keine weiteren Kräfte wie z. B. die Corioliskraft
Stationär Strömung (Druck als Funktion des Ortes)
Gültigkeit nur entlang einer Trajektorie, Betrachtung als Massenpunkt.

Der **Energieerhaltungssatz** läßt sich aus der Eulerschen Bewegungsgleichung ableiten (s. Abschn. 3.4). Integriert man diese Gleichung längs einer Stromlinie, so erhält man die Bernoulligleichung:

Für eine stationäre inkompressible Strömung lautet die Bernoulligleichung:

Kinetische Energie + Druckenergie + potenzielle Energie = const.

$$u^2 / 2 + p / \rho + g \cdot z = \text{const.} \tag{3.14}$$

Die einzelnen Glieder stellen die auf die Masseneinheit bezogenen Energien dar. Bei einer stationären, reibungsfreien Strömung längs einer Stromröhre bleibt die Gesamtenergie konstant.

Man kann die Energiegleichung auch in der Druckform schreiben:

$$\rho u^2 / 2 + p + \rho \cdot g \cdot z = \text{const.} \tag{3.15}$$

Die einzelnen Glieder stellen Energien bzw. Arbeiten je Volumeneinheit dar.

Außerdem läßt sich die Gl. 3.14 in der Höhenform schreiben, wenn man diese mit der Erdbeschleunigung dividiert (Abb. 3.5):

$$u^2 / 2g + p / (\rho \cdot g) + z = \text{const.} \tag{3.16}$$

Abb. 3.5 Bernoulligleichung als Höhenform

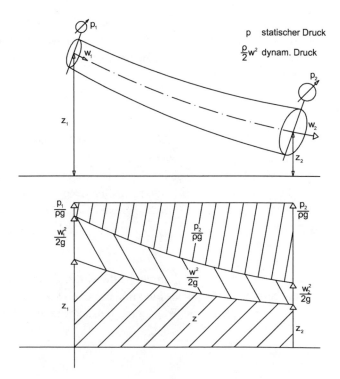

3.3   Kräfte auf ein kubisches Fluidelement

Die Hydrostatik ist die Lehre von ruhenden Fluiden. Der Druck einer idealen Flüssigkeit ist in alle Richtigen gleich groß bzw. normal zu der jeweiligen Oberfläche gerichtet. Wenn nur die Schwerkraft wirkt, entspricht der hydrostatische Druck, auch Schweredruck genannt, der Summe aus Atmosphärendruck an der Oberfläche und dem durch das Gewicht der Flüssigkeitssäule über dem betrachteten Punkt sich ergebende Druck. Im ruhenden Zustand eins Fluiden wirken nur Volumenkräfte und Druckkräfte auf ein Volumenelement eines Körpers z. B auf ein kubisches Fluidelement. Der Druck ist richtungsunabhängig und nur eine Funktion des Ortes.

3.3.1   Druckkraft F$_P$

Um die hydrostatische Grundgleichung zu ermitteln, wird die Kräftebilanz auf ein kubisches Flüssigkeitselement betrachtet. Im Feld der Gravitationskraft der Erde wirkt auf ein druckbelastetes, quaderförmiges Volumenelement $dV = dx \cdot dy \cdot dz$ mit der Dichte ρ von oben in z-Richtung der Druck $p(z)$, von unten ein Gegendruck (aus der positiven in die negative z-Richtung) $p(z) + dp$.

Auf die Unterseite des Fluidelements $dx \cdot dy \cdot dy$ herrscht also die Druckkraft $\left|\vec{F_P}\right| = p \cdot dx \cdot dy$. Über die Höhe des Fluidelements dz ändert sich der Druck, auf der Oberseite zu $p + (dp/dz)\, dz$ und deren Druckkraft $F_P = [p + (dp/dz)\, dz]\, dx \cdot dy$

Da die Druckkräfte auf die Seitenflächen des Fluidelements in horizontalen Schnitten rundum gleich groß sind und jeweils senkrecht auf die Oberflächenelemente wirken, heben sich diese auf. Außerdem wirkt zusätzlich die Gewichtskraft mit $\left|\vec{G}\right| = dm \cdot g = \rho \cdot dV \cdot g = \rho \cdot g \cdot dx \cdot dy \cdot dz$ auf den Massenmittelpunkt des kubischen Fluidelements (Abb. 3.6)

Ein Fluid ist im Gleichgewicht, wenn die Summe aus Oberflächenkräften und Volumenkräften (Massenkräften) Null ist. Es gilt die Beziehung:

$$F_p + F_v = 0 \tag{3.17}$$

$$p \cdot dx \cdot dy - \left(p + \frac{dp}{dz} \cdot dz\right) \cdot dx \cdot dy - \rho \cdot g \cdot dx \cdot dy \cdot dz = 0 \tag{3.18}$$

Durch Division dieser Gleichung durch das Fluidelement $dV = dx \cdot dy \cdot dz$ erhält man die hydrostatische Grundgleichung für die durch die Gravitationskraft verursachte Druckänderung:

Abb. 3.6 Kräftegleichgewicht
am ruhenden Fluidelement
(Oertel 2008)

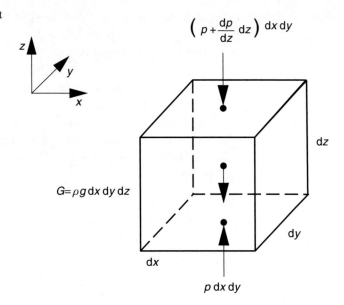

Abb. 3.7 Linearer
Druckverlauf im Schwerefeld

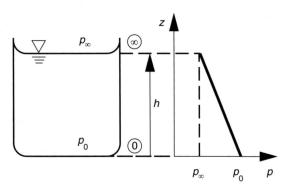

$$\frac{dp}{dz} = -\rho \cdot g \tag{3.19}$$

Durch Integration dieser Differenzialgleichung 1. Ordnung erhält man die lineare Druckverteilung

$$p(z) = -\rho \cdot g \cdot z + C$$

Für den im Abb. 3.7 gezeigten Behälter ergibt sich mit der Randbedingung $p(z) = p_0$ und
der Integrationskonstante C mit $C = p_0$ ein linearer Druckverlauf der Gleichung:

$$p(z) = p_0 + \rho \cdot g \cdot (z_0 - z) \tag{3.20}$$

Die Druckkraft ist unabhängig vom Gewicht der Flüssigkeit im Behälter. Abb. 3.8 zeigt z. B. fünf Behälter mit gleicher Grundfläche und gleicher Höhe der Flüssigkeitssäule.

Der Druck am Boden der einzelnen Behälter in allen fünf Fällen ist gleich

$p_0 = p_\infty + \rho \cdot g \cdot h$

Diese physikalische Gesetzmäßigkeit wird hydrostatisches Paradoxon genannt (Abb. 3.9)

Ein U-Rohr dient als Druckmanometer. Schließt man z. B. an einem Schenkel eines Rohres mit dem Überdruck p_1 und stromabwärts den 2. Schenkel mit p_2 an, so ergibt dies die Höhendifferenz h. Es ergibt die Gl. (3.21) zu:

$$p_1 = p_2 + \rho \cdot g \cdot \left(h_1 - h_2 \right) = \rho \cdot g \cdot h \qquad (3.21)$$

Über Messung der Höhendifferenz Δh erhält man den Überdruck $p\ddot{u}$ im Gasbehälter.

Die hydrostatische Grundgleichung führt auch zu dem archimedischen Prinzip, dass bei einem vollständig in eine Flüssigkeit eingetauchtem Körper mit dem Volumen V_K, die

Auftriebskraft $\left| \vec{F_A} \right|$, dem Gewicht $\left| \vec{G} \right|$ der verdrängten Flüssigkeit entspricht.

Als Anschauungsbeispiel dient ein vollständig in eine Flüssigkeit der Dichte ρ_F eingebrachtes Fluidelement mit der Grundfläche dA und der Höhe Δh.

Aufgrund der hydrostatischen Druckverteilung ist der Druck p_2 an der Unterseite des Körpers größer als der Druck p_1 an dessen Oberseite. Die daraus entsprechend resultieren-

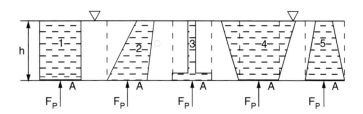

Abb. 3.8 Hydrostatisches Paradoxon

Abb. 3.9 U-Rohr Manometer

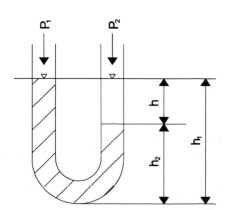

Abb. 3.10 Prinzipschaubild
zur Auftriebskraft

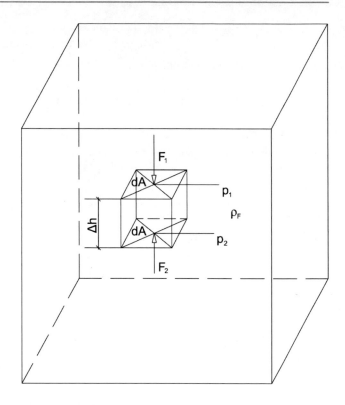

den Druckkräfte $\left|\overrightarrow{F_2}\right|$ und $\left|\overrightarrow{F_1}\right|$ ergeben zusammen eine vertikal nach oben gerichtete Auf-
triebskraft $\left|\overrightarrow{F_A}\right|$ (Abb. 3.10):

$$d\left|\overrightarrow{F_A}\right| = \left|\overrightarrow{F_2}\right| - \left|\overrightarrow{F_1}\right| = p_2 \cdot dA - p_1 \cdot dA = \left(p_2 - p_1\right) \cdot dA$$

Durch Einsetzen in die hydrostatische Grundgleichung (3.21) $p_2 = p_1 + \rho_F \cdot g \cdot \Delta h$
erhält man die Auftriebskraft

$$d\left|\overrightarrow{F_A}\right| = \rho_F \cdot g \cdot \Delta h \cdot dA = \rho_F \cdot g \cdot dV_K \Rightarrow \left|\overrightarrow{F_A}\right| = \rho_F \cdot g \cdot V_K \qquad (3.22)$$

3.3.2   Volumenkraft F_V

Neben den Oberflächenkräften (Druckkräften und bei dynamischen Vorgängen Reibungskräften s. Abschn. 3.3.3) wirken, an einem Raumelement noch die Massenkräfte. Die
Volumenkraft wird beschrieben als eine Kraft, die im gesamten Volumen eines Körpers an
jedem Massepunkt angreift, d. h. der Punkt an dem die gesamte Masse eines Körpers in
einem Punkt (Schwerpunkt) vereinigt ist (s. Abb. 3.6). Dies sind die Gravitation bzw. Gewichtskräfte F = mg und Zentrifugalkräfte F = m r ω^2, die auf den gesamten Körper wirken.

Abb. 3.11 Flüssigkeitsoberfläche in einem gleichförmig
rotierenden Gefäß

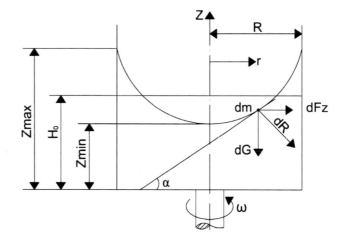

Neben der Gewichtskraft $\vec{G}$ tritt bei einer konstanten Rotation eines Flüssigkeits-
behälters der Winkelgeschwindigkeit $\bar{\omega}$ zusätzlich die Zentrifugalkraft F_z auf. Es bildet
sich eine parabolische Form der Flüssigkeitsoberfläche, die immer senkrecht auf die wirkende resultierende Kraft wirkt. Somit ist die hydrostatische Grundgleichung, um die ra-
dial wirkende Zentrifugalkraft F_z zu ergänzen, deren Betrag für ein Fluidelement dV lautet
(Abb. 3.11):

$$Fz = \rho \cdot dV \cdot \omega^2 \cdot r$$

$tg\alpha$ = dz/dr = dm·r·ω^2/dm·g = r·ω^2/g Es ergibt sich die Differenzialgleichung für die
Rotationskurve der freien Oberfläche: dz/dr = r·ω^2/g
   Mit der Randbedingung r = 0 ist z = z_{min} erhält man die Integrationskonstante C = z_{min}
Die Gleichung der Rotationskurve lautet dann:

$$z = \frac{\omega^2 r^2}{2_g} + z_{min} \tag{3.23}$$

3.3.3   Reibungskraft F_R

Reibung nennt man die Hemmung einer Bewegung zwischen sich berührender Festkörper
oder Teilchen. Äußere Reibung tritt bei sich berührenden Grenzflächen von Festkörpern
auf, innere molekulare Reibung, auch Viskosität genannt tritt zwischen benachbarten Teilchen bei der Verformung von Festkörpern oder Fluiden auf. Die Reibungskraft wirkt in
Richtung der Strömungsebene und tritt nur bei Bewegung auf. Bewegt sich ein Fluidelement, so treten neben den Volumen- und Druckkräften, Reibungskräfte auf, welche
Scher- bzw. Tangentialspannungen hervorrufen, wie in Abb. 3.16 (s. Punkt 3.5) dargestellt.
   In Gasen nimmt die innere Reibung mit der Temperatur typischerweise zu, in Flüssigkeiten verhält es sich genau umgekehrt. Bei sehr tiefen Temperaturen können einige

Flüssigkeiten ihre innere Reibung vollkommen verlieren. Dieses Phänomen wird auch Suprafluidität genannt.

Die innere Reibung ist in der Hydrodynamik unter anderem mathematisch in den Navier-Stokes-Gleichungen enthalten, die sich allerdings für die meisten Fälle nur näherungsweise numerisch lösen lassen. Für kleine Reynolds-Zahlen und für newtonsche Fluide existieren zu lösenden Gleichungen. Dabei ist die Reibung proportional zur Scherrate bzw. dem Geschwindigkeitsgradienten, z. B. für eine Schicht Schmiermittel zwischen zwei sich gegeneinander bewegender Flächen. Ein anderes Beispiel ist das Verhalten einer kleinen Kugel in einem zähen Fluid, wobei das Gesetz von Stokes angewendet werden kann.

Widerstandskräfte F_w
Die Berechnung der Widerstandskraft F_W, z. B. des Strömungswiderstands der Luft, bzw. allgemein für Gase, lässt sich mit folgender Formel berechnen:

$$F_W = \frac{1}{2} \cdot c_W \cdot A \cdot \rho \cdot u^2 \tag{3.24}$$

Dabei ist:

c_W = Luftwiderstandszahl (muss für den jeweiligen Strömungskörper ermittelt werden)
A = umströmte Querschnittsfläche
ρ = Dichte der Luft
u = Geschwindigkeitsdifferenz zwischen Körper und der Luft

Die Luftwiderstandszahl ist von der Oberflächenbeschaffenheit und Form des jeweiligen Körpers abhängig. Von Bedeutung ist die Zunahme des Luftwiderstands mit dem Quadrat der Geschwindigkeit.

Zusammenfassend gilt: die Reibungskraft
wirkt in Richtung der Strömungsebene
tritt nur bei Bewegung auf
wird als viskose Kraft oder Zähigkeitskraft F_Z bezeichnet. Ausserdem entstehen zusätzliche Turbulenzkräfte F_T bei Geschwindigkeitsschwankungen
erzeugt Scherspannungen

3.4   Gesetz von Newton

Die dynamische Grundgleichung der Strömungsmechanik lautet: bewegt sich eine Masse m mit der Geschwindigkeit u, so ist die zeitliche Änderung des Impulses (mu) gleich der an ihr angreifenden resultierenden Kraft.

Das erste newtonsche Gesetz, auch Trägheitsgesetz oder Inertialgesetz genannt wurde 1638 von Galileo Galilei formuliert. Es besagt, dass jeder Körper seine Geschwindigkeit nach Betrag und Richtung beibehält, sofern er nicht durch äußere Kräfte gezwungen wird, seinen Bewegungszustand zu ändern.

Die Geschwindigkeit $\vec{u}$ eines Körpers ist unter diesen Voraussetzungen in Richtung und Betrag konstant. Verglichen mit der klassischen Mechanik entspricht das erste newtonsche Gesetz den Gleichgewichtsbedingungen bzw. dem Kräftegleichgewicht.

Das zweite newtonsche Gesetz, auch Aktionsprinzip genannt, gibt den Zusammenhang zwischen den physikalischen Größen, Kraft, Beschleunigung und Masse an. Kräfte F die auf eine Masse wirken sind gleich der Masse m multipliziert mit der Beschleunigung a,

$$F = m \cdot a \qquad (3.25)$$

Es stellt die Grundlage für viele Bewegungsgleichungen in der Mechanik her (Grundgleichung der Mechanik) und besagt, dass die Änderung der Bewegung der Einwirkung der bewegenden Kraft proportional ist und nach der Richtung derjenigen geraden Linie geschieht, nach welcher diese Kraft wirkt. $\vec{u} \sim \vec{F}$. Am bewegten Fluidelement angreifende Kräfte sind:

Trägheitskräfte	$F = m \cdot a$ Die Trägheitskraft/Volumeneinheit $= \rho \cdot a$
Volumenkräfte	(meist Schwerkraft, elektromagnetische Kräfte werden vernachlässigt)
Oberflächenkräfte	(Normal-und Tangentialkräfte)
	Druckkraft/Volumeneinheit $= Fp$
	Zähigkeitskraft/Volumeneinh. $= Fz$
	/Volumeneinh. $= F_T$

Die dynamische Grundgleichung lautet somit:

$$\rho \cdot a = F_v + F_p + F_z + F_T \qquad (3.26)$$

Wenn $F_{z} + F_T = 0$ erhält man die Eulersche Bewegungsgleichung
$F_z \neq 0$, $F_T = 0$ zähigkeitsbehafte Strömung; Navier-Stokesche Bewegungsgl.
$F_z + F_T \neq 0$ reibungsbehaftete Strömung, Bewegungsgl. der turbulenten Strömung

Das dritte newtonsche Gesetz, auch als Wechselwirkungsgesetz oder Reaktionsprinzip bezeichnet, besagt, wenn ein Körper A mit der Kraft F auf einen Körper B einwirkt, so wirkt Körper B wiederum mit derselben Kraft auf Körper A, allerdings in entgegengesetzter Richtung. Dies bedeutet wiederum, dass Kräfte immer paarweise auftreten. Aus dem Prinzip von „actio gleich reactio" lässt sich auch folgern, dass die Summe der Kräfte in einem geschlossenen System gleich Null ist.

Zusammen mit dem zweiten newtonschen Gesetz (Axiom) lässt sich der Impulserhaltungssatz formulieren. Wenn sich eine Masse mit der Geschwindigkeit u bewegt, ist die zeitliche Änderung des Impulses $m (u)$ gleich den resultierenden Kräften. Wirken keine Kräfte von außen, muss es für jede Kraft eine gleich große, entgegensetzt wirkende Gegenkraft geben (drittes newtonsches Axiom), deren Vektorsumme gleich Null ist.

In strömenden Fluiden gilt das Gesetz der Impulserhaltung analog zur klassischen Mechanik. Die ein- und austretenden Impulsströme innerhalb eines definiertenStrömungsraumes sind mit den äußeren auf diesen Raum einwirkenden Kräfte, wie beispielsweise Druck-, Impuls-, Wand-, Reibungs- und Massenkräfte stets im Gleichgewicht. Die Kräftebilanz ist ausgeglichen und es gilt somit für jede Koordinatenrichtung:

$$\rho \cdot A \cdot u^2 = F_V + F_p + Fs \tag{3.27}$$

F_v Volumenkräfte
F_p Druckkräfte
F_s Stützkraft oder Spannungskraft

3.5   Viskosität-Reibung

Bei Festkörpern, die mit einer Relativgeschwindigkeit aneinander vorbeigleiten, tritt ein Widerstand in Form einer Reibungskraft F_R auf. Die Normalkraft F_N multipliziert mit dem Reibungskoeffizienten μ ergibt die Reibungskraft bzw. die Schubspannungen τ multipliziert mit der Berührungsfläche A. Im Gegensatz zur Haftreibung wird bei der Gleitreibung Energie umgewandelt. Das Coulomb'sche Reibungsgesetz lautet (Abb. 3.12):

$$F_R = \mu \cdot F_N$$

μ = Reibungskoeffizient

Bei der Bewegung eines Fluides treten zwischen den einzelnen Fluidteilchen kleine Tangentialspannungen auf, die man Reibungsspannungen nennt. Fluide bei denen die innere Reibung nicht vernachlässigt werden kann, heißen zähe oder viskose Fluide.

Der Widerstand der Fluidreibung in Rohren kann gemessen werden. Bei einem Strömungsversuch durch ein Rohr kann man den Eingangs- und Ausgangsdruck, also den

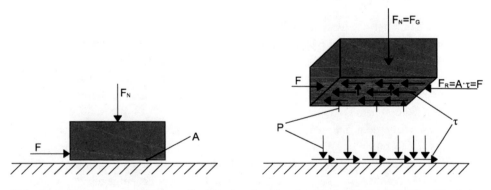

Abb. 3.12 Skizze der Festkörperreibung anhand wirkender Kräfte (Gewichtskräfte, Trägheitskräfte etc.)

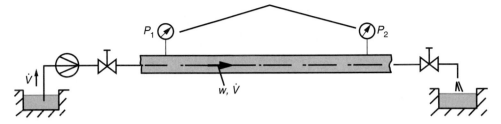

Abb. 3.13 Messung des Druckverlusts zur Beschreibung der Haftreibung

Druckverlust p_V messen (siehe Abb. 3.13). Bei einer Erhöhung des Absolutdrucks p_1 von 1 bar auf 10 bar unter Beibehaltung der Strömungsgeschwindigkeit w und des Volumenstroms $\dot{V}$ erwartet man einen wesentlich höheren Druckverlust p_V aufgrund der zehnfach höheren Pressung an der Rohroberfläche. Tatsächlich ändert sich durch das Haften des Fluids und der inneren Reibung innerhalb des Fluidkörpers der Druckverlust über die Messstrecke nur gering.

Reibungsgesetz
Das Reibungsgesetz für Fluide soll anhand folgenden Versuchs erklärt werden. Dazu wird über eine statische Grundfläche A eine bewegliche Platte mit konstanter Geschwindigkeit w_0 und Höhe bzw. Abstand H mit gleichbleibender Kraft F hinweg gezogen. Zwischen den beiden Platten wird ein Fluid drucklos bereitgestellt, welches den Spalt immer komplett ausfüllt, sodass das Fluid an den Platten haftet. Bewegt man die Platte mit der Kraft F bildet sich im Spalt eine Geschwindigkeitsverteilung w_y aus, die bei ausreichend kleinem Spalt linear ist, wobei y bzw. n die Koordinate normal zur Geschwindigkeit w ist. Abb. 3.14 zeigt die Strömung zwischen zwei Platten. Die obere Platte bewegt sich mit der Geschwindigkeit w_0, die untere Platte ruht.

F *ist* proportional zur Geschwindigkeit w_0 und *der Oberfläche A,* jedoch umgekehrt proportional zu H:

$$F \sim \frac{w_0 \cdot A}{H}$$

Damit die obige Gleichung für reale Fluide gilt, ist ein stoffabhängiger Proportionalitätsfaktor, die Zähigkeit bzw. Viskosität η ein Fluides zu berücksichtigen:

$$F = \eta \cdot \frac{w_0 \cdot A}{H} \tag{3.28}$$

$$\frac{F}{A} = \eta \cdot \frac{w_0}{H} \tag{3.29}$$

$$\tau = \eta \cdot \frac{w_0}{H} \text{ oder für Rohre } \tau = \eta \frac{du}{dr} \tag{3.30}$$

u, v, w, Geschwindigkeiten in x,y,z Richtung
Dabei ist:

η = dynamische Viskosität in $\dfrac{kg}{ms}$

τ = Schubspannung im Fluid in $\dfrac{N}{m^2}$

Um das Reibungsgesetz für nicht lineare Geschwindigkeitsverteilung zu verallgemeinern wird $\dfrac{w_0}{H}$ durch den Geschwindigkeitsgradienten $\dfrac{dw}{dn}$ bzw. $\dfrac{dw}{dy}$ ersetzt:

$$\tau = \eta \cdot \frac{dw}{dn} \tag{3.31}$$

beim Rohr:

$$\frac{du}{dr} = \text{Schergradient}$$

Geschwindigkeitsschwankungen erzeugen erhöhte Scherspannungen. Diese werden als scheinbare viskose Scherspannung bezeichnet.

$$\eta' = -\rho \cdot u' \cdot v' \tag{3.32}$$

$u'v'$ = Geschwindigkeitsschwankungen in x-y Richtung Abb. 3.14 zeigt die Strömung zwischen zwei Platten. Die obere Platte bewegt sich mit der Geschwindigkeit w_0, die untere Platte ruht.

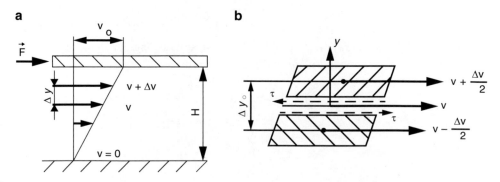

Abb. 3.14 Laminare Strömung zwischen zwei parallelen Platten(a) und zwei benachbarten Fluidteilchen (b)

3.6   Scherspannungen

Scherspannungen sind abhängig:

vom Geschwindigkeitsgefälle du/dr
von der Viskosität η das Fluides
und sind z. B. am stärksten an der Gefäßinnenwandseite

Zu hohe Scherspannungen:

zerstören z. B. Erythrozyten
beeinflussen die Gefäßinnenwand

Die Wandschubspannung des Fluiden ist gleich der Wandspannungen des Gefäßes:

$$\tau_{rxWand} = \tau_{rxFluid} \tag{3.33}$$

3.7   Fluidmechanische Besonderheiten bei der Durchströmung von Blutgefässen

Bei der Strömung von Blut durch Gefässe sind folgende Strömungsparameter zu beachten:

- Pulsierende, instationäre Strömung
- Nicht-Newtonsches Fließverhalten des Blutes
- Elastische Gefäßwände (sog. Compliance)
- Veränderung des Blutes durch Scherspannungen

Die in Abb. 3.15 gezeigten Spannungen auf ein Fluidelement bewirken bei Blutströmungen eine Verformung der Blutzellen, die von den hervorgerufenen Scherspannungen abhängen (Abb. 3.16). Diese sind stark vom Gefäßdurchmesser und dem Geschwindigkeitsgradienten abhängig, wie in Abb. 3.17 dargestellt. Es sei bereits hier darauf hingewiesen, daß an Verzweigungen und Krümmern, wo Rückströmungen auftreten können, es ebenfalls zu Veränderungen kommen kann, da veränderte Strömungsgradienten zu lokalen Viskositätveränderungen führen.

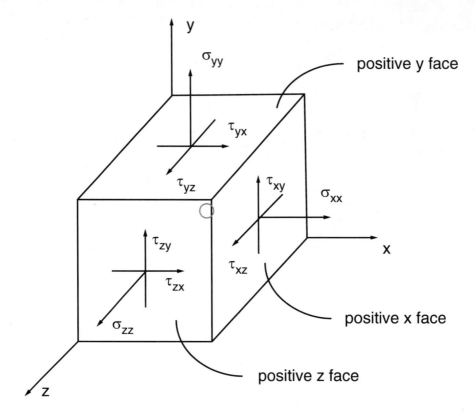

Abb. 3.15 Normal- und Scherspannungen an einem Fluidelement

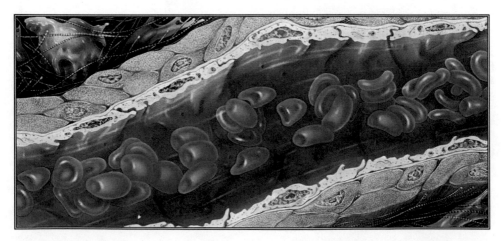

Abb. 3.16 Konzentration der roten Blutkörperchen in der Gefäßmitte, während das Blutplasma an der Wandnähe strömt

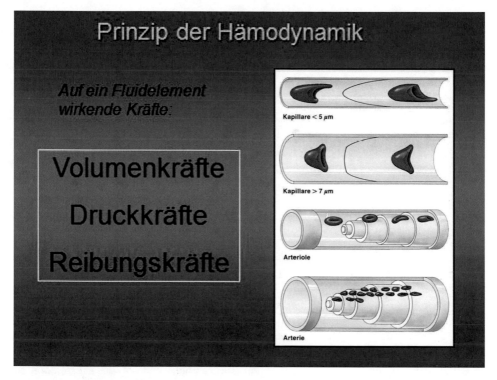

Abb. 3.17 Verformung der roten Blutzellen bei unterschiedlichen Reibungskräften (Schmid-Schönbein et al. 1980)

3.8   Laminare und turbulente Strömung -dimensionslose Parameter – Reynoldszahl

Die Reynoldzahl ist eine dimensionslose Kennzahl, die das Verhältnis von Trägheits- zu Zähigkeitskräften beschreibt. Bei konstanter Reynoldszahl sind die Strömungen am Modell und in Realität identisch.

Der Name geht auf den Physiker Osborne Reynolds zurück, der im Jahre 1883 durch Anfärben eines Stromfadens einer Wasserströmung in einer transparenten Rohrleitung festgestellt hat, dass ein Fluid in Schichten strömt, welche sich untereinander nicht vermischen und es erst ab einer entsprechend hohen Strömungsgeschwindigkeit zu Verwirbelungen kommt.

Die Reynolds-Zahl ergibt sich zu:

$$\mathrm{Re} = \frac{\rho \cdot u \cdot d}{\eta} = \frac{u \cdot d}{\nu} \tag{3.34}$$

Hierbei ist:

ρ = Dichte des Fluids

u = Strömungsgeschwindigkeit

d = Innendurchmesser eines Rohres oder charakteristische Länge des Körpers (Bezugslänge, meist Länge des Körpers in Strömungsrichtung)
η = kinematische Viskosität
v = dynamische Viskosität

Wenn es sich um Widerstandskörper handelt, wird meist die Breite oder Höhe quer zur
Strömungsrichtung, bei Rohrströmungen der Radius bzw. Durchmesser des Rohres als
Bezugslänge gewählt.

Es kann mit kinematischer η oder dynamischer Viskosität v gerechnet werden, wobei
letztere mit dem Faktor ρ multipliziert wird ($\eta = \rho \cdot v$).

Wenn die Reynolds-Zahl einen kritischen Wert $(Re_{krit.})$ überschreitet, wird die laminare
Strömung (Schichtenströmung) durch kleinste Geschwindigkeitsschwankungen der Strömung gestört. Es kommt zum Übergang von einer laminaren in eine turbulente Strömung,
wenn $Re > Re_{krit.}$

Bei laminarer Strömung (Poiseuille-Strömung) findet kein Austausch von Fluid-
elementen senkrecht zur Hauptströmung statt. Das Gesetz von Hagen-Poiseuille beschreibt den Volumenstrom $\dfrac{dV}{dt}$ durch ein Rohr in Abhängigkeit des Innenradius.

Der Grund für den Übergang von einer laminaren zu einer turbulenten Strömung liegt
in der Beschleunigung und der damit kontinuierlichen Energiezufuhr einzelner Teilchen
bei Durchströmung eines Körpers, z. B. einer Rohrleitung, welche in der Masse dann zu
einer ungeordneten turbulenten Strömung mit Wirbelbildung führt (vgl. hierzu Videosequenz Abb. 3.22 Übergang von einer laminaren zu einer turbulenten Strömung).

Turbulente Strömung tritt in technischen Rohren ab der kritischen Reynoldszahl
$Re = 2300 - 3000$ auf.

$$\mathrm{Re}_{krit.} = \frac{u_m \cdot d}{v}$$

u_m über den Rohrquerschnitt gemittelte Strömung.Zum Vergleich, bei überströmten Platten liegt die kritische Reynolds-Zahl bei:

$\mathrm{Re}_{krit.} = \dfrac{u_0 \cdot x}{v} = 10^5$ wobei dies stark von der Form der Plattenanströmkante abhängt.

Hierbei ist:
x = Abstand von der Vorderkante der Platte
u_0 = Geschwindigkeit der ungestörten Anströmung.

Bei **turbulenter** Strömung überlagern sich räumliche und zeitliche, dreidimensionale
Geschwindigkeitsschwankungen der Hauptströmung.

Außerdem unterscheidet man zwischen:

Nominalen laminaren Fluss, dies ist ein laminarer Fluss mit geringen Störungen und
einer **transitionellen** Strömung, dies ist ein laminarer Fluss mit räumlichen und zeitlichen starken Geschwindigkeitsschwankungen, die jedoch im weiteren Verlauf örtlich
oder zeitlich relativ schnell wieder abklingen.

In den folgenden Bildern ist der Übergang von einer laminaren zu einer turbulenten Strömung skizzenhaft dargestellt (Abb. 3.18, 3.19, 3.20 und 3.21):

Bei Überschreiten der kritischen Reynolds-Zahl geht die laminare Strömung in die turbulente über.

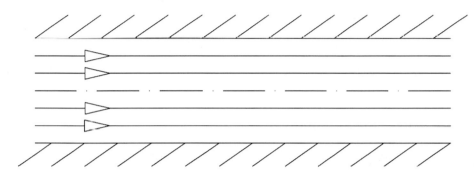

Abb. 3.18   voll ausgebildete laminare Strömung (Schichtenströmung)

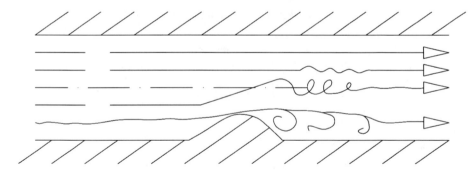

Abb. 3.19   Beginnende kleine Störungen im laminaren Fluss (nominal laminar)

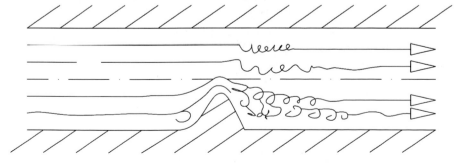

Abb. 3.20   Stark gestörte laminare Strömung (transitionelle Strömung)

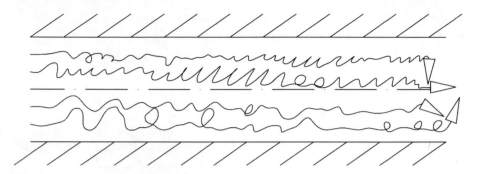

Abb. 3.21   voll ausgebildete turbulente Strömung

3.9   Pulsierende Strömung

3.9.1   Strouhal-Zahl

Die Strouhal-Zahl, nach dem tschechischen Physiker Vincent Strouhal benannt, gibt an, ob eine Strömung als quasistationär oder instationär betrachtet wird und beschreibt das Verhältnis zwischen lokaler und konvektiver Beschleunigung. Bei instationären Strömungsvorgängen kann damit die Ablösefrequenz von Wirbeln bestimmt werden, wie z. B. bei einer Karmanschen Wirbelstrasse. Ist die Strouhal-Zahl sehr klein, so spricht man von einer quasistationären Strömung. Sie gibt die Stärke der instationären Strömung an.

$$Sr = f \cdot d \, / \, u \tag{3.35}$$

Hierbei ist:
f = Wirbelablösefrequenz
d = Größe des umströmten Hindernisses
u = Strömungsgeschwindigkeit

Für viele praktische Anwendungen ist die Strouhal-Zahl kleiner $Sr \sim 0{,}2$
Nimmt man z. B. eine Coronararterie mit einem Innendurchmesser d = 5 mm und einer Blutgeschwindigkeit von u = 300 mm/s und einer Pulsfrequenz von 70 Pulsen/Minute, so berechnet sich die Strouhal-Zahl zu:
Sr = 1,16 Hz x 0,005m/0,3 m/s = 0,019 d. f. die Strömung ist quasi stationär

3.9.2   Womersley-Parameter

Der Wormersley-Parameter, benannt nach dem britischen Mathematiker John R. Wormersley, ist eine dimensionslose Kennzahl aus dem Produkt der Reynoldszahl und der Strouhalzahl. Es wird dabei die Frequenz pulsierender Strömungen in Verbindung mit der

Viskosität eines Stoffes gebracht. Der Womersley-Parameter ist wichtig, um die geometrische und kinematische Gleichheit bei Modellversuchen sicherzustellen. Man kann auch damit die Dicke einer Grenzschicht bestimmen.

$$\alpha = \text{Re} \cdot Sr = \frac{u \cdot d}{v} \cdot f \frac{d}{u} = \frac{d^2 \cdot f}{v} \tag{3.36}$$

$$\text{Oder } \alpha = R \cdot \sqrt{\frac{\omega}{v}} \quad \omega \text{ Winkelgeschwindigkeit} \tag{3.37}$$

3.9.3   Besonderheiten pulsierender Strömung

Es ergibt sich eine Phasenverschiebung zwischen Geschwindigkeitskurve und Druckkurve. Für bestimmte Werte von α treten in Wandnähe größere Geschwindigkeiten auf als in der Rohrmitte (Annulareffekt). Bei einem Womersley Parameter größer fünf eilt die Druckwelle der Geschwindigkeit um ca. 90 Grad voraus (siehe Abb. 3.22). In der Rohrmitte dominieren die Trägheitskräfte, an der Wand die Reibungskräfte, dadurch ergibt sich die Phasenverschiebung zwischen der Druck- und Geschwindigkeitswelle (siehe auch Abschn. 7.2.1).

Bei der pulsierenden Strömung ist auf die Steilheit der Pulswelle zu achten du/dt, sowie den Druckanstieg oder -abnahme mit der Zeit dp/dt und der Geschwindigkeitszu − oder -abnahme mit der Zeit.

3.9.4   Pulsierende Strömung in einem elastischen Rohr

Eine pulsierende Strömung wird durch die Elastizität der Gefäßwände über längere Wegstrecken gedämpft und geht in Kapillargefäßen in eine gleichförmige Strömung über.

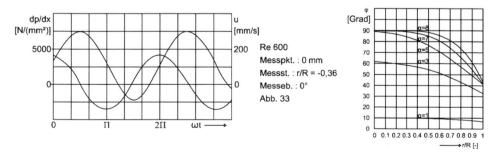

Abb. 3.22 Phasenverschiebung Phi zwischen Geschwindigkeit und Druckgradienten dp/dx als Funktion des Womersley-Parameters α und des Wandabstands r/R für eine laminare, oszillierende Strömung im starren Rohr

Die Wellenausbreitungsgeschwindigkeit des Pulses entlang einer elastischen Gefäß-wand: läßt sich berechnen mit:

$$c = \sqrt{\frac{E_W \cdot h}{r_0 \cdot \rho}} \tag{3.38}$$

Dabei ist:

E_W = Elastizitätsmodul des Wandmaterials
h = Wandstärke
ρ = Dichte des Fluids
r_0 = Radius des unverformten Gefäßes

Die Fortpflanzungsgeschwindigkeit der Pulswelle und reflektierender Welle sind von der Dichte und der Elastizität der Wand abhängig.

Weitere wichtige dimensionslose Parameter der Fluid- und Thermofluidmechanik sind:

Euler-Zahl: Eu = $\Delta p/(\rho u^2/2)$ statischer-/dynamischer Druck

Mach-Zahl: Ma = u/a Verhältnis der Strömungsgeschwindigkeit des Objektes bzw. das Fluides zur Schallgeschwindigkeit. Ist die Ma-Zahl kleiner 0,3, so spricht man von einer quasi stationären Strömung.

Froude-Zahl: Fr = $u/(gh)^{1/2}$ Verhältnis Trägheitskraft zur/Schwerkraft

Kavitations-Zahl: C = $2(p_{v-} p)/(\rho\, u^2)$ Sinkt der Druck an einem Ort eines durchströmten Systems bis auf den Siede- oder Dampfdruck ab, so spricht man von Kavitation. Dies ist der Fall, wenn sich in einer Flüssigkeit dampf- oder gasförmige Hohlräume bilden, z. B. an einer bestimmten Stelle einer Armatur bzw. Krümmern, Verzweigungen oder auch anfäng-lich bei künstlichen Herzklappen.

$$\text{Dean} - \text{Zahl} : \text{Dn} = \left(r \cdot u_0 / n\right) \cdot \left(r/R\right)^{1/2} = \left(\text{Re}\, /2\right) \cdot \left(r/R\right)^{1/2}$$

R   Radius des Rohrkrümmers
We = $\rho v^2 l/\sigma$ Weber-Zahl
                                   Trägheitskraft/Oberflächenspannung
Ec = $v^2/(c_p T)$ Eckert-Zahl
                                   kinetische Energie/Enthalpie
Pr = $\nu/a = \eta c_p/\lambda$ Prandtl-Zahl
                                   Dissipation/Wärmeleitfähigkeit
Gr = $\beta\Delta Tgl^3\rho^2/\eta^2$ Grashof-Zahl
                                   Auftrieb/Viskosität (freie Konvektion)

Zusammenfassung der fluidmechanischen Grundlagen
Auf ein Fluidelement wirkende Kräfte sind: Volumen-, Druck- u. Reibungskräfte.

Auf ein Volumenelement wirken bei statischer Beanspruchung lediglich Volumen- und Druckkräfte. Bei dynamischern Vorgängen kommen noch die Trägheits – und Reibungskräfte hinzu, die aus den Zähigkeitskräften, also der Viskosität der Stoffe besteht und den Turbulenzkräften, die durch zusätzliche Geschwindigkeitsschwankungen verursacht werden, man spricht bei turbulenter Strömung auch vom Turbulenzgrad.

Es gelten folgende Grundgleichungen:

Die dynamische Grundgleichung der Strömungsmechanik (Impulssatz):

Bewegt sich eine Masse m mit der Geschwindigkeit u, so ist die zeitliche Änderung des Impulses (mu) gleich der an ihr angreifenden resultierenden Kraft

$$\frac{d}{dt}\left(m \cdot u\right) = F_{res} = m \cdot a$$

Die Trägheitskraft = die Summe aller Kräfte, also Volumen-, Druck-, Stützkräfte

$$m{\cdot}a = F_V + F_P + F_S$$

Massenerhaltungssatz

Der in ein System eintretende Massenstrom ist gleich dem austretenden Massenstrom, sofern kein Leck existiert.

$$\dot{m} = \frac{m}{t} = \rho \cdot u \cdot A = const.$$

Energieerhaltungssatz:

Energie kann nicht vernichtet werden, sondern nur in eine andere Form umgewandelt werden. Die Energie ist immer konstant.

Für eine reibunsfreie, inkompressible, stationäre Strömung gilt die Bernoulli gleichung in der Energieform geschrieben:

$$u^2/2 + p/\rho + g \cdot z = const. \ (J/kg)$$

Diese Gleichung kann auch in der Druck- oder Höhenform geschrieben werden (siehe Gl. 3.15 und 3.16)

Literatur

Böckh P, Saumweber C (2013) Fluidmechanik 2013
Böswirth L, Bschorer S (2014) Technische Strömungslehre
Oertel H, Böhle M et al (2011) Strömungsmechanik. Wiesbaden Vieweg+Teubner
Oertel H (2008) Prandtl-Führer durch die Strömungslehre. Wiesbaden Vieweg+Teubner
Oertel H (2008) Biströmungsmechanik. Wiesbaden Vieweg+Teubner
Schmid-Schonbein G, Shu Chien, (1980) Morphometry of human leukocytes. In: Blood 56 (5) 866–875

Rheologische Grundlagen

4

Die Rheologie befasst sich mit dem Verformungs- und Fließverhalten von Stoffen. Man unterscheidet zwischen phänomenologische Rheologie bzw. Makrorheologie, die das Deformations- und Fließverhalten ohne Berücksichtigung der Stoffstruktur beschreibt und der Strukturrheologie bzw. Mikrorheologie, aus welcher die Eigenschaften eines Stoffes mit dessen mikroskopischen Struktur bestehen. Die Messverfahren, die zur Bestimmung der rheologischen Stoffeigenschaften angewandt werden, sind unter dem Oberbegriff Rheometrie zusammengefasst.

Das Fließverhalten der einzelnen Substanzen wird weitgehend von den viskosen und elastischen Stoffeigenschaften bestimmt. Die Viskosität oder Zähigkeit einer Substanz gibt deren Widerstand gegenüber einer Formänderung wieder. Substanzen niedriger Viskosität lassen sich ohne großen Kraftaufwand verformen, wie z. B. Wasser, Dämpfe, Gase.

Stoffe mit hoher Viskosität wie Sirup und Bitumen leisten, dagegen einen beträchtlichen Widerstand.

Bezüglich der Temperatur und des Druckverhaltens einzelner Substanzen sei auf die einschlägige Literatur hingewiesen, Giesekus et al. 1977. Kurz sei auf einige nicht-newtonschen Fließformen eingegangen (siehe Truckenbrodt 1980 und Abschn. 7.2 Blutrheologie).

4.1 Newtonsches und nicht-newtonsches Fluid

Ein newtonsches Fluid beschreibt ein Fluid mit einem linearen ideal-elastischen Fließverhalten. Die Schergeschwindigkeit ist proportional zur Scherspannung. Unter Scherung versteht man die Krafteinwirkung, bei der die Kraft parallel zur Querschnittsfläche eines Körpers wirkt. Die Scherkraft F bezogen auf die Querschnittsfläche des Körpers ergibt die Schubspannung bzw. Scherspannung τ.

D. Liepsch, *Biofluidmechanik*, https://doi.org/10.1007/978-3-662-63179-9_4

$$\tau = \frac{F}{A} \tag{4.1}$$

Die Schubspannung ist eine Kraft pro Fläche mit der Dimension Pa bzw. N/m². Der Tangens des entstehenden Scherwinkels θ (Gleitung), um den die Kanten eventuell verdreht werden ist zu der wirkenden Kraft proportional.

$$\tan\theta = \frac{\tau}{G} \tag{4.2}$$

Die Proportionalitätskonstante G wird Schubmodul (Scher- oder Gleitmodul) genannt und ist eine Materialkonstante, die Auskunft über die linear-elastische Verformung eines Bauteils oder Werkstoffes unter Einwirkung einer Scher- bzw. Schubspannung gibt. Die Gleitung $\tan\theta$ kann als das Verhältnis der aus der relativen Verschiebung resultierenden Längenänderung δx und Höhe l des gescherten Körpers ausgedrückt werden.

$$\tan\theta = \frac{\delta x}{l} \tag{4.3}$$

Für kleine Winkel ist näherungsweise $\tan\theta = 0$. Die Schergeschwindigkeit beschreibt die räumliche Veränderung der Flussgeschwindigkeit. Diese Veränderung wird in realen Flüssigkeiten durch Reibungskräfte verursacht, wodurch an unterschiedlichen Orten Kräfte übertragen werden.

Die Schergeschwindigkeit gilt als Maß der mechanischen Belastung auf Bestandteile des Fluids oder dessen umgebenden Raum (z. B. Erythrozyten und Gefäßwände). Mit der Schergeschwindigkeit wird in der Rheologie die Viskosität des Fluids bestimmt, welche der Proportionalitätskoeffizient zwischen Schubspannung und Schergeschwindigkeit ist (bei Betrachtung der Schichtenströmung $\dot{\gamma}$). Berechnet wird die Schergeschwindigkeit aus dem Verhältnis der Geschwindigkeitsunterschiede zweier benachbarter Flüssigkeitsschichten und deren Abstand zueinander, dem Geschwindigkeitsgradienten:

$$\dot{\gamma} = \frac{du}{dh} \tag{4.4}$$

4.2 Fließeigenschaften

4.2.1 Scheinbare- Repräsentative Viskosität

Ein nicht-newtonsches Fluid weist je nach Geschwindigkeitsgefälle eine unendliche Menge von Viskositätswerten auf. Der Ausdruck „scheinbare Viskosität" wird daher zur Kennzeichnung ihrer viskosen Eigenschaften verwendet. Diese scheinbare Viskosität ist das Widerstandsmaß bei einem bestimmten Schergefälle. Ohne Angabe des zur Auswertung herangezogenen Geschwindigkeitsgefälles ist ihre Angabe ohne Aussagekraft.

Man unterscheidet folgende nicht-newtonsche Verhaltensweisen:

4.2.2 Plastisches Fließverhalten

Diese Stoffe beginnen erst bei einer bestimmten Schubspannung zu fließen. Unterhalb dieser Schubspannungsgröße verhalten sie sich wie feste Körper. Beispiele: Schmierfett, Kitt, Formmasse, Zahnpasta etc.

4.2.3 Pseudoplastisches oder strukturviskoses Fließverhalten

Solche Fluide besitzen keine Fließgrenze. Ihre scheinbare Viskosität nimmt, wie bei plastischen Körpern, ebenfalls mit zunehmendem Schergefälle ab und stabilisiert sich erst bei sehr hohem Schergefälle. Die meisten nicht-newtonschen Flüssigkeiten besitzen strukturviskoses Fließverhalten. Beispiele: Emulsionen, Harze, etc.

4.2.4 Dilatantes Fließverhalten

Bei diesen Substanzen steigt die scheinbare Viskosität mit zunehmendem Schergefälle.

Das Erscheinungsbild ist dem der strukturviskosen Substanz entgegengerichtet. Dilatanz ist eine nur selten auftretende Erscheinung. Beispiele: Druckerschwärze, Stärke, Farbe, etc.

4.2.5 Thixotropes Verhalten

Hier spielt die Dauer der Belastung eine Rolle. Mit zunehmender Beanspruchungsdauer sinkt die Viskosität. Nach Wegfall der Belastung nehmen viele dieser Substanzen, nach einiger Zeit der Ruhe, ihre ursprüngliche Viskosität wieder an. Man spricht von Substanzen mit Gedächtnis. Bsp.: Treibsand, Kleister, Blut etc.

4.2.6 Rheopexes Fließverhalten

Im Gegensatz zu thixotropen Substanzen nimmt Viskosität mit zunehmender Belastungsdauer zu. Im Abb. 4.1 sind die Fließkurven und die Viskositätskurven der verschiedenen nicht-newtonschen Flüssigkeiten dargestellt. Hierbei bedeutet:

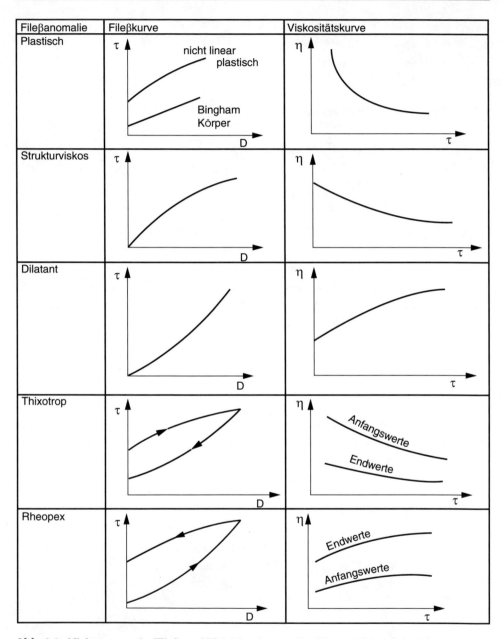

Fileβanomalie	Fileβkurve	Viskositätskurve
Plastisch		
Strukturviskos		
Dilatant		
Thixotrop		
Rheopex		

Abb. 4.1 Nichtnewtonsche Fließ- und Viskositätskurven (Fa. Thermo Fisher Scientific)

τ = Schubspannung
D = Schergefälle

4.3 Elastische Merkmale und Modelle

4.3.1 Allgemeines

Es gibt Substanzen, die ein elastisches und viskoses Verhalten aufweisen. Auffällig ist dies bei Gallerten (Pudding, Gelatine) und konzentrierter Kautschuklösung. Konzentrierte Lösungen hochpolymer Kunststoffe, sowie reine Kunststoffe selbst, zeigen vielfach viskoselastisches Verhalten. Das mechanische Verhalten solcher Substanzen wird nicht nur durch das Schergefälle und die zeitabhängige Viskositätsgröße, sondern durch einen spannungs- und zeitabhängigen Schubmodul G charakterisiert.

4.3.2 Reinelastische isotrope Substanzen

Der Schubmodul G gibt den Zusammenhang zwischen tangentialer Spannung (Schubspannung) und elastischer (d. h. reversibler) Winkelverformung an:

$$G = \frac{\tau}{\gamma} \tag{4.5}$$

Hierbei bedeuten:

τ = Schubspannung
γ = elastische Winkelverschiebung.

Es müsste tanγ statt γ heißen. Da γ aber meistens klein ist, wird nur γ geschrieben. Abb. 4.2 stellt die elastische Schubverformung einer quaderförmigen Substanzprobe zwischen zwei planparallelen Platten dar, von denen die untere verschiebbar ist.

Abb. 4.2 Elastische
Verformung – Schubmodul

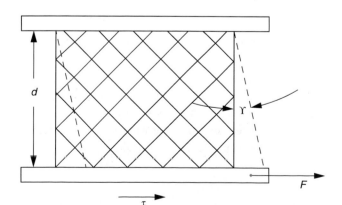

Für das elastische Substanzverhalten ist noch ein weiteres Modul bedeutsam, nämlich der Youngsche Dehnungsmodul E. Er gilt bei Zug- oder Druckbelastung. G und E hängen über die Poissonsche Konstante ε zusammen, die nur gering stoffabhängig ist. (Die Poissonzahl oder Querkontraktionszahl ist ein dimensionsloser Materialkennwert, die Poissonzahl gibt das Verhältnis aus relativer Dickenänderung Δd/d zur relativen Längenänderung Δl/l an). Daher genügt es, G oder E allein zu betrachten, denn die andere Größe kann man berechnen. In der Rheologie wird im allgemeinen G betrachtet, da man es meistens mit der tangentialen Bewegung von Schichten zu tun hat. Eine Substanzprobe, die in rheologischer Hinsicht nur elastische Eigenschaften hat, verformt sich durch eine Schubspannung in der abgebildeten Weise. Nach Wegnahme der Schubbelastung nimmt sie ihre ursprüngliche Form wieder an. Die Verformung, bzw. Deformation, ist reversibel.

4.3.3   Reinviskose Substanzen

Im Gegensatz zu den elastischen Substanzen verformt sich eine Substanz mit nur viskosen Eigenschaften unter der Wirkung der Schubspannung kontinuierlich. Die bewegte Platte verschiebt sich gleichmäßig, sodass dem Grundversuch der Viskosimetrie entsprechend, in der Substanz ein Strömungsvorgang herrscht, der durch das Schergefälle D gekennzeichnet wird. Nach Wegnahme der Schubbelastung kommt der Vorgang sofort zum Stillstand. Eine Rückkehr zur alten Form findet nicht mehr statt.

Zwischen diesen beiden Grenzfällen gibt es mannigfache Übergänge, die sog. viskoselastischen Eigenschaften der Fluide.

4.3.4   Visko-elastische Substanzen

Dieses Verhalten zeigt sich beim Parallelplatten-Versuch. Nach Schubentlastung nimmt die Substanzprobe ihre ursprüngliche Form nur zum Teil wieder an. Es bleibt eine irreversible Winkelverformung bestehen, die ihre Ursache in einem viskosen Fließvorgang hat, der während der Belastung in der Probe stattfand. Zur Bestimmung von G wird nur der reversible Teil der Winkelverformung herangezogen.

4.3.5   Modelle zum viskos-elastischen Verhalten

Erläuterungen
Viskos-elastische Substanzen werden veranschaulicht durch Modelle, die einerseits aus Federn, andererseits aus Kolben in mit viskoser Dämpfungsflüssigkeit gefüllten Zylindern bestehen. Man versucht dabei das Modell so auszubilden, dass es sich beim Experimentieren, wie die entsprechende reale Substanz verhält. Eine nur-elastische Substanz wird durch eine Feder allein, und eine nur-viskose Substanz durch einen Dämpfungskolben

allein symbolisiert. Es kann sich dabei nur um newtonsche oder nicht-newtonsche Dämp-
fungsflüssigkeiten handeln. Zwei dieser Modelle seinen im folgendem kurz behandelt.

Der Maxwell-Körper und die Relaxationszeit
Der sogenannte Maxwell-Körper (siehe Abb. 4.3), eine einfache viskos-elastische Modell-
substanz, wird durch Hintereinanderschaltung von Feder und Kolben dargestellt. Der
Maxwell-Körper stellt eine Flüssigkeit dar, denn der Kolben kann sich beliebig weit bewegen, wenn man sich für einen fortdauerndcn Fließvorgang den Zylinder als unendlich
lang denkt.
Den Punkt Z denke man sich z. B. an der verschiebbaren Parallelplatte befestigt. Bei Auf-
bringen der Zugbelastung rückt die Platte dann zunächst durch die elastische Substanz-
dehnung nach oben und geht anschließend in eine kontinuierliche Bewegung über, da sich
nun der Kolben unter der Zugkraft der Feder bewegt, das heißt, die elastisch gespannte
Substanzprobe fließt. Entsprechend rückt die Platte wieder ein Stück nach unten bei plötz-
licher Zugentlastung.
   Für die Praxis ist das sogenannte Relaxationsverhalten wichtig (Relaxation = Entspan-
nung). Beim Relaxationsversuch mit Parallelplatten wird die verschiebbare Platte eine
vorgegebene Strecke nach oben bewegt und dort festgehalten. Der zeitliche Verlauf dcr
Kraft, welche die Substanz infolge ihrer elastischen Dehnung auf die Platte ausübt, wird
währenddessen beobachtet. Bei einem Maxwell-Körper beobachtet man ein exponentiel-
les Absinken der Kraft. Nach einer charakteristischen Zeit λ_1, der sogenannten Relaxationszeit, ist die Kraft (also die innere Substanzspannung) auf den ersten Teil, also auf 37 %
gesunken. Man nennt solche Substanzen Fluide mit Gedächtnis. Die Relaxationszeit, ergibt sich aus dem viskosen η' und elastischen η" Teil der Maxwell-Substanz gemäß:

Abb. 4.3 Maxwell-Körper
nach Heinz

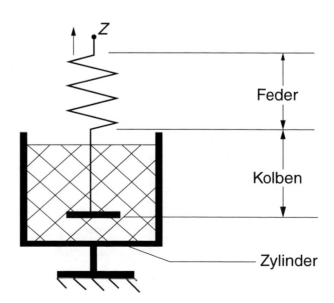

$$\lambda_1 = \frac{\eta'}{\eta''} \qquad\qquad (4.6)$$

Im Modell bedeutet dies, dass sich der Kolben unter der Wirkung der gespannten Feder bewegt, wodurch diese wieder zunehmend erschlafft. Die Relaxation ist maßgebend für die Materialermüdung. Die Zeit λ kann je nach Material zwischen einem Bruchteil von Sekunden und Jahren liegen. Eine nur-viskose Substanz hat formal die Relaxationszeit 0.

Der Voigt-Kelvin-Körper

Der Voigt-Kelvin-Körper, eine weitere wichtige Modell-Substanz, wird durch Parallelschaltung von Kolben und Feder dargestellt (Abb. 4.4). Er stellt keine Flüssigkeit, sondern eine feste Substanz mit behinderter Elastizität dar. Das kommt im Modell dadurch zum Ausdruck, dass die Bewegung stets durch die Feder begrenzt wird. Ein kontinuierlicher Fließvorgang ist nicht möglich. Das Modell sagt weiter aus, dass dieser Körper nicht relaxiert, und dass seine elastischen Bewegungen stets gedämpft verlaufen

Der Weissenberg-Effekt

Elastisches Stoffverhalten ruft bei Rotationsviskosimetern den sogenannten Weissenberg Effekt hervor. Dieser Effekt äußert sich darin, dass die Substanz während der Rotation am Innenzylinder nach oben kriecht. Man darf diese dann bei Viskositätsmessungen nur eine begrenzte Zeit rotieren lassen, um die Resultate nicht zu verfälschen. Den Grund für die Erscheinung des Weissenberg-Effekts kann man sich wie folgt plausibel machen: „Stellt man sich die Substanz als Gummiband vor, welches um den Innenzylinder aufgewickelt wird, so entstehen an ihm Druckkräfte, die die Substanz zur Seite drücken wollen. Die Substanz weicht dann nach oben aus und klettert die Achse hoch" (Mewes et al. 1965)

Abb. 4.4 Voigt-Kelvin-Körper
nach Heinz

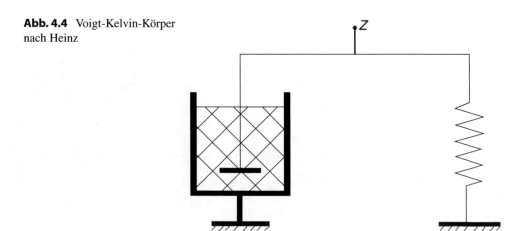

Auf das Fließverhalten von Blut sei auf Abschn. 6.2 Blutrheologie (Hämorheologie) verwiesen. Das viskoelastische Verhalten von Blut wurde mit einem Rotationsviskosimeter (siehe Abschn. 9.1) gemessen.

Rotationsviskosimeter – Blutersatzflüssigkeit für LDA-Messungen
Mit Hilfe eines Rotationsviskosimeters ist es möglich, die Fließkurven in Abhängigkeit des Schergefälles und der Zeit, sowie bei verschiedenen Frequenzen aufzunehmen. Abb. 4.5 zeigt eine Versuchsflüssigkeit, ein Gemisch aus Dimethylsulfoxid, destilliertem Wasser und Polyacrylamiden (Separan), die für Laser – Doppler Anemometermessungen als Blutersatzflüssigkeit verwendet wurde. Es wurden Separan AP 302 und AP 45 gewählt. Es wird eine DMSO-Lösung mit 48,3 Gewichts prozent Wasser angesetzt. Zu der halben Menge dieser Lösung werden 0,007 Gew.-% AP302 und 0,005 Gew.-% AP45 zugegeben und dies mit der restlichen DMSO-Wasser–Lösung vermischt. Die Versuchsflüssigkeit soll folgende Voraussetzungen erfüllen: Der Brechungsindex des Fluids soll den Brechungsindex des verwendeten Modellmaterials (Silikonkautschuk) entsprechen. Eine Absorbtion des Laserlichtes durch das Fluid darf nicht stattfinden. Die Modellflüssigkeit muß transparent sein.

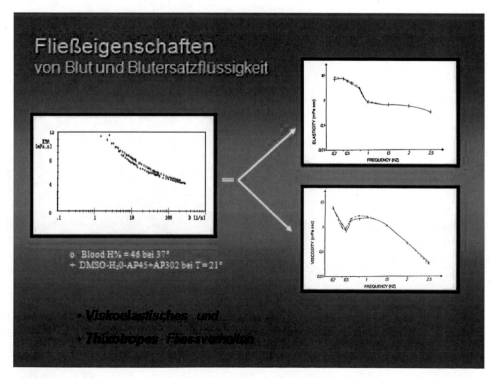

Abb. 4.5   (+) Modellflüssigkeit DMSO-H$_2$O + AP45 + AP302 bei T = 21 °C und (o) Blut H % = 46 bei 37 °C

Mit folgender Formel wird beim Rotationsviskosimeter die Viskosität des zu messendes Fluides für die einzelnen Meßpunkte berechnet, wobei das Schergefälle %D und die Schubspannung pro Skalenteil %τ eingestellt werden:

$$D = M \cdot \%D \cdot S_D$$

$$T = A \cdot \%\tau \cdot S_\tau$$

$$\eta = \tau / D$$

M Berechnungsfaktor für die verwendete Meßeinrichtung
A Gerätekonstante

Oszillierende Messungen sind durch die Vorgabe einer Drehfrequenz durchführbar. Bei einer rein viskosen Flüssigkeit ergibt sich ein Kreis und somit eine Phasenverschiebung von sinδ = 1 somit δ = 90°. Bei rein elastischen Flüssigkeiten ergibt sich eine geneigte Gerade sinδ = 0 d. f. δ = 0.

Bei oszillierender Anregung zeichnet der Schreiber des Viskosimeters eine Ellipse auf (Abb. 4.6), aus deren Abmessungen sich die viskose Komponente η', die elastische Koponenete η" und der Phasenwinkel δ berechnen lassen.

$$\eta' = \eta^* \cdot \sin\delta$$

$$\eta'' = \eta^* \cdot \cos\delta$$

$$\delta = \arcsin 2x / \left(2\gamma_{max}\right)$$

$$\eta^* = \tau_{max} / \left(\gamma_{max}\omega\right)$$

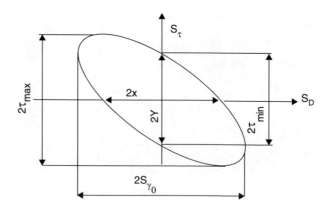

Abb. 4.6 Prinzip der Viskoelastizitätsmessung (γ Amplitude, τ Schubspannung)

η^* komplexe Viskosität
τ_{max} Maximale Scherspannung
Y Amplitude

Zusammenfassung

In diesem Kapitel werden die Grundlagen des newtonschen u. nichtnewtonischen Fließverhaltens von verschiedene Stoffen aufgeführt. Speziell wird auf das elastische und viskose Strömungsverhalten hingewiesen, wie es z. B. bei Blut der Fall ist. Es werden Modelle zum viskoelastischen Verhalten gezeigt. Am Beispiel einer blutähnlichen Flüssigkeit wird die Messung mittels Rotationsviskometer gezeigt (Näheres s. Abschn. 9.1).

Literatur

Giesekus H, Langer, G (1977) Die Bestimmung der wahren Fließkurven nicht-newtonscher Flüssigkeiten und plastischer Stoffe mit der Methode der repräsentativen Viskosität. Rheol. Acta, 16: 1–22

Mewes H, Heinz W, Haake P (1965) Rheologie und rheometerie mit Rotationwsviskosimetern: Unter besonderer Berücksichtigung von Rotovisko und Viskotester. Springer Berline Heidelberg

Truckenbrodt E (1980) Fluidmechanik. Bd. 1: Grundlagen und elementare Strömungsvorgänge dichtbeständiger Fluide. Berlin, Springer

Körperflüssigkeiten in Menschen

5

Es wird ein kurzer Überblick über die wichtigsten Biofluide des Menschen gegeben. Es werden die Zusammensetzung des Blutes und dessen Fließverhalten in Abhängigkeit der Gefäßdurchmesser beschrieben. Weitere wichtige Fluide wie Lymphe, zerebrale Flüssigkeiten, Gelenkflüssigkeiten, Verdauungssekrete und ihre Bedeutung werden kurz abgehandelt.

Auf die lebenswichtigen Fluide Luft und Wasser mit den Elektrolyten wird hingewiesen.

Luft- und Wasser besitzen einen linearen Viskositätsverlauf und sind somit newtonsche Fluide. So beträgt die kinematische Viskosität für Luft bei 20 °C $15{,}13 \cdot 10^{-6}$ m² /s und für Wasser $1{,}004 \cdot 10^{-6}$ m²/s.

5.1 Blut

Das menschliche Blut ist eine Suspension von Blutzellen im Blutplasma. Blut ist strömungsmechanisch ein 2-Phasen-System, bestehend aus einer Trägerflüssigkeit (dem Blutplasma) mit ca. 45 Volumenprozent Blutzellen (Erythrozyten, Leukozyten, und Thrombozyten), sowie Enzyme und Hormone. Der prozentuale Anteil der Zellen am Gesamtvolumen wird als Hämatokrit bezeichnet. Die Viskosität des Blutes hängt von diesem Hämatokritwert ab, da neben der Plasmaviskosität (newtonsches Fließverhalten) die Konzentration der Zellen, ihre Verformung und/oder Aggregation (Brückenbildung zwischen den roten Zelloberflächen) in der Strömung eine große Rolle spielt. Bei niedrigen Schergefällen besteht eine hohe Aggregation, so daß in diesem Fall die Blutviskosität ansteigt. Im Gegensatz findet bei hohen Schergefällen eine Desaggregation statt: die Längsachsen der Teilchen richtet sich in Strömungsrichtung aus und die Viskosität sinkt. Bei hohen Scherraten verhält sich Blut wie eine newtonsche Flüssigkeit. Bei niedrigen Scherraten weist es ein nicht-newtonsches Fließverhalten auf.

D. Liepsch, *Biofluidmechanik*, https://doi.org/10.1007/978-3-662-63179-9_5

Zu den wichtigsten Aufgaben des Blutes gehören:

- Transport von Sauerstoff, Wasser und Nährstoffen
- Bekämpfung von Krankheiten mit Antikörpern
- Transport von Körperwärme in die Extremitäten
- Regelung des pH-Wertes
- Abtransport von Abfallstoffen

5.1.1   Chemische Zusammensetzung

Die wichtigsten Bestandteile des Hämatokrits sind die Erythrozyten (rote Blutkörperchen), die Thrombozyten (Blutplättchen) und die Leukozyten (weiße Blutkörperchen). Der Hämatokritanteil ist ein Maß für das Erythrozytenvolumen (rote Blutkörperchen) und ist bei Frauen und Männern unterschiedlich. Bei Männern liegt der Anteil etwa 10 % höher als bei Frauen (Männer: 41–50 %; Frauen: 37–46 %).

Die Erythrozyten sind sehr klein und stellen mit einer Anzahl 4,2–6,2 Millionen pro mm^3 den größten Anteil der zellulären Bestandteile (circa 95 %). Die Thrombozyten (250.000–350.000 pro mm^3) und die Leukozyten (5000–10.000 mm^3) sind in einer geringeren Anzahl vorhanden. Intra- und interindividuelle, sowie zähltechnische Schwankungen (+/− 10 %) können diese Differenzen hervorrufen.

Die Erythrozyten haben im Ruhezustand die Form bikonkaver Scheiben (eingedellte scheibenförmige Gestalt) mit einem Durchmesser von ca 7,5 µm. Die Dicke beträgt 2,8 µm. Beim Durchströmen von Kapillaren, von denen im Körper eines Menschen ca. 10^{10} Gefäße mit einem Durchmesser von 4–10 µm vorhanden sind, verformen sich die roten Blutkörperchen. Die Dichte ρ liegt bei ungefähr 1100 kg/m^3.

Die Aufgabe der Erythrozyten ist es, Sauerstoff bzw. Kohlendioxid zu transportieren. Jede rote Blutzelle besteht aus etwa 200–300 Millionen Molekülen des Hämoglobinkomplexes. Ein Hämoglobinmolekül setzt sich aus einem Proteinmolekül (Globin), welches mit vier Pigmentverbindungen (Haem) verknüpft ist, zusammen. Ein Hämoglobinmolekül enthält vier Eisenionen. Diese chemische Struktur ermöglicht es, daß sich ein Hämoglobinmolekül mit vier Sauerstoffmolekülen vereinigen kann und Oxyhämoglobin bildet (eine reversible Reaktion). Hämoglobin kann sich auch mit Kohlendioxid verbinden und bildet kohlendioxidbeladenes Hämoglobin. Die Erythrozyten werden im roten Knochenmark gebildet. Sie leben in der Regel 120 Tage im Blutstrom.

Viele Rheologen haben sich eingehend mit dem Fließverhalten dieser Zellen beschäftigt. Das Studium der roten Blutkörperchen, ihre Geometrie und Verformbarkeit wurde sehr eingehend von vielen Wissenschaftlern (wie z. B. Schmid-Schönbein) durchgeführt. Das mechanische Verhalten der Zelle und Zellmembran ist für biologische Vorgänge von großer Bedeutung. Form, Größe und Stärke der roten Blutkörperchen haben auch einen hohen klinischen Wert, da sie viele Krankheiten anzeigen können.

Leukozyten

Leukozyten oder weiße Blutkörperchen sind ein wichtiger Bestandteil des Immunsystems. Man unterscheidet zwischen körnchenförmigen Leukozyten (Granulozyten) und nicht granulierten Leukozyten. Zu den Granulozyten gehören Basophile, Neutrophile und die Eosinophile. Nicht granulierte Leukozyten sind die Lymphozyten und die Monozyten. Sie alle dienen der Abwehr fremder Mikroorganismen und anderer körperschädigender Faktoren durch Phagozytose (Einverleibung/innerzelluläre Verdauung). Die Leukozyten werden aus Stammzellen im Knochenmark gebildet. Dabei entstehen aus der myeloischen Stammzelle die Granulozyten und die Monozyten. Die Lymphozyten bilden sich aus den lymphatischen Zellen. Diese liegen in einer Konzentration von 4000–11000 pro μl Blut vor. (Behrends 2010). Die Leukozyten haben eine runde Form und sind mit einem Durchmesser von 8–15 μm die größten Teilchen.

Thrombozyten

Thrombozyten oder Blutplättchen sind ebenfalls bikonkave, jedoch kernlose, 0,5–1 μm dicke Scheiben mit einemDurchmesser von 1,8–3,6 μm. Thrombozyten spielen bei der Blutgerinnung beziehungsweise Blutstillung (Hämostase) und bei der Abdichtung der Gefäße eine entscheidende Rolle. Ihre Konzentration beträgt 150.000–400.000 pro μl Blut. Die Thrombozyten entstehen aus einer Abschnürung aus Megakaryozyten. Diese gehen aus verschiedenen Vorläuferzellen hervor, welche wiederum aus den Stammzellen im Knochenmark gebildet werden. Thrombozyten haben eine mittlere Lebensdauer von 9–12 Tagen.

Blutplasma

Blutplasma ist eine klare, gold-gelbe Flüssigkeit, die sich zu circa 91 % aus Wasser, zu 7 % aus Proteinen, Lipiden,Kohlenhydraten und Aminosäuren, ca. 1 % aus anderen organischen Substanzen(Hormonen, Fette, Enzyme, Vitamine, Polysaccharide), sowie 1 % anderen anorganischen Substanzen (Salze/Elektrolyte) zusammensetzt. Zu den Proteinen Albumin, Fibrinogen ind Globulin. Sie spielen bei der Blutgerinnung eine wichtige Rolle. Den größten Anteil der Proteine bildet Albumin mit 45–65 %. Entzieht man dem Plasma Fibrin und Fibrinogen, so erhält man Blutserum. Das Plasma ist für die Aufrechterhaltung des onkotischen Druckes verantwortlich (kolloidosmotischer Druck). Außerdem hat das Plasma wichtige Puffer-, Transport-, Gerinnungs- und Abwehrfunktionen. (Behrends 2010)

5.1.2   Bluttransport

Die wichtigsten Gefäßtypen, in denen das Blut durch den Körper transportiert wird, sind in Abschn. 6.3 zu finden.

5.1.3 Physikalische Eigenschaften

Viskosität der zellulären Bestandteile
Blut ist eine nicht-newtonsche Flüssigkeit. Das bedeutet, dass sich die Viskosität trotz konstanter Temperatur und konstantem Druck ändern kann. Die Blutviskosität ist von folgenden Faktoren abhängig:

Hämatokritanteil
Die Viskosität ist abhängig von der Anzahl der Erythrozyten und steigt mit zunehmendem Hämatokritwert des Blutes an. Des Weiteren spielt der Gefäßdurchmesser eine Rolle. Je größer der Durchmesser, desto schneller wird das Blut viskös.

Gefäßdurchmesser
Bei einem Gefäßradius der größer als 0,1 mm ist, verhält sich die Viskosität konstant. Nimmt der Radius jedoch ab, so sinkt die Viskosität und erreicht bei 6–8 µm ein Minimum (Fahraeus-Lindquist-Effekt 2009). Mit zunehmendem Radius steigt die Viskosität leicht an. Der Grund für dieses Verhalten sind die Erythrozyten, die sich aufgrund ihrer elastischen Eigenschaften der Blutströmung anpassen und sich in die Strömungsmitte bewegen (Abb. 5.1). So entsteht am Rand eine zellarme Blutschicht (Plasma) mit einem sehr geringen Reibungswiderstand. Man spricht von einer „scheinbaren Viskosität". Wird der Gefäßradius kleiner 6 µm (Durchmesser der Erythrozyten) so steigt die Viskosität wieder an,

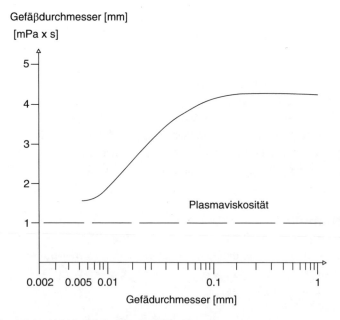

Abb. 5.1 Viskosität in Abhängigkeit vom Gefäßdurchmesser

da die Verformbarkeit der Erythrozyten begrenzt ist und keine zellarme Schicht mehr entstehen kann. In den Kapillaren nehmen die Erythrozyten eine Paraboloidform an.

Strömungsgeschwindigkeit

Bei geringen Geschwindigkeiten steigt die Viskosität des Blutes, hervorgerufen durch die Erythrozyten, die sich, wenn geringe Kräfte auf sie wirken zu sogenannten „Geldrollen" verbinden. Geht die Geschwindigkeit gegen Null, so kann es zum Durchblutungsstillstand kommen (Stase). Bei hohen Geschwindigkeiten löst sich die Verbindung der „Geldrollen" auf, sodass die Erythrozyten einzeln durch das Gefäß strömen. Da Blut im Körper ständig in Bewegung ist, nehmen die Erythrozyten die in Abschn. 5.1.1 beschriebene bikonkave Form der Erythrozyten praktisch nie an. Die Strömungsgeschwindigkeit ist mit bis zu 20 cm/s in der Aorta und den großen Arterien am höchsten. Sehr geringe Geschwindigkeit zwischen 1–5 cm/s treten in den Kapillaren und Venolen (kleinsten Venen) auf. Die Strömungsgeschwindigkeit in größeren Venen beträgt circa 10 cm/s.

Abb. 5.2a zeigt die paraboloide Erythrozytenform bei hohen Geschwindigkeiten. In Abb. 5.2b sind die sogenannten „Geldrollen" dargestellt.

Temperatur

Die Viskosität von Blut ist von der Temperatur abhängig. Da diese beim Menschen jedoch weitestgehend konstant zwischen 35,8 und 37,2°C liegt, ist der Einfluss der Temperatur vernachlässigbar.

Alter und Geschlecht

Bei Männern liegt die Blutviskosität in der Regel leicht höher als bei Frauen. Im Alter von 0–10 Jahren ist durchschnittliche Viskosität 3,9 mPa.

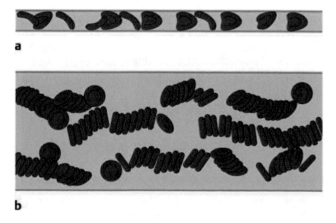

Abb. 5.2 Verformbarkeit von Erythrozyten

Zwischen dem 10. und 20. Lebensjahr erhöht sich diese auf 4,4 mPa bei Männern und 4,2 mPa bei Frauen. Ab einem Alter von 20 Jahren bleibt die Viskosität bei Männern weitestgehend konstant. Die der Frauen steigt mit zunehmendem Alter weiter an. (Ucke 1999)

Viskosität des Plasmas

Das Blutplasma ist im Gegensatz zu den Blutzellen eine newtonsche Flüssigkeit. Seine Viskosität wird mit:

η = 1,2 mPas bei 37 °C, nach Anthony
η = 1,9–2,3 mPas, nach Stanley angegeben.

Diese unterschiedlichen Angaben basieren auf Messungen bei verschiedenen Temperaturen. Die Dichte des Plasmas beträgt ρ = 1030 kg/m³, die der Blutzellen (Erythrozyten = 1100 kg/m³).

Üblicherweise strömt Blut im Körper nahezu laminar, was den Vorteil hat, dass die volle Transportkapazität der Gefäße ausgenutzt wird. Transitionelle Strömungen sind meist auf krankheitsbedingte Veränderungen, wie beispielsweise Verengungen oder Verletzungen, zurückzuführen. Bei laminarer Strömung verhält sich das Volumen der Blutströmung proportional zur Druckdifferenz, wohingegen bei starken Geschwindigkeitsschwankungen $V \approx \sqrt{\Delta p}$ gilt.

5.1.4 Hämostase

Unter Hämostase versteht man alle Prozesse, die an der Bekämpfung einer Blutung mitwirken. Man unterscheidet dabei zwischen der primären Hämostase (= Blutstillung) und der sekundären Hämostase (= Blutgerinnung).

Primäre Hämostase
Vasokonstriktion:
    Die primäre Hämostase lässt sich in drei Vorgänge unterteilen. Kommt es zu einer Verletzung der inneren Gefäßwand, so zieht sich als erste Reaktion das Gefäß zusammen und der Blutstrom verlangsamt sich (Vasokonstriktion).

Thrombozytenadhäsion
Durch die entstandene Verletzung der Gefäßwand kommt das Blut mit dem Bindegewebe und somit mit den Kollagenfasern in Berührung. An diesen Fasern bleiben, um die Wunde abzudichten und einen zu großen Blutverlust zu verhindern, immer mehr Thrombozyten haften (Thrombozytenadhäsion). Zusätzlich wird die Vernetzung der Thrombozyten durch Fibrinogenfasern unterstützt. Weiter setzt die verletze innere Zellschicht den „von-Willebrand-Faktor" frei, welcher an dem Glykoproteinrezeptor (GPIb) haften bleibt

undsomit das Bindeglied zwischen den Thrombozyten und dem subendothelialen Kollagen, also der verletzen Gefäßwand, bildet.

Thrombozytenaggregation
Aufgrund der Adhäsion und dem zu diesem Zeitpunkt in geringen Mengen gebildeten Thrombin werden weitere Thrombozyten aktiviert. Die Folgen der Thrombozytenaktivierung sind:

- Formänderung der Thrombozyten
- Aktivierung des Glykoproteinrezeptors
- Ausschüttung von Mediatoren
- Freisetzung von Thromboxan

Am Ende der primären Hämostase hat sich ein weißer Wundverschlusspfropfen gebildet, welcher als weißer Thrombos bezeichnet wird. Die primäre Hämostase ist innerhalb von 1–3 Minuten nach der Verletzung des Blutgefäßes abgeschlossen.

Sekundäre Hämostase
Während in der primären Hämostase eine sehr instabile Abdichtung durch den weißen Thrombus entsteht, wird in der sekundären Hämostase ein stabiler Wundverschluss gebildet. Im Anschluss an die Blutstillung wird die Gerinnungskaskade aktiviert, das Fibrinogen wird in Fibrin umgewandelt. Das Aggregat aus Fibrin und dem weißen Trombus wird als roter Thrombus bezeichnet. Die Blutgerinnung dauert etwa 6–10 Minuten. In dieser Zeit werden folgende drei Phasen durchlaufen:

- Aktivierungsphase
- Koagulationsphase
- Retraktionsphase

Die sekundäre Hämostase verläuft folgendermaßen: In der Aktivierungsphase wird Thrombin, das wichtigste Enzym bei der Blutgerinnung, gebildet. Dieses spaltet in der Koagulationsphase Fibrinogen in Fibrin und Fibrinpetide. Es entsteht ein sehr stabiles Firbinnetz über der Wunde. In der Retraktionsphase kontrahiert das Fibrinnetz durch die Beteiligung der Thrombozyten und die Wundränder nähern sich einander an.

Die Vorgänge der drei Phasen sind detailliert in Biochemielehrbüchern beschrieben. Entscheidend ist, dass sich die Enzymaktivierungen an Blutplättchenmembranen abspielen, sodaß diesen die Wirkung einer enzymatischen Grenzfläche zukommt. Dies erklärt Thromboplastinwirkung von Thrombozyten.

Thrombosen sind immer die Folge eines lokalisierten Hyperkoagulationsprozesses, das heißt das Gerinnungsgleichgewicht wird gestört. Dies kann ausgelöst werden durch die Gerinnungsaktivierung bei einer Verletzung der Gefäßwand, was häufig bei arteriellen Thrombosen der Fall ist. In anderen Fällen kann eine generelle Hyperkoagulabilität des

Blutes in bestimmten Gefäßabschnitten dort vorliegen, wo starke hämdynamische Veränderungen auftreten. Dies ist meist bei venösen Thrombosen der Fall. Die Hyperkoagulabilität bedeutet: Das Blut gerinnt schneller als normal, d. h. die Beschleunigung des Gerinnungsvorgangs beruht auf der Verkürzung der Zeit, die normalerweise zum Ablauf der Thromboplastinbildung benötigt wird. Diese Verkürzung wird durch eine Plättchenaktivierung oder Aktivierung der „Kontaktfaktoren" bzw. anderer Faktoren der endogenen Thromboplastinbildung bzw. in Gegenwart von Gewebsthromboplastin (Faktor III) hervorgerufen. Beim Einsatz künstlicher Organe spielt die Blutgerinnung eine große Rolle. Besonders in Rückströmungsgebieten, wie z. B. hinter künstlichen Herzklappen, wird eine vermehrte Deposition festgestellt, bei der Thrombozytenaggregate und plastische Gerinnung miteinander ablaufen. Man sieht hieraus wie sehr lokale strömungsmechanische Faktoren diesen Prozess beeinflussen. Die heute noch übliche Heparinisierung des Blutes vermag diesen schädlichen Vorgang nur in Grenzen zu beeinflussen und trägt das Risiko von generalisierten Blutungen in sich. Mittels Heparins wird die Thrombozytenaktivität beeinflusst. Auf weitere therapeutische Möglichkeiten durch Aktivierung fibrinauflösender Systeme (Firbinolyse) sei hier nicht näher eingegangen.

5.2   Lymphe

Neben dem Blutkreislauf besteht mit dem Lymphsystem ein weiterer Flüssigkeitskreislauf im Körper. Dieser besteht aus Lymphgefäßen, Lymphbahnen und Lymphknoten. Die Flüssigkeit, die im System transportiert wird, nennt man Lymphe. Sie ist ein Zwischenglied der Gewebsflüssigkeit und des Blutplasmas. Das Wort „lympha" kommt aus dem lateinischen und bedeutet Fluss- oder Quellwasser.

5.2.1   Bildung der Lymphflüssigkeit

Der Blutkreislauf versorgt unseren Körper mit Sauerstoff, Nährstoffen, Hormonen, Enzymen, gegebenenfalls auch Medikamenten und anderen Stoffen. Im Gegenzug werden Kohlendioxid, Abfallprodukte und andere nicht benötigte Stoffe aus dem Gewebe abtransportiert. Der Stoffaustausch zwischen dem Blutkreislauf und dem Gewebe vollzieht sich im Bereich der feinsten Verästelung der Blutgefäße, den sogenannten Kapillaren. Im arteriellen Schenkel der Kapillaren treibt der hydrostatische Druck Flüssigkeit und kleinmolekulare Verbindungen aus dem Blutkreislauf in das Interstitium („Zellzwischenräume") des Gewebes. Nach Erledigung seiner Aufgaben wird diese Flüssigkeit, welche größtenteils aus Blutserum besteht vom venösen Schenkel aufgenommen. Allerdings nicht zu 100 %. Ein Anteil von 10 % bleibt meist in den Gewebezwischenräumen zurück. Aufgrund des Überdrucks in den Kapillaren ist es für einen Teil des Plasmas nicht möglich wieder zurück in die Blutbahn zu gelangen. Um ein Anhäufen des ausgetretenen Plasmas zu verhindern, muss dieses schnellstmöglich vom Lymphsystem abtransportiert werden.

Der Körper nutzt diesen Prozess nicht nur, um das Anhäufen der Gewebeflüssigkeit zu verhindern, sondern auch um Nährstoffe und Vitamine zu den Zellen zu führen und Schadstoffe, Zelltrümmer und Stoffwechselprodukte von den Zellen weg zu transportieren. Die entstandene Flüssigkeit sammelt sich in den Lymphbahnen und wird als Lymphe bezeichnet. Die Lymphe ist eine wässrige, hellgelbe und je nach Eiweißgehalt mehr oder weniger milchige Flüssigkeit. Ein Mensch produziert etwa 1,5 bis 2 ml dieser Flüssigkeit pro Minute. Dies entspricht 2–3 Litern am Tag. Diese mit Schadstoffen angereicherte Flüssigkeit wird nicht wieder direkt in den Blutkreislauf zurückgeführt, sondern mittels kleinster Lymphkapillaren zu den Lymphknoten transportiert, in denen sie gefiltert wird. Die Viskosität der Lymphflüssigkeit beträgt bei 37 °C ca. $1,8 \cdot 10^{-3}$ Pas und wird im Knoten verändert.

5.2.2 Gliederung des Lymphsystems und Transport der Lymphflüssigkeit

Das Lymphsystem gliedert sich in folgende vier Abschnitte:

Kapillare
Den Eingang des Lymphsystems bilden die Lymphkapillaren. Sie sind mikroskopisch klein und bilden ein engmaschiges Netz im Gewebe. Die Strömungsrichtung in den Kapillaren ist entsprechend der Brownschen Molekularbewegung vorgegeben. Alle Substanzen im Gewebe bewegen sich vom Ort der höheren Konzentration zum Ort der niedrigeren Konzentration. Eine weitere Rolle beim Transport der Lymphe spielt der Filtrationsdruck im Bereich der Kapillaren und die Druckveränderungen von außen, wie beispielsweise die umgebene Körpermuskulatur und die Zottenbewegung im Darm.

Die Osmose ist für den Transport der Lymphe von Bedeutung. Diese ermöglicht den Austausch von Nährstoffen zwischen der Gewebsflüssigkeit und den Zellen und verhindert durch eine semipermeable Membran, dass unerwünschte Stoffe bzw. zu große Moleküle in die Zellen eindringen können. Zu diesen Stoffen gehören beispielsweise große Proteinmoleküle, Lipidmoleküle, proteingebundene Enzyme und Hormone, Stoffwechselprodukte oder lebende und tote Zellen oder Zellbestandteile.

Die Fließrichtung in den Kapillaren wird durch die Kapillarwände bestimmt, die aus winzigen, sich überlappenden Zellen bestehen, welche wie mikroskopisch kleine Klappen fungieren. Diese Klappen verhindern einen Rückfluss von den Kapillaren ins Gewebe.

Präkollektor
Nachdem die Lymphe in den Kapillaren gebildet wurde und alle gewünschten und unerwünschten Stoffe aufgenommen hat, wird die Lymphe in den Kollektoren und Präkollektoren gesammelt und abtransportiert. Dabei transportieren die Präkollektoren die Lymphe zu den Kollektoren. Die Präkollektoren fungieren als Zwischenglied von Kapillare und

Kollektor, da sie sowohl an der Lymphbildung (Aufnahme von Gewebsflüssigkeit) als auch am Weitertransport (aufgrund kleiner Muskelzellen) der Lymphe beteiligt sind.

Kollektoren

Mehrere Präkollektoren enden in einem Kollektor. Die Kollektoren sind die Lymphgefäße, die für den Transport der Flüssigkeit zuständig sind. Der Aufbau der Kollektoren ist vergleichbar mit dem der Kapillaren. Durch die vorhandenen Klappen, welche sich in einem bestimmten Abstand (circa Gefäßdurchmesser x 10) zueinander befinden wird, wie bei den Kapillaren, ein Rückfluss verhindert. Der Abschnitt zwischen den Klappen wird als Lymphangio bezeichnet. Das Lymphangion besitzt eine längsverlaufende und eine ringförmige Muskulatur. Diese kontrahiert in regelmäßigen Intervallen (zwischen 10- und 12- mal pro Minute im Ruhezustand) und befördert somit die Lymphe zum nächsten Lymphangion.

Lymphstämme

Die größten Lymphgefäße im Körper sind die Lymphstämme. Zu ihnen gehören unter anderem der Milchbrustgang (circa 40 cm lang) und der truncus trachealis. Er zieht von den Lymphknoten des Kopfes beidseitig an der Luftröhre (Trachea) brustwärts. Die Lymphkollektoren münden in den venösen Blutkreislauf.

Lymphknoten

An den Enden der Lymphgefäße sind zusätzlich Lymphknoten zwischengeschaltet. Zu den Lymphknoten zählen unter anderem die Milz, Gaumen- und Rachenmandeln, der Thymus (Bries) oder auch die Darmlymphfollikel. Insgesamt gibt es zwischen 500 und 1000 Lymphknoten in unserem Organismus. Die meisten Lymphknoten befinden sich am Hals, den Achseln und in der Nähe des Magen-Darm-Traktes. Die Größe der zahlreichen Lymphknoten im Körper ist sehr unterschiedlich. Sie beträgt 2–20 mm.

Die Lymphflüssigkeit wählt den Weg zu dem am kürzesten entfernten Lymphknoten. Die Lymphknoten dienen als Filter- und Aufbereitungsstationen der Lymphflüssigkeit. Sie entfernen, während die Lymphe den Knoten passiert, Mikroorganismen, Zellfragmente und Toxine. Die mit Schadstoffen angereicherte Lymphe wird zuerst in den äußeren Bereich des Knotens geführt und bewegt sich von dort aus langsam ins Innere. Dabei haben die Knoten zahlreiche zuführende aber nur ein ableitendes Gefäß. Im Inneren des Lymphknotens werden die sogenannten Lymphozyten gebildet. Dies sind Antikörper, welche die Schadstoffe in der Flüssigkeit bekämpfen. Bei einer Infektion im Einzugsgebiet der Knoten wird die Lymphozytenproduktion angeregt und der Knoten schwillt an. Die gebildeten Lymphozyten werden folglich im ganzen Körper verteilt, um gegen die Infektion anzukämpfen. Am Ende des Vorgangs bleibt lediglich ein Konzentrat von 2 Litern übrig (Weiss 2014). Dieses wird anschließend wieder zurück in den Blutkreislauf geführt.

Die Strömungsgeschwindigkeit beträgt in den Lymphgefäßen circa 50–100 mm pro Minute (Herpertz 2006). In den Lymphknoten ist die Strömungsgeschwindigkeit um das

100 fache geringer, sodass die Lymphe bis zu 20 min. braucht, bis sie den kompletten Knoten durchlaufen hat.

Der Druck in den Lymphkapillaren beträgt 1 bis 5 mmHg. Bei Kontraktion der Muskeln beträgt er 7 bis 12 mmHg und bei körperlicher Anstrengung bis zu 200 mmHg.

Lymphpflichtige Last

Die lymphpflichtige Last beschreibt Materialien und Stoffwechselprodukte die primär nicht im Blutgefäßsystem vorhanden sind. Man unterscheidet folgende Lasten:

- Proteine-Eiweißlast
- Flüssigkeit-Wasserlast
- Nicht mobile Zellen – Zelllast
- Fremdstoffe (Zelltrümer, Schadstoffe etc.)
- Langkettige Fettsäuren – Fettlast

Ausgetretene Proteine werden im Gewebe von Makrophagen (Leukozyten) teilweise abgebaut oder verkleinert. Die von den Makrophagen nicht erfassten Proteine ergeben die Eiweißlast.

Falls die Filtrationskräfte die Reabsorptionskräfte („Als Reabsorption bezeichnet man einen organischen Prozess, bei dem ein bereits ausgeschiedener Stoff im Körper von lebenden Zellen oder Gewebe erneut aufgenommen, „resorbiert" wird", (Nicolay 2010)) in der Kapillare übersteigen, kommt es zu einer Überwässerung (Wasserlast).

Die Fettlast ergibt sich aus den im Speisebrei resorbierten langkettigen Fettsäuren. Diese werden über die Darmlymphe abtransportiert.

Lymphzeitvolumen, Transportkapazität und funktionelle Reserve

Die Lymphmenge, die in einer Zeiteinheit durch den Querschnitt des Lymphgefäßes fließt, wird als Lymphzeitvolumen bezeichnet. Die maximale Transportkapazität ist die Menge an Lymphe, welche bei maximal aktivierter Lymphmotorik und dem gegebenen Fassungsvermögen in einer Zeiteinheit transportiert werden kann. Diese beträgt maximal 20 l pro Tag.

Die funktionelle Reserve ist die Differenz zwischen der Transportfähigkeit und dem Lymphzeitvolumen. Im Ruhezustand steht immer eine Reserve zur Verfügung. Bei gesunden Menschen ist diese so groß, dass bei körperlicher Anstrengung dielymphpflichtige Last problemlos abtransportiert werden kann.

5.2.3 Lymphödem

Ein Lymphödem ist eine sichtbare und fühlbare Flüssigkeitsansammlung im Zellzwischenraum. Ein Lymphödem entsteht meist in den Extremitäten, kann aber auch Hals-

und Gesichtsregionen betreffen. Bei einer mechanischen Insuffizienz kann die interstiti-
elle Flüssigkeit vom Lymphsystem nicht mehr ausreichend abtransportiert werden. Es
entsteht eine Flüssigkeitsansammlung in den Zellzwischenräumen.

Die Bildung eines Ödems kann sich über Jahrzehnte erstrecken oder sich innerhalbwe-
niger Wochen entwickeln.

Es gibt drei Stadien:

Stadium 1: spontan reversibles Stadium, ist ein weiches, Dellen hinterlassendes Ödem,
das noch keine wesentliche Gewebsreaktion hervorruft. Durch ein Hochlagern der Extremitäten kann sich das Ödem bereits zurückbilden.

Stadium 2: spontan irreversibles Stadium, ohne eine spezielle Therapie kann sich das
Ödem nicht mehr zurückbilden. In diesem Stadium finden fibrosklerotische Veränderungen sowie eine Fettgewebsprofiferation statt.

Stadium 3: lymphostatische Elephantiasis, Stadium 2 ist weit fortgeschritten. Das betroffene Körperteil ist bis zur Unförmigkeit angeschwollen. Es sind sämtliche Gewebsre-
aktionen vorhanden.

5.2.4   Zusammensetzung der Lymphflüssigkeit

Die Lymphe besteht aus Lymphplasma und Zellen. Ihre Dichte beträgt 1,14 g/cm^3 und ihr
pH-Wert 7,41. Das spezifische Gewicht der Lymphe beträgt 1017–1022 kg/l. Lymphe ist
somit etwas schwerer als Wasser (Herpertz 2006). Für das Aussehen der Lymphe ist der
Eiweißgehalt verantwortlich. Während die Lymphe im Darm sehr milchig und trüb ist, ist
sie an allen weiteren Stellen im Körper fast durchsichtig. Die Darmlymphe wird daher als
Chylus (= Milchsaft) bezeichnet. Nach einer fettreichen Mahlzeit bekommt der Chylus ein
sichtbar trüberes Erscheinungsbild.

Die Lymphe entspricht in ihrer Zusammensetzung weitgehend einer interstitiellen
Flüssigkeit (Flüssigkeit, die sich zwischen den Zellen und Gewebsspalten befindet). Diese
Gewebsflüssigkeit enthält Wasser (circa 90–93 %), Glucose, Harnstoff, Kreatinin, Kaliu-
mionen, Kalziumionen, Phosphationen und Enzyme (Diastase, Katalase, Dipeptidasen,
Lipasen).

Beim Proteingehalt der Lymphe gibt es jedoch deutliche regionale Unterschiede. Weitere Bestandteile der Lymphe sind Fibrinogen, Elektrolyte und Chylomikronen. Letztere
transportieren nach einer fettreichen Mahlzeit die aufgenommen Triglyzeride ins Blut. Die
Lymphe enthält peripher 200–2000 und an zentralen Stellen im Körper 2000 bis 200000
zelluläre Bestandteile pro mm^2. Diese zellulären Bestandteile bestehen zu 95 % aus Lymphozyten (im Lymphknoten gebildete Antikörper) und zu 4 % aus Makrophagen.

5.3 Flüssigkeiten der Körperhöhlen

5.3.1 Zerebralspinale Flüssigkeit

Allgemeines

Die zerebralspinale Flüssigkeit wird in der Medizin meist als „Liquor Cerebrosspinalis"
bezeichnet. Der Liquor ist eine klare Flüssigkeit, die das Rückenmark (zentrales Nervensystem) und das Gehirn umgibt. Der auch als Nervenwasser oder Hirnwasser bezeichnete
Liquor dient in erster Linie als Puffer und schützt vor mechanischen Belastungen. Durch
den Liquor verringert sich das Gewicht des Gehirns um fast 90 %. Weitere Aufgaben des
Liquors sind die Aufrechterhaltung der Homöostase, sowie der Transport und die Ausscheidung von Stoffwechselprodukten im zentralen Nervensystem. Den Raum, in dem
sich der Liquor im zentralen Nervensystem bewegt, wird als Subarachnoidalraum. In der
Anatomie unterscheidet man zwischen dem Äußeren und dem Inneren Liquorraum.

Zusammensetzung

Der Liquor ist eine sehr klare Flüssigkeit mit einem niedrigen Zell- und Proteinanteil. Er
besteht zu 60–70 % aus Lymphozyten (99 % T-Lymphozyten, 1 % B-Lymphozyten) und
zu 30–40 % aus Monozyten. Die Dichte des Liquors beträgt 1006–1009 kg/ und der ph-
Wert 7,3. (Pschyrembel et al. 1994). Der Proteinanteil liegt zwischen 120 und 500 mg/l.
Die Viskosität zeigt newtonsches Fließverhalten ähnlich, wie Wasser und beträgt bei 37 °C
0,7 bis 1 mPas. Mit einem höherem Proteingehalt erhöht sich die Viskosität.

Liquordiagnostik

Als Liquordiagnostik wird das labortechnische Verfahren zur Untersuchung der Gehirn-
Rückenmarks-Flüssigkeit bezeichnet. Aufgrund der Liquor-Blut-Schranke, welche wie
ein Filter wirkt, gelangen nicht alle Stoffe ins Blut. Benötigte Substanzen wie Sauerstoff,
Wasser oder Kohlenstoff können die Schranke passieren.

Schädliche Stoffe werden vom zentralen Nervensystem beziehungsweise vom Blutkreislauf ferngehalten. Durch die Erfassung der Liquorzusammensetzung können Krankheiten diagnostiziert werden, die mittels einer Blutprobe unentdeckt bleiben. Zu diesen
Krankheiten gehören:

- entzündliche infektiöse Erkrankungen des zentralen Nervensystems, wie zum Beispiel
  die Gehirnhautentzündung oder Multiple Sklerose.
- Gehirnblutungen wie die Subarachnoidalblutung
- Gehirn- und Rückenmarkstumore
- verschiedene Krebserkrankungen in fortgeschrittenen Stadien wie z. B. Leukämie
- Bei der Laboruntersuchung werden folgende Anteile untersucht:
- Blutbeimengungen, Eiter, Blutgerinnsel und Verfärbungen
- Eiweißbestimmung

- Bestimmung von Zucker, Enzymen und Salzen
- Anzahl der Zellen im Nervenwasser
- Nachweis von Bakterien oder Pilzen

5.3.2 Aszites

Als Aszites („Wasserbauch") wird die Ansammlung freier Flüssigkeit in der Bauchhöhle bezeichnet. Ursachen für die Entstehung können sein:

ein erhöhter Pfortaderdruck (Produkt des transhepatischen Blutflusses und dem Strömungswiderstand in seiner Strombahn) aufgrund einer Leberthrombose oder Leberzirrhose (Ursache bei 80 % der Patienten).

oder ein fallender kolloidosmotischer Druck aufgrund von Eiweißmangel oder Leberinsuffizienz.

- Je nach Art der Aszites bezeichnet man die Flüssigkeit als serös (klare Flüssigkeit) oder hämorrhagisch (blutig). Bei der Analyse der Flüssigkeit werden folgende Merkmale untersucht:
- spezifisches Gewicht
- Eiweißgehalt
- LDH
- Bakteriologie
- Zytologie (Erythrozyten, Leukozyten, Tumorzellen)
- Albumingradient (gibt den Konzentrationsunterschied zwischen Plasma und Aszites an).

Erste Folgen eines Azsites ist zunächst ein schmerzloser Anstieg des Bauchumfangs. Kleine Aszites werden meist zufällig durch Ultraschallbilder erkannt. Sammelt sich weiter Flüssigkeit an, so kann dies zu Nabel- oder Leistenbrüchen führen. Bei einer Ansammlung um die 20 Liter drückt die Flüssigkeit auf das Zwerchfell.

5.4   Pleuraflüssigkeit

5.4.1 Anatomie und Physiologie

Die Pleura, auch Lungenfell genannt, ist eine zweischichtige, seröse Hautschicht, die die Lungen, das Zwerchfell, das Mediastinum und die innere Thoraxwand bedeckt. Das Lungenfell besteht aus zwei Blättern und einem dazwischenliegenden Spalt:

Lungenfell (Pleura viszeralis): Das innere Blatt der Pleura umhüllt die beiden Lungenflügel und geht im Bereich der Lungenflügel in das äußere Blatt über.

Pleuraspalt (Cavitas Pleuralis): Der Spalt liegt zwischen beiden Blättern und wird von der Pleuraflüssigkeit ausgefüllt.

Rippenfell (Pleura parietalis): Das äußere Blatt bedeckt die Thoraxwand und die kraniale Seite des Zerchfells.

Der Pleuraspalt hat eine Höhe von 5 bis 30 μm (Matthys und Seeger 2008). Unter physiologischen Bedingungen wird der Spalt mit 5–15 ml der Pleuraflüssigkeit ausgefüllt. Diese wird vom Pleuramesothel gebildet und von gleichem wieder resorbiert. Die Pleuraflüssigkeit ist nicht dehnbar oder komprimierbar und dient als eine Art „Schmiermittel", sodass sich die beiden Blätter problemlos gegeneinander verschieben können.Zwischen den beiden Blättern herrscht ein wechselnder Unterdruck der durch dieexpandierende Kraft der Thoraxwand und der Retraktionskraft der Lungen entsteht. Der als Pleuradruck bezeichnete Unterdruck beträgt im Mittel 5 cm H$_2$O. Weitere Kräfte, die auf den Pleuraspalt wirken sind:

hydrostatischer Kapillardruck

onkotischer Druck (kolloidosmotische Druck) der Pleuraflüssigkeit und der angrenzenden Gefäße (s. Abb. 5.3).

Das Modell zeigt Druckverhältnisse am Pleuralspalt mit allen einwirkenden Kräften. Am Ende bleibt ein Nettodruck von 6 cm H$_2$O der von der parietalen Seite auf den Pleuraspalt einwirkt. Der entstehende Unterdruck verhindert ein Zusammenfallen der Lunge.

Krankheitsbilder

Verschiedene Krankheiten können dazu führen, dass sich zuviel Pleuraflüssigkeit im Pleuraspalt ansammelt (Pleuraerguss). Die Zusammensetzung der Flüssigkeit ist dabei krankheitsabhängig und kann somit zur Diagnose verschiedener Krankheitenherangezogen werden. Die Pleuralflüssigkeit ähnelt sehr der Zusammensetzung desBlutserums. Man unterscheidet zwischen einem Transsudat und ein Exsudat.

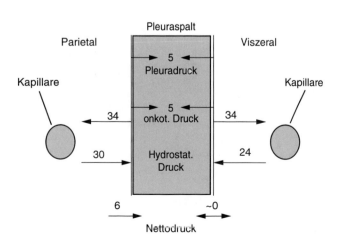

Abb. 5.3 Modell der Druckverhältnisse am Pleuralspalt des Menschen (Matthys und Seeger 2008)

Transsudat und Exsudat

Das Transsudat enthält kaum zelluläre Bestandteile und hat ein sehr wässriges, helles und klares Aussehen. Sein spezifisches Gewicht liegt unter 1,016 g/l. Transsudate können entstehen, wenn der Eiweißgehalt im Blut, aufgrund einer Leberzirrhose oder bestimmter Nierenerkrankungen, zu gering ist. Eine andere Ursache kann eine Herzschwäche und der damit verbundene Blutstau sein, welcher wiederum eine wässrige Flüssigkeit in den Pleuraspalt presst.

Beim Exsudat ensteht ein trübes, blutiges und milchiges Aussehen der Pleuraflüssigkeit. Der Eiweißgehalt beträgt mehr als 3 g% und das spezifische Gewichtliegt über 1,016 kg/l. Im Exsudat können Leukozyten, Erythrozyten oder Tumorzellen enthalten sein. Bösartige Tumore wie beispielsweise Brust- oder Eierstockkrebs können ein Exsudat bilden. Entzündungen wie Tuberkulose, Lungenentzündungen oder rheumatische Erkrankungen verursachen ein infektiöses Exsudat.

Symptome treten bei kleinen Pleuraergüssen kaum auf. Bei größeren Pleuraergüssen klagen die betroffenen Personen meist über Atemnot. Steigt der Erguss weiter an, so kommt es zum Sauerstoffmangel und zu einer Blaufärbung der Lippen.

5.4.2   Perikardflüssigkeit

Das Perikard, auch Herzbeutel genannt, besteht aus zwei Blättern, dem äußeren parietalen Blatt und dem inneren viszeralen Blatt. Das Epikard wiederum besteht ebenfalls aus zwei Blättern. Zwischen dem Epikard und dem Perikard verlaufen Nerven, Lymphbahnen, Blutgefäße und etwa 15–35 ml der Perikardflüssigkeit (Liquor pericardii), einem serösen Ultrafiltrat des Blutplasmas und dient der Reibungsminderung. Das Perikard wirkt einerseits als schützende Hülle des Herzens und ermöglicht andererseits die Ausdehnung und Kontraktion des Myokards (Herzmuskel).

Die Perikardflüssigkeit gleicht in ihrer Zusammensetzung sehr dem Blutserum. Eine Vermehrung der Flüssigkeit ohne, dass sich die Zusammensetzung ändert, nennt man Hydroperikard (Transsudat). Diese kann durch eine Herzinsuffizienz hervorgerufen werden. Bei einem Exsudat hingegen steigt der Protein- und Cholesteringehalt (> 45 mg/µl), sowie die Laktatdehydrogenase (200 U/l). Ein zu hoher Cholesterinwert im Liquor pericardii kann durch Tuberkulose, rheumatoide Arthritis sowie Myxodemen verursacht werden. Von einem Perikarderguss spricht man bei einer Flüssigkeitsansammlung von mehr als 50 ml. Es wird unterschieden zwischen akuten und chronischen Perikarderguss. Zur Diagnose dienen Merkmale wie die Abschwächung der Herztöne oder eine eventuelle Herzinsuffizienz mit einer Einflussstauung.

5.5 Urin

Urin auch Harn genannt, ist ein flüssiges Ausscheidungsprodukt, welches in den Nieren entsteht und über die Harnwege nach außen geleitet wird. Die Ausscheidung von Urin dient der Regulation des Flüssigkeits- und Elektrolythaushalts, sowie der Beseitigung von Stoffwechselabbauprodukten, insbesondere dem Ausscheiden der beim Abbau von Proteinen und Nukleotiden entstehenden Stickstoffverbindungen. Der sogenannte Primärharn ist ein Ultrafiltrat des Blutplasmas, welches beim Durchfluss des Blutes durch die Niere entsteht. Dabei werden neben Wasser weitere gelöste Stoffe, unter anderem Ionen und kleine ungeladene Proteine, wie in einem Sieb filtriert und anschließend an das Röhrchensystem des Nephrons, die funktionelle Untereinheit der Niere, weitergegeben. Da allerdings im Primärharn auch Stoffe, die für den Körper wichtig sind, wie Glucose, Elektrolyte und Aminosäuren enthalten bleiben, muss dieser in den darauffolgenden Tubuli und Sammelrohren weiterverarbeitet werden. Hierbei werden neben den wiederverwendbaren Inhaltsstoffen auch 99 % des Wassers zurückgewonnen. Übrig bleibt der sogenannte Endharn (= Urin) der über das Nierenbecken und den Harnleitern in die Harnblase fließt und dort gesammelt wird, bis dieser über die Harnröhre ausgeschieden wird.

Die Zusammensetzung des Urins ist stark von den individuellen Ernährungsgewohnheiten (mehr tierische Eiweiße oder eher vegetarisch), dem Alter, dem Geschlecht und der Tageszeit abhängig. So muss um die durchschnittliche Konzentration der enthaltenen Inhaltsstoffe über eine Dauer von 24 Stunden untersucht bzw. gesammelt werden. Die Summe der einzelnen Urinproben wird dann „24-Stunden-Urin" genannt. (Koolmann und Röhm 2005). Der Urin besteht bei einem gesunden erwachsenen Menschen hauptsächlich aus Harnstoff, Harnsäure und anderen Stoffwechselprodukten. Des Weiteren enthält er geringe Mengen Glucose, Proteine, sowie weitere Substanzen wie Hormone und Duftstoffe.

Der pH-Wert des Urins liegt bei einer normalen Ernährung bei circa 5,8, kann allerdings auch bei über 7 liegen und bewegt sich somit eher im leicht sauren Bereich. Der ph-Wert ist individuell stark abhängig von der Ernährung. Die Dichte liegt normalerweise zwischen 1015 und 1022 g/l, kann sich allerdings unter Extrembedingungen, wie hoher Flüssigkeitszufuhr oder Dehydratation, in einen Bereich zwischen 1001 und 1040 g/l bewegen. Die durchschnittliche Viskosität beträgt bei 37 °C etwa $8,02 \cdot 10^{-3}$ Pas.

Bis zur Harnblase ist der Urin eines gesunden Menschen keimfrei, der untere Teil der Harnröhre ist jedoch nicht keimfrei, sodass der Urin beim Austritt bis zu 10.000 Keime pro ml enthalten kann. Dennoch gilt der Urin eines Gesunden als trinkbar. Abgestandener Urin nimmt einen stechenden Geruch von Ammoniak an, der durch die enzymatische Umwandlung von Harnstoff in Ammoniak und Kohlenstoffdioxid (ausgelöst durch bakterielle Umwandlungsprozesse) verursacht wird. Der pH-Wert des ursprünglich neutralen bis sauren Urin verschiebt sich dann ins basische Milieu von 9–9,2.

Die Zusammensetzung des Urins kann etwas über den Gesundheitszustand eines Menschen aussagen. Bei einer Blasenentzündung beispielsweise ist der pH-Wert des Urins stark verändert, ein erhöhter Glucosegehalt kann auf eine Zuckerkrankheit (Diabetes mellitus) hinweisen. Über bestimmte Hormone (hCG, Humanes Choriongonadotropin, während einer Schwangerschaft von der Plazenta gebildet und für die Erhaltung der Schwangerschaft verantwortlich), im Urin der Frau kann eine Schwangerschaft festgestellt werden.

5.6   Gelenkflüssigkeiten (Synovia)

Die Beweglichkeit des menschlichen Körpers basiert in der Regel auf dem Zusammenspiel der Gelenke und der dazugehörigen Muskulatur. Obwohl die Form und der Aufbau der verschiedenen Gelenke je nach mechanischer Belastung und Aufgabe unterschiedlich sind, lassen sich alle Gelenke auf folgende Strukturen reduzieren.

5.6.1   Anatomie

Gelenkkörper
Als Gelenkkörper wird das komplette Gelenk bezeichnet.

Gelenkknorpel
Der Gelenkknorpel dient mit seiner glatten Oberfläche bei einer Bewegung als Gleitfläche. Der Knorpel zeichnet sich durch seine reibungsarmen, elastischen und stoßgedämpften Eigenschaften aus. Knorpel besteht hauptsächlich aus Proteinen, welche große Mengen an Wasser binden können, und der Kollagen bildenden Knorpelmasse. Der Knorpel wird nicht durchblutet und ist daher nicht regenerationsfähig. Das Knorpelgewebe ernährt sich mittels Diffusion von Flüssigkeit aus dem Gelenkinneren, der Knorpel ist ausschließlich auf die Nährstoffversorgung der Gelenkschmiere angewiesen. Entsteht ein Druck (Belastung) von oben werden die Fasern zusammengedrückt und die Flüssigkeit weicht zur Seite aus. Bei Entlastung sorgen die elastischen Fasern dafür, dass der Knorpel wieder seine ursprüngliche Form einnimmt und die Flüssigkeit zurückströmt.

Gelenkkapsel
Die Gelenkkapsel umschließt das Gelenk und bildet zusammen mit Sehnen, Bändern und Muskeln eine schützende Hülle. Durch die Gelenkkapsel verlaufen Blutgefäße, die die Gelenkschmiere mit Nährstoffen versorgen. In der Gelenkkapsel wird die sogenannte Hyaluronsäure gebildet.

5.6.2   Gelenkschmiere

Die Gelenkschmiere („Synovia") ist eine in Gelenken enthaltene, sehr zähflüssige, visköse und klar-gelbliche Flüssigkeit. Sie dient als Gleitfilm zwischen den Gelenkoberflächen.

Die Menge der Synovia ist proportional zur Größe des Gelenkes. Ein gesundes Kniege-
lenk enthält etwa 3 bis 6 ml dieser Flüssigkeit. In anderen Gelenken ist diese Menge geringer. Bei einer Belastung des Gelenkes werden verbrauchte Stoffe aus dem Knorpel gepresst. Wird das Gelenk entlastet verteilt sich die Flüssigkeit wieder im Knorpel und
nimmt Nährstoffe auf.

5.6.3   Chemische Zusammensetzung der Synovia

Bei der Synovia handelt es sich um eine wässrige Lösung aus Blutplasma, die sich aus
Elektrolyten, Laktatdehydrogenase, Plasmeproteinen, Entzymen und saurer Phophatase,
abgelöste Zellen der Gelenkkapsel und Abwehrzellen, 94 % Wasser und 0,5 % Mucine
zusammensetzt. Muzine enthalten Hyaluronsäure, die bei der Viskosität eine entscheidende Rölle spielen.

5.6.4   Physikalische Eigenschaften

Für die Viskosität der Gelenkschmiere ist die Hyaluronsäure verantwortlich. Zu ihren Eigenschaften gehören:

- Durch die Hyaluronsäure bekommt die Gelenkschmiere ihre zäh-elastische Konsistenz
  und ist damit für die schmierende und vor allem dämpfende Eigenschaft der Gelenkschmiere verantwortlich.
- Im Knorpelgewebe ist sie für die Proteinbildung und somit für die dämpfende Eigenschaft verantwortlich.
- Die Knorpeloberfläche ist mit einer schützenden Schicht der Hyaluronsäure überzogen.
- Die Gelenkschmiere ist eine nicht-newtonsche Flüssigkeit. Ihre elastischen und viskösen Eigenschaften sind temperatur- und bewegungsabhängig. In kalter Umgebung und
  bei wenig Bewegung nimmt die Viskosität stark zu und es entsteht ein größerer Reibungswiderstand in den Gelenken. Die Abhängigkeit beziehungsweise Anpassung der
  Viskosität an der mechanischen Beanspruchung sorgt dafür, dass Statik und Mechanik
  der Gelenke bei einer
       Belastung nicht beeinträchtigt werden. Weitere Angaben über die Viskosität der Sy-
  novialflüssigkeit siehe Haubeck (2019): Lexikon der Laboratoriumsdiagnostik.
- Die Synovia hat einen pH-Wert von 7,3 bis 7,8. (Schünke 2000).

5.6.5   Funktionen der Gelenkflüssigkeit

Die Gelenkflüssigkeit hat mehrere wichtige Funktionen:

- Sie dient als Transportmittel von Nähr- und Zerfallsstoffen.
- Der Gelenkknorpel wird durch Diffusion und Konvektion ernährt.
- Sie schmiert die Gelenkflächen (Lubrikation), wodurch die Reibung im Gelenk verringert wird.

Mit den viskösen und elastischen Eigenschaften bewirkt die Synovia eine gleichmäßige Verteilung des Drucks.

Der Abstand der Gelenkflächen und die Spannung der Gelenkkapseln muss durch die Synovia hergestellt werden, damit die Statik und die Mechanik der Gelenke voneinander unabhängig sind.

In der Diagnostik wird bei der Synovia zwischen entzündlichen und nicht entzündlichen Erkrankungen unterschieden. Zur direkten Diagnose wird sie hauptsächlich herangezogen, um Krankheiten wie Gicht, Pseudogicht oder septische Arthritis zu erkennen. Ansonsten wird sie oft zur Ausschlussdiagnose von Krankheiten (bakterielle Arthritis, Ostseitis, Traumen oder Tumoren) verwendet (Schünke 2000).

5.7   Verdauungssekrete

5.7.1   Speichel

Speichel ist das Sekret der Speicheldrüsen im Bereich der Mundhöhle, produziert von den kleinen Speicheldrüsen der Mundschleimhaut und den drei großen, paarigen Speicheldrüsen, der Ohrspeicheldrüse, Unterkieferdrüse und der Unterzungendrüse.

Je nach produzierender Drüse ist der gebildete Speichel wässrig-dünnflüssig (serös) bis schleimig-zähflüssig (mukös), woraus sich in der Mundhöhle ein Gemisch der verschiedenen Speichelarten einstellt.

Zusammensetzung
Der Speichel besteht aus 99,5 % Wasser und durchschnittlich 0,5 % gelösten Bestandteilen. Darunter fallen Muzin (allgemein für Schleim, bestehend aus Glykoproteinen), diverse andere Proteine (unter anderem ein schmerzstillendes Opiorphin, Kalium, Calcium-Ionen, Natrium und Chlorid. Fluorid und Rhodanid (zur Erhaltung des Zahnschmelzes), sowie Bestandteile der Blutgruppen und Antikörper, das Immunglobin A sind in Spuren enthalten.

Der pH-Wert des Speichels liegt bei Ruhesekretion circa zwischen 6,5 und 6,9 nach Stimulation bei etwa 7,0 bis 7,2 (geringerer Anteil an Natrium Ionen) (Schmidt et al. 2005).

5.7.2 Magensaft

Magensaft ist eine durchsichtige bis gelb-grünliche Lösung, mit markantem Eigengeruch, dessen Bestandteile teilweise in den Belegzellen der Magenschleimhaut produziert werden. Der Magensaft hat die Funktion den Nahrungsbrei zu zersetzen und damit zu verdauen.

Der menschliche Magen hat ein Fassungsvermögen von ca. 1,5 Litern und ist individuell sehr unterschiedlich. Er bringt den Speisebrei auf die Körpertemperatur und schichtet und speichert diesen. Die von den Drüsen erzeugte Menge des Magensaftes ist von der Nahrungsaufnahme abhängig und schwankt zwischen 10 ml und 1000 ml pro Stunde. Die Sekretion des Magensaftes kann in drei Phasen unterteilt werden:

- Cephale Phase („Kopfphase"): Stimulierung des Nervus vagus und Parasympathikus (denken, sehen, riechen von Nahrung) und damit verbundene Freisetzung von Histamin und Gastrin.
- Gastrische Phase („Magenphase"): Dehnung des Magens und chemische Reizung des Nahrungsbreis (z. B. durch Eiweiße etc.)
- Intestinale Phase („Darmphase"): hormonelle Blockierung der Bildung von Magensäure (wenn der Nahrungsbrei den Zwölffingerdarm erreicht hat).

Da die eigentliche Verdauung, also die Aufnahme der Energie aus der Nahrung in den Körper, erst im Darmtrakt stattfindet, handelt es sich bei der Tätigkeit des Magens mehr um eine Vorverdauung.

Mikroskopischer Aufbau des Magens

Mikroskopisch setzt sich der Magen aus der Magenschleimhaut (*lat. Tunica mucosa gastrica*) in der sich eine Vielzahl von Drüsen befinden, der Bindegewebsschicht (*lat. Tunica muscularis submucosa*) mit Blutgefäßen, der Muskelschicht (*lat. Tunica muscularis gastrica*) aus glatter Muskulatur und einer nach außen den Magen abschließenden Haut, der Tunica serosa zusammen.

Im innersten Schleimhautabschnitt (Epithel) befinden sich zahlreiche schleimproduzierende Drüsen deren Sekret mit denen der Magendrüsen das Epithel vor der eigenen Zersetzung, durch die vom Magen erzeugte, Salzsäure schützt. Die Eigenschicht besteht aus Bindegewebe, Lymphgefäßen, Blutgefäßen, Zellen des Immunsystems, teilweise in Form von Lymphfollikeln, und Drüsen.

Drüsen der Magenschleimhaut

Die Kardiadrüsen sind im Bereich des Mageneingangs (Cardia) zu finden. Die Wände der gewundenen, verzweigten Drüsenschläuche bestehen aus den eigentlichen Drüsenzellen, die ein alkalisches, schleimiges Sekret, Muzine genannt, absondern. Es dient, wie das Sekret der Drüsen des Epithels, dem Schutz.

Die Fundusdrüsen (lat. Glandulae gastricae propriae) produzieren den eigentlichen Magensaft. Die iso- bis hochprismatischen Nebenzellen (lat. Mucocyti cervicales) sezernieren alkalischen Schleim zum Schutz des Epithels.

Die Pylorusdrüsen befinden sich am Magenausgang (Pylorus) (Zilles und Tillmann 2010). Sie besitzen kaum Belegzellen und keine Hauptzellen. Ihre exokrinen Drüsenzellen produzieren, wie schon die Kardia- und Teile der Fundusdrüsen einen alkalischen Schleim, der das Epithel vor der Salzsäure schützt.

Zusammensetzung des Magensafts

Der Magensaft besteht zu 97 bis 99 % aus Wasser vermengt mit verschiedenen Stoffen, die hauptsächlich vom Drüsengewebe des Magens sezerniert wurden. Darunter fallen die Magensäure (bei nüchternem Magen eine circa 0,5-prozentige Salzsäure), Mucine, Pepsin, ein einweißspaltendes Enzym, Histamin und den sogenannten Intrinsic-Faktor (Mucoprotein, benötigt zur Resorption von Vitamin B12 im Darm). Es werden die Hormone Gastrin und Somatostatin ausgeschüttet, welche die Funktionen des Magens steuern.

Die Magensäure weist bei nüchternem Magen einen ph-Wert von ca. 1,0–1,5, der Mageninhalt selber wird auf einen ph-Wert von 2,0–3,0 gesenkt.

Zur täglich produzierten Menge an Magensaft gibt es unterschiedliche Untersuchungsergebnisse, die mit der Menge der aufgenommenen Nahrung und der individuellen Person starken Schwankungen unterliegen. Sie liegt normalerweise zwischen einem und drei Litern.

5.7.3   Sekretion der Pankreas

Anatomie

Die Pankreas liegt auf Höhe des zweiten Lendenwirbels im sogennanten Retroperitonealraum. Der Pankreaskopf wird vom Zwölffingerdarm umschlossen und stellt somit eine direkte Verbindung zu diesem dar.

Die Pankreas besteht aus zwei Teilen und hat zwei wichtige Funktionen:

- exokriner Teil, Produktion von Verdauungssekreten
- endokriner Teil, Regulation des Blutzuckers durch Produktion von Hormonen
- wie Insulin, Somatokrin oder Glukagen

Der größte Teil, mit 90 % der Zellmasse, wirkt exokrin und produziert Verdauungssäfte für die Verarbeitung von Proteinen, Kohlenhydraten und Fetten, welche schließlich über den Ausfuhrgang (Ductus pancreaticus) der Drüse entleert werden.

Pankreassekret (exokrine Drüse)

Die exokrine Pankreas ist eine seröse Drüse und produziert täglich 1,5–2 l einesproteinreichen, farblosen, transparenten Sekrets mit einem alkalischen pH-Wert von 8,0–8,5.

Während der digestiven Phase sondert die Drüse mit 4 ml/min den größten Teil des Sekrets ab. In der interdigistiven Phase werden lediglich 0,2 ml/min sezerniert. Die funktionell bedeutendsten Bestandteile des Sekrets sind zum einen die zahlreichen hydrolytischen Enzyme, die zur Spaltung verschiedener Nährstoffe benötigt werden, und zum zweiten HCO_3- (Bicarbonat), welches die Neutralisation des sehr sauren Chymus bewirkt.

In der unstimulierten Pankreas ähnelt die HCO_3 und Cl- Konzentration der des Blutplasmas. Wird die Pankreasproduktion angeregt so steigt auch der HCO_3- Anteil an. Im Gegenzug sinkt die Cl- Konzentration. Dabei kann der Anteil der Cl-Ionen auf bis zu 40–50 mmol/l fallen und der HCO_3-Anteil auf 120 mmol/l ansteigen, was einen pH-Wert Anstieg auf maximal 8,2 zur Folge hat. Der Anteil der Natrium- und Kaliumionen im Sekret verhält sich weitestgehend konstant. Es sind viele Ca_2+ Ionen enthalten.

Elektrolyt- und Wassersekretion
Im Sekret sind Cl- und HCO_3-Ionen als Anionen und Na+ und K+ als Kationen enthalten. Die Sekretion von HCO_3- erfolgt in Form von $NaHCO_3$- in den Ausführungsgängen. Reguliert wird die $NaHCO_3$-Sekretion mittels Sekretin.

Endokrine Drüse
Neben der exokrinen Drüse hat auch die endokrine Drüse lebensnotwendige Aufgaben (Endokrine Drüsen sezernieren ihr Sekret direkt ins Blut). Die endokrinen

Zellen sammeln sich in sogenannten Langerhans-Inseln, welche vor allem im Pankreasschwanz lokalisiert sind. Es handelt sich dabei um Zellaggregate in denenfolgende Zelltypen nachweisbar sind.

- B-Zellen dienen der Insulinproduktion
- A-Zellen produzieren Glucagon
- D-Zellen bilden Somatostatin. Dieses hemmt die Sekretion von Insulin, Glucagon, Wachstumshormone, TSH, Gastrin oder VIP.
- PP-Zellen produzieren das pankreatische Polypeptid (PP), welches die exokrine Pankreasproduktion hemmt und eine Kontraktion der Gallenblase bewirkt.

Insulin
Insulin besteht aus eine A-Kette mit 21 Aminosäuren und einer B-Kette mit 30 Aminosäuren. Die beiden Peptidketten sind durch 2 Disulfidbrücken miteinander verbunden. Am rauhen endoplamatischen Retikulum wird zunächst das einkettige Vorläufermolekül Präproinsulin synthetisiert, aus welchem beim Transport ins Lumen durch Abspaltung des Signalpeptids Proinsulin gebildet wird. Durch Abspaltung des sogenannten C-Peptids ensteht das reife Insulin.

Die Regelung der Sekretion wird in erster Linie von der Glucose bestimmt. Die Sekretion ist noch von weiteren Faktoren abhängig. Die wichtigsten Insulinabhängigen Organe im menschlichen Körper sind die Leber, der Skelettmuskel und das Fettgewebe.

5.7.4   Gallenflüssigkeit

Galle ist eine zähflüssige Körperflüssigkeit, die in der Leber produziert und in der Gallenblase gespeichert wird um bei Bedarf, z. B. bei der Einnahme von Speisen, in den Zwölffingerdarm ausgeschüttet zu werden. Die Gallenflüssigkeit dient in erster Linie der Verdauung von Fetten, durch Emulgieren, das heißt die Vermengung von zwei normal nicht
miteinander mischbaren Flüssigkeiten zu einem fein verteilten Gemisch (Emulsion). Es
werden die im Nahrungsbrei enthaltenen Lipide (Fette) in kleine, für fettspaltende Enzyme (Lipasen) weiter verarbeitbare Tröpfchen zersetzt. Daneben trägt die Galle zur Neu-
tralisierung des Zwölffingerdarms nach dem Durchgang durch die Magenpassage stark
sauren Nahrungsbreis bei und dient der Ausscheidung verschiedener in Wasser schwer-
oder unlöslicher Substanzen (Triacyglyceride, freie Fettsäuren, Cholesterin, Vitamine).
Eine entscheidende Rolle spielen hierbei die sogenannten Gallensalze bzw. -säuren, die
mit wasserunlöslichen Nahrungsbestandteilen Mizellen (Klümpchen) bilden und dadurch
den Transport ins Blut ermöglichen. Mizellen sind Aggregate aus amphiphilen Molekülen
oder grenzflächenaktiven Substanzen, die sich in einem Dispersionsmedium, im Falle des
menschlichen Körpers Wasser, spontan zusammenlagern. Gallensäuren wirken zudem
bakterizid. Weitere Substanzen wie Bilirubin, Medikamente und ihre Abbauprodukte und
Schwermetalle können nur mit Hilfe der Galle ausgeschieden werden. (Siehe Fachliteratur
Karlson und Doenecke 2005).

   Die Speicherung der Gallenflüssigkeit erfolgt in der Gallenblase, in der die Galle auf
circa 10 Prozent ihres Volumens eingedickt wird. Deren Ausschüttung erfolgt so bald mit
der Nahrung aufgenommene Lipide mit der Dünndarmschleimhaut in Berührung kommen, was diese zur Produktion des Hormons Cholecystokinin (CCK) veranlasst. Dieses
Hormon stimuliert die glatte Muskulatur in der Organwand der Gallenblase, woraufhin
diese sich zusammenzieht und der Inhalt der Gallenblase dem Zwölffingerdarm beige-
mischt wird.

Enterohepatischer Kreislauf
Als Enterohepatischer Kreislauf wird die mehrfache Zirkulation bestimmter Substanzen
zwischen Darm, Leber und Gallenblase bezeichnet. Die Gallensäuren und auch einige
Arzneistoffe und Gifte unterliegen diesem Kreislauf. Er beschreibt nur das Verhalten bestimmter Stoffe im Körper und ist keine eigenständige anatomische Struktur wie der Blutkreislauf.

Zusammensetzung
Gallenflüssigkeit ist von gold-gelber oder grünlich-gelber Farbe, dünnflüssig, alkalisch
und von bitterem Geschmack. Dabei unterscheiden sich die chemischen und physikalischen Eigenschaften der Gallenflüssigkeit der Leber und der in der Gallenblase. Die wichtigsten enthaltenen Gallensäuren sind Cholsäure und Chenodesoxycholsäure, die allerdings aufgrund des alkalischen Milieus als konjugierte Gallensäuren (Gallensalzen) in
Form ihrer Amide (Ammoniak-ähnlich) als Taurin oder Glycin vorliegen. Unter den

Phospholpiden treten besonders die Lecithine, das sind Phosphollipide, die sich aus Fettsäuren, Glycerin, Phosphorsäure und Cholin zusammensetzen, hervor. Andere Abbauprodukte, die aus der Leber stammen werden über die Galle ausgeschieden. Dazu gehört Billrubin und Billverdin, beides Abbaustoffe des Blutfarbstoffs Hämoglobin. Wenn die Stoffe Licithin, Cholesterin, sowie die Gallensalze in einem falschen Mischungsverhältnis vorliegen, kommt es zur Bildung von Gallensteinen (Silbernagel und Despopoulos 2003).

Am Max-Planck-Institut in Dresden wurde ein 3-D Computermodell entwickelt mit denen die Strömungseigenschaften der Gallenflüssigkeit in den Gallenwegen der Leber simuliert werden können, um Erkrankungen besser verstehen zu können

5.8 Hautsekretionen-Schweiß

Schweiß ist ein von der Haut über Schweißdrüsen abgesondertes wässriges Sekret. Es dient hauptsächlich der Thermoregulation des menschlichen Körpers, sowie anderer Primaten und Säugetiere. Wasser hat eine sehr hohe spezifische Verdampfungsenthalpie (44 kJ/mol oder 2453 kJ/kg bei 20 °C), dieser Wert gibt an, wie viel Energie nötig ist, um Wasser isobar und isotherm aus dem flüssigen in den gasförmigen Zustand übergehen zu lassen. Es ist möglich mit einem Gramm Schweiß 2,42 Kilojoule Wärme zu entziehen, was bei einer maximal möglichen produzierten Schweißmenge von 2 kg/h einem Wärmeentzug von circa 5000 kJ/h (=1400 W) entspricht. Dies ist allerdings nur ein theoretischer Wert, da abtropfender Schweiß keine wärmeentziehende Wirkung mehr erzielen kann. Es ist die von Schweiß benetzte Körperoberfläche ausschlaggebend. Schweiß kann allerdings nur verdunsten, wenn der Wasserdampfdruck der Luft geringer ist als der an der Hautoberfläche.

Arten von Schweißdrüsen
Der menschliche Körper verfügt über zwei unterschiedliche Schweißdrüsen, den apokrinen und den ekkrinen. Es werden somit auch zwei verscheidene Arten von Schweiß produziert.

Der ekkrine Schweiß ist dünnflüssig und meist geruchsneutral, auch nach dessen Austrocknung und Zersetzung auf der Hautoberfläche durch Bakterien. Sein pH-Wert liegt bei 4,5. Durch dessen Zusammensetzung und der großen Anzahl an ekkrinen Schweißdrüsen, beim Menschen sind es 2 bis 4 Millionen, sind diese hauptverantwortlich für die Wärmeregulation. Daneben sind sie für die Befeuchtung der Haut, Verteilung des Hauttalgs auf der Haut, Steuerung des Wassers/Elektrolythaushalts, sowie für den Aufbau eines Säureschutzmantels, durch das leicht saure Milieu des ekkrinen Schweißes verantwortlich. Nach neueren Studien ist der Schutz vor Bakterien allerdings eher durch bakterizide Fettsäuren, Lipide und Peptide, gegeben die von den Schweißdrüsen abgesondert werden.

Ekkrine Schweißdrüsen sind am häufigsten an den Fußsohlen (ca. 600/cm^2), Handinnenflächen, unter den Achseln und an der Stirn anzutreffen.

Die apokrinen Schweißdrüsen, sondern ein eher dickflüssiges, trübes Sekret ab,dessen pH-Wert mit 7,2 als neutral gilt. Der apokrine Schweiß enthält zudem Duftstoffe (Pheromone), die bei der Partnerwahl eine entscheidende Rolle spielen sollen (Stattkus 2006).

Zusammensetzung des Schweißes

Der ekkrine Schweiß hat einen niedrigen osmotischen Druck (hypoton) und enthält wenig Eiweiß. Er besteht zu 99 % aus Wasser und zu circa 1 % vor allem aus Mineralien, Milchsäure und Harnstoff. Die Mineralien setzten sich zusammen aus Natrium (ca. 0,9 g/l), Kalium (0,2 g/l), Calcium (0,015 g/l), Magnesium (0,0013 g/l) und andere Spurenelemte, wie Zink (0,4 mg/l), Kupfer (0,3–0,8 mg/l), Eisen (1 mg/l), Chrom (0,1 mg/l), Nickel (0,05 mg/l) und Blei (0,05 mg/l). (Cohn und Emmett 1978). Die Osmolalität von Schweiß ist geringer als die des Blutplasmas (Costanzo 2007). Der Schweiß apokriner Drüsen enthält vor allem Fette (Lipide), Glykoproteine, Abbauprodukte des Sexualhormons Testosteron und körpereigene Duftstoffe (Pheromone). Die Zusammensetzung des Schweißes, insbesondere der des Mineraliengehalts ist individuell sehr verschieden und abhängig von der klimatischen Gewöhnung, dem Trainingszustand, der Hitzequelle (Sauna, etc.), der Dauer des Schwitzens, der Zusammensetzung des Wasser-Elektrolyt-Haushalts und der Ernährung einer Person.

5.9 Wasser- und Elektrolythaushalt

5.9.1 Körperwasser

Der menschliche Körper besteht zu 50 % (Frauen) bis 60 % (Männer) aus Wasser. Beibeiden Geschlechtern nimmt der Wassergehalt mit dem Alter ab. Das Körperwasserverteilt sich dabei auf zwei getrennte Flüssigkeitsräume:

- Intrazellulärraum (IZR; circa 60 %)
- Extrazellulärraum (EZR; circa 40 %)

Ein gesunder Erwachsener verliert pro Tag circa 2 Liter Wasser (durch Atmung, Schwitzen, Urin und Kot). Dem gegenüber steht eine Wasseraufnahme von 1,5–3 Litern am Tag.

5.9.2 Elektrolyte

Elektrolyte sind Stoffe, die in wässriger Lösung in Ionen zerfallen und somit in der Lage sind den elektrischen Strom zu leiten. Die wichtigsten Elektrolyte im menschlichen Körper sind Natrium, Kalzium, Kalium, Chlorid, Magnesium und Phosphor. Der Ionentransport im Körper erfolgt über Konzentrationsunterschiede der verschiedenen Stoffe. Dabei

haben die Elektrolyte im extrazellulären Raum, außerhalb der Zellen, eine andere Konzentration als im intrazellulären Raum. Die Grenze der beiden Räume bildet die Zellmembran, die durch den Ionentransport unterschiedliche Spannungen aufweist. Diese Span-
nungsänderungen nutzt der Körper für verschiedene Prozesse. Zu den Aufgaben der
Elektrolyte gehören:

- Informationsaustausch zwischen den Zellen
- Informationsübertragung im Nervensystem
- Beeinflussung des Wasserhaushalts (Elektrolyt- und Wasserhaushalt sind eng
- verknüpft)
- Stärkung der Knochen und Zähne

Elektrolyte können nicht im Körper gebildet werden und müssen deswegen über die Nahrung aufgenommen werden.

5.9.3   Regulation des Elektrolyt- und Wasserhaushalts

Eine entscheidende Rolle bei der Regelung des Wasserhaushalts des menschlichen Körpers spielt die Osmolarität. Diese beschreibt die Anzahl der osmotisch aktiven Teilchen
pro Liter Lösung. Die Osmolarität bei Körperflüssigkeiten liegt im Schnitt zwischen 290
und 295 mosmol/l (Weiter Details s. Behrends 2010).

Das im Hypothalamus (Abschnitt des Zwischenhirns) durch Protolyse von Pro-
Vasopresin gebildete Antidiuretische Hormon (AHD) überwacht und regelt die Flüssigkeit
und Elektrolythaushalt im Körper, indem es der Niere die Information gibt, wie viel Flüssigkeit mit dem Urin ausgeschieden werden muss.

Aldosteron
Aldosteron entsteht aus einer komplexen Verknüpfung verschiedener Vorgänge des sogenannten Renin-Angiotensin-Aldosteron-Systems (RAAS) und dient der Kontrolle des
Blutdrucks, des Extrazellulärvolumens, sowie der Regelung des Natrium- und Kalium-
haushalts. Gebildet wird Alsosteron in der Nebennierenrinde. Hat der Körper zu wenig
Wasser oder herrscht ein Ungleichgewicht in der Kalium- oder Natriumkonzentration, so
gibt das Aldosteron der Niere die Anordnung, Natriumsalze oder Wasser dem Urin zu
entnehmen und dem Körper zurückzugeben.

5.9.4   Übersicht der wichtigsten Elektrolyte

Natrium
Natrium liegt in einer Konzentration von 55–60 mmol/kg Körpergewicht immenschlichen
Körper vor. Es verteilt sich dabei zu 95 % auf den Extrazellulärraumund lediglich zu 5 %

auf den Intratzellulärraum. Dabei sind 30–40 % des Natriumvorkommens in den Knochen gebunden. Natrium ist das qualitativ wichtigste Kation des Extrazellulärraumes. In der Regel nimmt ein Mensch täglich 70–350 mmol (etwa 5–20 g) NaCl auf. Über Schweiß, Urin und Stuhl verliert ein Mensch pro Tag circa 3 g Natrium.

Kalium

Die Gesamtkaliummenge des Körpers liegt bei 40–50 mmol/kg Körpergewicht. 98 % davon befinden sich im Intrazellulärraum. Die Kaliumkonzentration weist lokale Unterschiede auf. Die durchschnittliche Konzentration beträgt 140 mmol/l. Der Kaliumanteil im Blutplasma beträgt im Mittel lediglich 4 mmol/l. Ein durchschnittlicher erwachsener Mensch nimmt im Schnitt täglich zwischen 50 und 150 mmol Kalium auf. Kalium ist in fast allen Lebensmitteln enthalten. Manche Gemüsesorten oder Früchte, wie beispielsweise Bananen, weisen sogar sehr hohe Kaliumkonzentrationen auf.

Kalzium

Kalzium ist zu 99 % in Form von $CaPO_4$ (Kalziumphosphat) in Knochen und Zähnen gebunden, wo es für die Stabilität dieser verantwortlich ist. In ionisierter Form hat es wichtige Aufgaben wie zum Beispiel die Signalübertragung zwischen den Zellen, die Erregung von Nervenzellen, die Sekretion von Hormonen oder die Regulierung von Muskelkontraktionen.

Phosphat

85 % des gesamten Phosphats im Körper (etwa 700 g) sind in Knochen gebunden.

Magnesium

Der Magnesiumgehalt im Körper beträgt circa 0,3 mg/kg Körpergewicht. Nur 1 % davon befindet sich im Extrazellulärraum, 65 % in den Knochen und 34 % in den Zellen. Die Konzentration im Blutplasma beträgt 0,85 mmol/l. Ein Mensch nimmt pro Tag durchschnittlich zwischen 0,3 und 0,35 g Magnesium zu sich. Zwei Drittel des Magnesiums bleiben unresorbiert im Stuhl zurück.

Weitere physikalische und chemische Eigenschaften siehe Fachliteratur Behrends 2010.

5.10   Flüssigkeiten der Augen, Ohren und Nase

5.10.1 Augenflüssigkeit

Der Glaskörper ist eine durchsichtige, gelartige Substanz. Sie erhält die Kugelform des Auges aufrecht. Sie befindet sich im Innern des Auges zwischen Linse und Netzhaut. Der Glaskörper gehört zu den lichtbrechenden Medien des Auges. Der Glaskörper besteht zu 98–99 % aus Wasser, ca 2 % Hyaluronsäure und mit einem Anteil von weit weniger als

1 % aus Kollagenfasern. Die Viskosität ist zwei bis vier mal so hoch, wie die von Wasser. Der Brechungsindex wird mit 1,336 angegeben.

Relativ zu ihrer Masse kann Hyaluronsäure bis zu sechs Liter pro Gramm Wasser binden. Der Glaskörper wird von einem feinen dreidimensionalen Netz aus Kollagenfasern durchzogen. Wasser, Hyaluronsäure und Kollagen bedingen die gelartige, homogene Konsistenz des Glaskörpers und dessen Durchsichtigkeit.

Das Kammerwasser ist eine klare Flüssigkeit der vorderen und hinteren Augenkammer. Es wird in den Zillarfortsätzen durch Carboanhydrasen aus Blutbestandteilen gebildet.

Von den Zillarfortsätzen wird es in die hintere Augenkammer abgegeben und gelangt durch die Pupille in die vordere Kammer. Dort steigt das Kammerwasser aufgrund der höheren Temperatur an der Irisvorderseite auf und sinkt an der kühleren Rückfläche der Hornhaut ab. Über ein venöses Geflecht in der Sclera gelangt das Kammerwasser wieder in den Blutkreislauf. Das Kammerwasser enthält Nährstoffe für die Linse und das Hornhautendothel. Mit seinem Gehalt an Immunfaktoren sorgt e s mit seiner Zirkulation zum Abtransport schädigender Agenzien aus dem Augeninneren. In Abhängigkeit vom Augapfelvolumen werden pro Tag etwa drei bis neun Milliliter Kammerwasser produziert. Der Augeninnendruck wird durch das Verhältnis Produktion zu Abflussmenge des Kammerwassers bestimmt.

Tränenflüssigkeit
Die Tränenflüssigkeit wird zum größten Teil von den Tränendrüsen oberhalb der Augenhöhle produziert. Die Tränenflüssigkeit enthält Wasser, Muzine, Lipide, Lysozyme, Lactoferrin, Lipocaline, Lacritin, Immunglobulin, Glucose, Harnstoff, Natrium und Kalium. Die relative Dichte liegt bei 1,004 bis 1,005. Der ph Wert ist neutral mit 7,4. Der Brechungsindex liegt bei ca 1,336.

5.10.2 Flüssigkeiten des Ohres

Endolymphe und Perilymphe sind Flüssigkeiten des Innenohres. Ohrenschmalz ist ein gelblich –bräunliches, fettiges, bitterschmeckendes Sekret, das von den Ohrenschmalzdrüsen des äußeren Gehörgangs abgesondert wird. Es dient der Befeuchtung des Gehörgangs.

Ohreschmalz setzt sich zu 60 % aus abgestoßenen Hautzellen in Form von Kreatin, 12 bis 20 % gesättigte oder ungesättigten Fettsäuren und Squalene, sowie 6 bis 9 % Cholesterin zusammen.

5.10.3 Flüssigkeiten der Nase

Das Nasensekret ist ein zähflüssiges Sekret, dass von Drüsenzellen der Nasenschleimhaut produziert wird. Es dient der Befeuchtung der Atemluft und der Reinigung von Staub. Die gesamte Nasenhöhle ist von der Nasenschleimhaut mit Flimmerepithel ausgekleidet. Das Flimmerepithel ist eine Schicht aus Epithelzellendie, wie das Nasensekret zur Reinigung der Atemluft beitragen. Viele Bakterien verfangen sich in der Schleimhaut der Nasenhöhle und werden dort von körpereigenen Abwehrstoffen unschädlich gemacht und können somit andere Teile der Atemwege nicht befallen.

Das Nasensekret besteht aus ca. 95 % Wasser. Außerdem beinhaltet es ca. 2 % Glycoproteine, 1 % verschiedene andere Proteine, 1 % Immunglobulin und Spuren von Elektrolyten, Lysozymen, Lactoferrin und Lipiden. Es werden ca. 0,5 bis 1 ml Nasensekret pro Qudratzentimeter sekretproduzierende Fläche in 24 Stunden abgesondert. Bei einem gesunden Menschen ist das Nasensekret farblos.

5.10.4 Fortpflanzungssekrete

Der Hauptbestanteil der milchigtrüben bis durchsichtige Samenflüssigkeit des Mannes besteht aus Wasser, sie ist leicht salz- und proteinhaltig. Das Ejakulat hat einen pH-Wert von 7,2 bis 8,0 ist also leicht basisch. 50 bis 70 % des Sekretes produzieren die Drüsen der Samenbläschen. Das Sekret dient der Verflüssigung des Ejakulates. Neben Wasser enthält es Fruktose und andere Inhaltsstoffe.

Das Vaginalsekret wird größtenteils über die akzessorischen Geschlechtsdrüsen der Frau erzeugt. Das Vaginalsekret besteht aus ca. fünfzig verschiedenen Substanzen, in erster Linie Wasser, sowie Cholesterin, Squalen, Fettsäuren, Glyzerin, Harnstoff, Milchsäure, Essigsäure, komplexen Alkoholen, Ketonen und Aldehyden.

Zusammenfassung
Es wird ein kurzer Überblick über die wichtigsten Körperflüssigkeiten des Menschen gegeben. Die Zusammensetzung des Blutes und dessen Fließverhalten in Abhängigkeit der Gefäßdurchmesser wird beschrieben. Weitere wichtige Fluide wie Lymphe, zerebrale Flüssigkeit, Gelenkflüssigkeiten, Verdauungssekrete und ihre Bedeutung werden kurz abgehandelt.

Auf die lebenswichtige Fluide: Luft und Wasser mit den Elektrolyten wird hingewiesen.

Literatur

Fahraeus-Lindqvist-Effekt. (2009) 25. Nov 2013 URL: http://flexikon.doccheck.com/de/Fahraeus. Lindquist-Effekt (besucht am 31.07.2 014). Krankhaftes Schwitzen; ein Ratgeber für Betroffene und Angehörige. Kohlhammer
Behrends J (2010) Physiologie: 93 Tabellen. Thieme 2010. ISBN: 9783131384119. URL: http://books.google.de/books?id=LHyjLfia7HIC, S. 323.
Cohn J, Emmett E (1978) The excretion of trace metals in human sweat. In: Ann. Clin. Lab. Sci. 8. (4) 574–582.

Costanzo L (2007) Phsysiology. Lippincott, Williams & Wilkins

Herpertz U, (2006) Ödeme und Lymphdrainage-Diagnose und Therapie von Ödemkrankheiten 3. Überarb. Aufgl. Schattauer Verlag

Karlson P, Doenecke D. (2005) Karlsons Biochemie und Pathobiochemie. Thieme

Koolman J, Röhm K (2005) Color Atlas of Biochemistry. Thieme

Matthys H, Seeger W (2008) Klinische Pneumologie. Springer URL: http://books.google.de/books?id=0KjY

Nicolay, Reabsorption 2010-01-22 URL: https://flexikon.doccheck.com/de/Reabsorption (besucht am 31.07.2014).

Pschyrembel W, Dornblüth O, Zink C (1994) Pschyrembel klinisches Wörterbuch: Mit klinischen Syndromen und Nomina Anatomica. De Gruyter, ISBN: 9783111506890. URL: http://books.google.de/books?id= bY6jC5xs13gC, S. 889.

Schmidt R, Lang F, Heckmann M (2005) Physiologie des Menschen; Mit Pathophysiologie. Springer Medizin Verlag Heidelberg

Schünke M (2000) Funktionelle Anatomie-Topographie und Funktion des Bewegungssystems. Thieme ISBN:9783131185716, URL: http://books.google.de/books?id=10f8EY53J-kC.,S. 52

Silbernagel S, Despopoulos A (2003) Taschenatlas der Physiologie. Thieme

Stattkus, D (2006) Hilfe, Ich Schwitze! Books on Demand ISBN: 9783898112673. URL: http://books.google.de/books?id=5C2WngEACAAJ S. 22.

Ucke C (1999) Physikalisches Praktikum für Mediziner Technische Universität München-Viskosität. Okt 1999. URL: http://www.ucke.de/Christian/Physik/medprakt/Viskositaet. PDF (Besucht am 31.07.2014).

Weiss T (2014) Lymphknoten URL: http://www.weissde/krankheiten/lymph-lipodem/grundlagen/anatomie-und-funktion/lymphknoten/ besucht am 10.08.2014).

Zilles K. Tillmann B (2010) Anatomie. Springer

Medizinische Grundlagen

6

Menschliches Kreislaufsystem, Blutgefässe, Herz, Lungenmechani – Anwendung von CFD-Modellen am Beispiel der Nasenströmung

6.1 Kreislauf

6.1.1 Herz

Das Kreislaufsystem des Menschen setzt sich aus dem Herzmuskel und zwei geschlossenen Kreisläufen, in denen das Blut in den Blutgefäßen zirkuliert, zusammen. Das Herz besteht aus zwei Vorhöfen (rechtes und linkes Atrium), zur Aufnahme des Blutes und zwei Kammern (rechter und linker Ventrikel). Beim pulmonalen Kreislauf wird das Blut vom rechten Ventrikel zu den Atmungsoberflächen der Lunge und zurück zum linken Atrium befördert. Der systemische Kreislauf bringt das Blut vom linken Ventrikel zu allen anderen Körperteilen und zurück in das rechte Atrium (Abb. 6.1).

Der Herzrhythmus besteht aus der Kontraktion des Herzens (Systole) und Relaxation (Diastole). Abb. 6.2. gibt den Druckverlauf des Atriums des linken Ventrikels, der Aorta, sowie das Ventrikelvolumen wieder. Die Kurven des Elektrokardiogramms und des Phonokardiogramms sind ebenfalls zu erkennen.

6.1.2 Blut

Die Eigenschaften des Blutes sind ausführlich in Abschn. 5.1 beschrieben.

Abb. 6.3 zeigt ein Beispiel des Geschwindigkeitsverlaufes des Blutes im arteriellen Bereich des Menschen.

Kurzer Abriss der Blutgerinnung
Der Mechanismus der Blutgerinnung wird folgendermaßen beschrieben: Der letzteSchritt besteht in einem Polymerisationsprozess, in dem aus dem löslichen Fibrinogen das unlösliche Fibrin unter Einwirkung des Thrombins entsteht.

© Springer-Verlag GmbH Deutschland, ein Teil von Springer Nature 2022
D. Liepsch, *Biofluidmechanik*, https://doi.org/10.1007/978-3-662-63179-9_6

Abb. 6.1 Schematische
Skizze des systemischen und
pulmonalen Kreislaufs

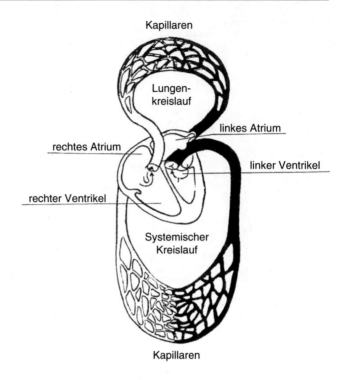

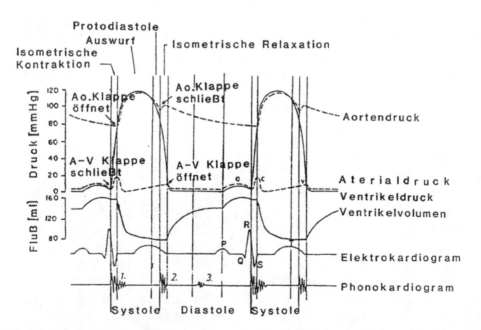

Abb. 6.2 Druckverlauf in der Aorta, im linken Ventrikel und im linken Atrium, Ventrikelvolumen-
strom, Elektrokardiogramm und Phonokardiogramm, modifiziert nach Guyton

Abb. 6.3 Hämototachische
Aufnahme im Menschen;
Geschwindigkeitsverlauf
zentral-peripher nach Schmidtl

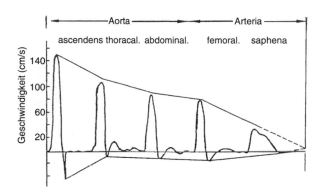

Diesem Prozess geht jedoch eine Spaltung des Fibrinogens in Fibrinmonomere und Fibrinpeptide voraus. Die Fibrinmonomere unterliegen dann dem eigentlichen Polymerisationsprozess, durch welchen fasrige Strukturen mit elastischen Eigenschaften entstehen. Vorausgehende Enzymaktivierungsschritte sind außerordentlich kompliziert und in den herkömmlichen Lehrbüchern der Biochemie ausreichend beschrieben. Entscheidend ist die Einsicht, dass sich die Enzymaktivierungen an Blutplättchenmembranen abspielen, so dass diesen die Wirkung einer enzymatischen Grenzfläche zukommt. Diese neue Einsicht hat die seit langem bekannte „Thromboplastinwirkung von Thrombozyten" erklärt, C. Hemker (1979).

Die verschiedenen Herzklappen des Menschen veranschaulicht Abb. 6.4. Seit vielen Jahren hat sich der Einsatz künstlicher Herzklappen bewährt. War dies noch früher ein großer OP-Eingriff, der mitunter Komplikationen bereitete, so werden heute künstliche Herzklappen mit Hilfe eines Kathers eingesetzt, wobei die Klappe zunächst auf ein Minimum zusammengefaltet mit dem Katheder bis zur Einsatzstelle am Herzen geführt wird und dann losgelassen wird und sich entfaltet. In Abb. 6.5 sind einige künstliche Herzklappen gezeigt. Heute werden meist Schweineklappen eingesetzt. Es kommt jeweils auf das Alter des Patienten an, welche Klappe eingesetzt wird. Abb. 6.6 zeigt eine defekte Herzklappe und daneben die Komplikationen, die zu Beginn bei künstlichen Herzklappen auftraten. Es entstehen hohe Scherkräfte, die zu Hämolyse führen. Diese Komplikationen treten heute größtenteils nicht mehr auf, da die Konstruktionen der Herzklappen verbessert wurden.

Thrombosen sind immer die Folge eines lokalisierten Hyperkoagulationsprozesses, d. h., dass Gerinnungsgleichgewicht, wird gestört. Dies kann ausgelöst werden durch die Gerinnungsaktivierung bei einer Verletzung der Gefäßwand, was häufig bei arteriellen Thrombosen der Fall ist. In anderen Fällen kann eine generelle Hyperkoagulabilität des Blutes in bestimmten Gefäßabschnitten dort vorliegen, wo starke hämodynamische Veränderungen auftreten. Dies ist meist bei venösen Thrombosen der Fall.

Hyperkoagulabilität bedeutet, das Blut gerinnt schneller als normal, d. h. die Beschleunigung des Gerinnungsvorgangs beruht auf der Verkürzung der Zeit, die normalerweise zum Ablauf der Thromboplastinbildung benötigt wird. Diese Verkürzung wird

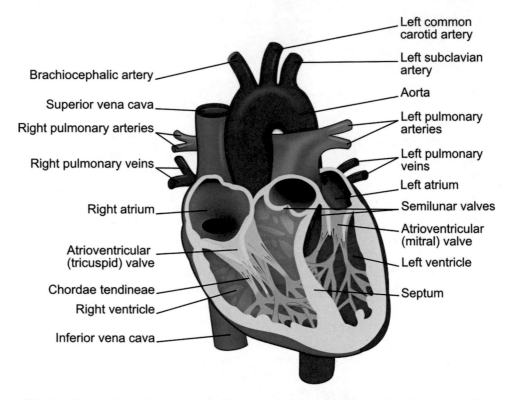

Left common
carotid artery

Left subclavian
artery

Brachiocephalic artery

Superior vena cava

Right pulmonary arteries

Right pulmonary veins

Right atrium

Atrioventricular
(tricuspid) valve

Chordae tendineae

Right ventricle

Inferior vena cava

Aorta

Left pulmonary
arteries

Left pulmonary
veins

Left atrium

Semilunar valves

Atrioventricular
(mitral) valve

Left ventricle

Septum

Abb. 6.4 Schematische Darstellung des Herzens mit den verschiedenen Herzklappen nach Guyton (1981)

Abb. 6.5 Einige künstliche
Herzklappen

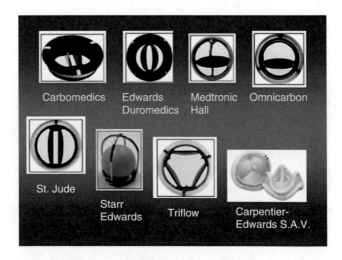

Carbomedics

Edwards
Duromedics

Medtronic
Hall

Omnicarbon

St. Jude

Starr
Edwards

Triflow

Carpentier-
Edwards S.A.V.

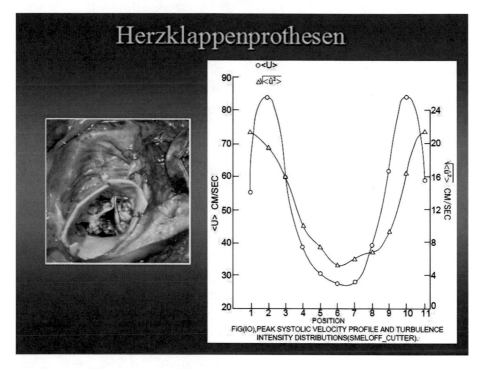

Abb. 6.6 verkalzifierte Herzklappe links und rechts hohe Scherkräfte verursacht durch eine künstliche Herzklappe

durch eine Plättchenaktivierung oder Aktivierung der „Kontakt-faktoren" bzw. anderer Faktoren der endogenen Thromboplastinbildung bzw. in Gegenwart von Gewebsthromboplastin- (Faktor III) hervorgerufen.

Beim Einsatz künstlicher Organe spielt die Blutgerinnung eine große Rolle. Besonders in Rückströmungsgebieten, wie z. B. hinter künstlichen Herzklappen, wird eine vermehrte thrombotische Deposition festgestellt, bei der Thrombozytenaggregate und plasmatische Gerinnung miteinander ablaufen. Man sieht auch hieraus wie sehr strömungsmechanische Faktoren diesen Prozess beeinflussen. Die heute noch übliche Heparinisierung des Bluts vermag diesen schädlichen Vorgang nur in Grenzen zu beeinflussen und trägt das Risiko von generalisierten Blutungen in sich.

Mittels Heparins wird heute die Thrombozytenaktivität beeinflusst. Die weiteren therapeutischen Möglichkeiten durch die Aktivierung fibrinauflösender Systeme (Fibrinolyse) werden hier nicht näher diskutiert.

6.2 Blutrheologie (Hämorheologie)

Unter Hämorheologie wird die Lehre von den Fließeigenschaften des Blutes verstanden, wobei der Schwerpunkt der Forschung heute sich dem Verständnis von Ursachen und Wirkungen der ausgeprägt nicht-newtonschen Eigenschaften des menschlichen Blutes zuwendet.

War bisher davon ausgegangen worden, dass das Blut in den großen Blutgefäßen als homogene newtonsche Flüssigkeit angesehen werden kann, so muss man sich heute konsequent von dieser Annahme trennen. Nicht nur in zahlreichen Experimenten bei viskometrischer Strömung, sondern auch bei allen Detailuntersuchungen überRohrströmungen hat sich nämlich gezeigt, dass eine Abflachung der Strömungsprofile besteht, besonders bei pulsatiler Strömung, die zeigt welch große Bedeutung den viskoelastischen und strukturviskosen Grundeigenschaften des Blutes bei der Strömungsführung in Makrogefäßen zukommt. Verständlicherweise variiert die Blutviskosität umgekehrt mit der Temperatur. Viel wichtiger ist aber die Tatsache, dass das Blut als Suspension von Zellen im Plasma in seinen Transporteigenschaften (hier: scheinbare Viskosität) vom Verhalten der Zellen unter dem Einfluss von Strömungskräften abhängt.

Außer der Plasmaviskosität bestimmen also die Konzentration der Zellen, ihrer Verformung und/oder Aggregation in der Strömung den jeweils hinzunehmenden Viskositätskoeffizienten. Mit anderen Worten: Dieser Koeffizient variiert mit Raum und Zeit bei der Durchströmung des arteriellen Systems mit menschlichem Blut. Die Viskosität des Blutes hängt vom Hämatokritwert ab. Je höher der Hämatokritwert ist, umso höher ist die Blutviskosität bei einem bestimmten Schergrad (Abb. 6.7).

Dies ist besonders bei niedrigen Schergefällen der Fall, wo die Brückenbildung der roten Zellenoberflächen durch Fibrinogen und Globulin eine Rollenform verursachen (Geldrollenaggregate) und ein Ansteigen der Blutviskosität bewirken. H. Goldsmith führte hierzu sehr anschauliche und detaillierte Versuche durch. Um solche Erythrozytenaggregate zu zerreißen, sind im gesunden Blut ca. 0,3 Pa erforderlich. Bei pathologisch gesteigerten Aggregationen kann dieser Wert auf das 2–10 fache ansteigen, H. Schmid-Schönbein (1980).

Ein Anwachsen der Scherkräfte verursacht eine Desaggregation, und die Längsachse der Teilchen richtet sich in Strömungsrichtung aus. Die Viskosität nimmt einen minimalen

Abb. 6.7 Viskosität aufgetragen über dem Schergefälle: Blut –, defibriniertes Blut x-x und ausgewachsene Zellen in Ringer-Lösung o-o, bei einer Erythrozytenkonzentration von 45 % und 90 %

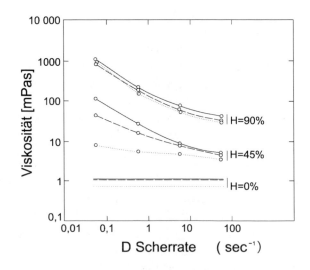

Wert an. Bei hohen Scherraten verhält sich Blut wie eine newtonsche Flüssigkeit. Bei niedrigen Scherraten dagegen zeigt es nicht-newtonsches Fließverhalten.

Blut zeigt ein viskoelastisches Verhalten bei niedrigen Scherraten. Daneben ist es auch thixotrop.

Die Fibrinogenkonzentration ist für die Viskosität des Plasmas entscheidend. Je höher die Fibrinogenkonzentration ist, umso höher ist die Plasmaviskosität und damit auch die Gesamtviskosität des Blutes. Je niedriger die Konzentration hochmolekularer Proteine im Plasma ist, desto niedriger ist die Viskosität. Die Verformbarkeit der Erythrozyten bestimmt ihre Fließeigenschaften. Je geringer die Verformbarkeit der Erythrozyten ist, umso geringer ist der Volumenstrom in den Kapillaren. Für die Verformbarkeit der Erythrozyten sind z. B. der Zellstoffwechsel des Erythrozyten, die Osmolarität des Blutes und der pH-Wert des Blutes maßgebend. Für das Fließverhalten des Blutes sind weiterhin die hämodynamischen Größen: Druckgradient und die Gefäßgeometrie entscheidend. Umfangreiche Modellversuche mit verschiedenen Viskosimetertypen wurden in den letzten Jahren ausgeführt, wobei besonders im Bereich niedriger Scherraten gearbeitet wurde, in denen Blut viskoelastische Fließeigenschaften aufweist, Schmid-Schönbein, (1980).

H. Schmid-Schönbein (1980a) und Fukada et al. weisen ebenfalls auf das starke Ansteigen der Blutviskosität bei langsamer Scherung in Rotationsviskosimetern durch die Bildung von Erythrozytenaggregaten hin. Das Ausmaß des Viskositätsansteiges hängt, wie bereits erwähnt, wesentlich vom Hämatokritwert, von der Plasmaviskosität und von denmikrorheologischen Eigenschaften der Aggregate ab.

Stein et al. haben sich mit dem Einfluss der Konzentration roter Blutkörperchen bei turbulenter Strömung (dem Beginn von Turbulenz-gemeint ist nach heutigem Stand ‚transitional flow') in Glasrohren mit hohen Reynolds- Zahlen befasst. Unter Verwendung eines Turbulenzbegriffs, (der stark kritisiert wird, Hussain (1983)), finden sie, dass überraschenderweise bei einer Erhöhung der asymptotischen Viskosität des viskoelastischen Verhaltens bei Hämatokritwerten zwischen 20 und 30 % höhere Schwankungswerte der Blutgeschwindigkeit bestehen. Sieht man die Befunde an, zeigen sich bei den rapid output Signalen mit einem Hitzdrahtanemometer stärkere Schwankungen, die ebenfalls dann verstärkt sind, wenn Erythrozyten mit geringer Verformbarkeit mit solchen mit normalen Erythrozyten verglichen wurden.

Papenfuß untersuchte den Zusammenhang zwischen transmuralem Flüssigkeitswechsel und der Blutviskosität in engen Blutgefäßen. Umfangreiche Untersuchungen wurden von Copley durchgeführt, der auch der Begründer der internationalen Gesellschaft für Biorheologie ist, und dessen Arbeiten für die Zukunft richtungsweisend sind.

H. Schmid-Schönbein (1980b) stellte fest, bei welchen Scherkräften die Erythrozyten geschädigt werden (ca. 40 Pascal) bzw. zerplatzen (ca. 100 Pascal). Weitere eingehende Untersuchungen des Fließverhaltens roter Blutkörperchen wurden von Dintenfass (1979a), Fischer et al. (1977), H. Goldsmith (1979) und Meiselmann und Baker (1977) ausgeführt.

Hohe hämodynamische Kräfte, und zwar wahrscheinlich Schubspannungen und nicht Druckkräfte, haben ausgeprägte Einflüsse auf das Verhalten der suspendierten bzw. in

Scherung befindlichen Blutkörperchen, wobei im Vordergrund Veränderungen an roten Blutkörperchen stehen. Sie sind wegen ihrer hohen Flexibilität besonders anfällig auf scherinduzierte Zerstörung, die bereits bei Schubspannungen ab ca. 40 bis 50 Pa auftritt, was durch mehrere Arbeitsgruppen gesichert wurde. In biochemischer Hinsicht ist dabei wichtig, dass das im Zellinnern befindliche Adenosintriphosphat ins Plasma übertritt und dort zum Teil in Adenosindiphosphat umgewandelt wird. Dieses Adenosindiphosphat gehört zu den stärksten, die Blutplättchen beeinflussenden biologischen Substanzen. Schon in Konzentrationvon 10–100 Nanomol pro Liter werden sie aktiviert, d. h. in ihrer äußeren Form verändert und klebrig (visköse Metamorphose) und können dann z. B. leichter an Gefäßwänden oder untereinander haften. Die niedrige Grenzkonzentration über die Wirksamkeit von Adenosindiphosphat zeigt, dass schon die Verletzung von nur wenigen Bruchteilen von Prozent aller verfügbaren Erythrozyten ausreicht, um nach deren mechanischer Läsion, die Thrombozyten chemisch zu aktivieren.

Aber auch die Thrombozyten selbst können, und zwar besonders dann, wenn sie auf chemischem Wege in ihre Anlagerung übergegangen sind, in der Strömung aktiviert werden. Dabei werden die oben geschilderten Thrombozyten-membranabschnitte frei und können Thromboplastinaktivität entfalten, d. h. die plasmatische Gerinnung in Gang setzen.

H. Schmid-Schönbein und Wurzinger (1983) fanden in zahlreichen Versuchen mittels eines Durchflussviskosimeters, welches kurzzeitige Scherbelastungen erlaubt, folgendes heraus:

- es wurden verschiedene Blutproben 7, 27, 113 und 700 ms lang Scherkräften von 57, 108, 170 und 255 Pascal ausgesetzt.
- Die Alteration der Thrombozyten hängt sowohl von der Einwirkungsdauer als auch von der Höhe der hydrodynamischen Kräfte ab.
- Die Höhe der Schubspannung hat einen stärkeren Einfluss als die Expositionszeit.

Signifikante Unterschiede bezüglich einer hydrodynamischen Plättchenaktivierung traten auf bei

6 ms ab 170 Pascal
27 ms ab 108 Pascal
113 ms ab 57 Pascal.

Daraus folgt: hydrodynamische Scherkräfte, wie sie bei künstlichen Herzklappen oder bei arteriellen Stenosen auftreten, sind in der Lage, Thrombozyten zu zerstören. Thrombozyten haben noch eine weitere Wirkung:

Sie setzen sich durch einen aktiven Sekretionsprozess, der den Sekretionsprozess in Drüsen ähnlich ist, zahlreiche Wirkstoffe frei, darunter eine Schlüsselsubstanz, das sogenannte Beta- Thrombo-Globulin. Diese Substanz lässt sich heute mit Radioimmuno-assays leicht nachweisen und wurde so im Laboratorium von Wurzinger et al. (1982) zur biochemischen Quantifizierung der Wirkung biophysikalischer Kräfte auf die Thrombo-

zyten herangezogen. Aus den Untersuchungen von Wurzinger erhält man die Aussage,
dass die Thrombozytenschädigung und/oder -aktivierung sowohl von den Schubspannungen als auch der Einwirkzeit, bzw. dem Produkt aus beiden abhängt, nämlich der
eingesetzten Energie bezogen auf den Volumenstrom.

Weitere umfangreiche Versuche mit Plättchen wurden von H. Goldsmith et al. und Karino et al. durchgeführt. Born wies auf die Bedeutung der Plättchenthrombogenese hin.
Der Blutrheologie kommt somit eine entscheidende Bedeutung bei Strömungsuntersuchungen zu.

Selbstverständlich lassen sich die in Modellversuchen gewonnenen Ergebnisse nicht
direkt auf in vivo-Verhältnisse im Menschen übertragen. Es können aber eine Reihe
Schlussfolgerungen auf physiologisches und pathophysiologisches Verhalten in vivo gezogen werden. Es ist deshalb sinnvoll, die Fließeigenschaften des Blutes mittels selektiver
in vitro-Messmethoden zu bestimmen, wie z. B. die Blutviskosität mittels Rotationsviskosimetern, die Erythrozytenaggregation mittels Aggregationsmeßgeräten, die Verformbarkeit der Erythrozyten mittels Mikropipetten oder Feinstfiltern.

Bei vielen Erkrankungen können durch viskosimetrische Untersuchungen Veränderungen des Fließverhaltens von Blut festgestellt werden. Es kann angenommen werden, dass eine Verschlechterung hämodynamischer Faktoren und die Abnahme der Scherkräfte zu einer Störung in der Mikrozirkulation führen. Bisher ist aber nur von wenigen
Erkrankungen ein direkter Zusammenhang des Fließverhaltens von Blut mit dem entsprechenden Erscheinungsbild bekannt. Um dies näher zu erforschen, hat sich ein neuer
Zweig herausgebildet, die klinische Hämorheologie.

Die klinische Hämorheologie
Unter der klinischen Hämorheologie versteht man die Lehre von den Fließeigenschaften
des Blutes und den klinischen, d. h. pathophysiologischen Bedingungen. Die Blutrheologie spielt bei klinischen Untersuchungen heute eine sehr große Rolle, Anadere (1979).
Waren es bisher überwiegend laborchemische Blutuntersuchungen, die eine Aussage über
Erkrankungen gaben, so ist es heute mit den modernen Untersuchungsmethoden der Blutrheologie möglich, verschiedene Krankheiten zu diagnostizieren, umfangreiche Forschun-
gen sind im Gange. (Siehe J. Biomechanics, Biorheology, Hemorheology.)

Dintenfass (1979b) weist auf die Bedeutung der Blutviskosität bei arteriellen Erkrankungen hin. Ferner zeigt er, wie sich die roten Blutkörperchen zunehmend verändern,
ihre Verformbarkeit nimmt ab, sie werden starrer bei Patienten mit Coronarverschlüssen
oder Brustschmerzen. McMillan (1983) wies nach, dass bei Diabetikern die Deformier-
barkeit der roten Blutkörperchen abnimmt, außerdem formen diabetische Erythrozyten
Douplets weniger regelmäßig und langsamer als normale. Bei Untersuchungen mit einem
Rotationsviskosimeter stellte er das abnorme Viskositätsverhalten von Diabeteskranken
fest. Am besten ist dies mit Untersuchungen der Schergefälle in Abhängigkeit von der Zeit
möglich. Bei Diabetikern nimmt die Thixotropie stets zu. Dies scheint auf die verminderte
Verformbarkeit der Erythrozyten und die zunehmende Erythrozytenaggregation zurückzu
führen zu sein. Dieses anomale Verhalten kann man besonders bei niedrigen Scherraten

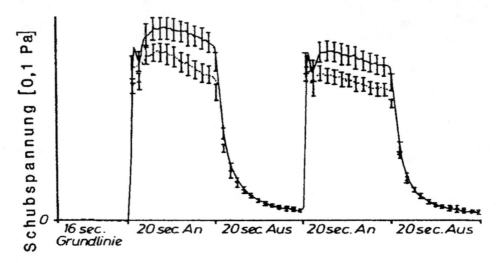

Abb. 6.8 Vergleich der Schubspannungen von 7 Diabetikern (–) mit 7 gesunden Probanden (…), aufgetragen über der Zeit bei einer Scherzeit von jeweils 20 sek

feststellen. Abb. 6.8 zeigt das unterschiedliche thixotrope Fließverhalten von Diabetikern im Vergleich zu gesunden Probanden. Ausführliche Untersuchungen sind in McMillan (1983) beschrieben. Es wurde das viskoelastische und thixotrope Fließverhalten des Bluts von 7 bzw. 10 gesunden Probanden mit 7 bzw. 10 Diabetikern im niederen Scherbereich von 0,1 bis 1 l/s untersucht. Man erkennt deutlich ein Anwachsen der Viskosität bei erkrankten Patienten. Die zeitabhängigen Studien wurden bei 0,024 l/s Scherraten mit einer Scherdauer von 20, 60 und 200 Sekunden durchgeführt. Abb. 6.8 zeigt den Versuch mit 20 sek. Im Blut von Diabetespatienten entwickelt sich die

Scherspannung viel schneller und geht dann auf einen geringeren Grad zurück als beim Blut Gesunder. Scherdauer und Zeit zwischen Blutmischung und beginnender Strömung sind dabei bedeutend. Ein 20 s Verhalten wurde gewählt, um den Elastizitätsmodul beim Anfahren und der Relaxation zu bestimmen. Beide Module nehmen bei Diabetikern leicht zu.

Ehrly beschreibt, welche Einflüsse die Blutviskosität verändern können, die klinisch von Bedeutung sind, wie z. B.:

• Störung der Mikrozirkulation beim Absinken der Scherkräfte; dies führt zu
• einem Viskositätsanstieg und zur Prästase (z. B. Schockzustände);
• schwer verformbare Erythrozyten, sogenannte Sichelzellen, welche ebenfalls
• zu Mikrozirkulationsstörungen führen;
• eine erhöhte Gesamtblutviskosität kann auf arterielle Verschlusskrankheiten hindeuten.

Eine Abhilfe kann durch Senkung der Fibrinogenkonzentration herbeigeführt werden, wodurch die Aggregationsneigung herabgesetzt wird. Weiter kann therapeutisch eine Verbesserung der Fließeigenschaften bei peripheren arteriellen Verschlusserkrankungen des Bluts erzielt werden durch Senkung des Hämatokrits HK und der Plasmaviskosität, Verringerung der Aggregationstendenz der Erythrozyten und Verbesserung der Flexibilität der Erythrozyten.

Auf die Herstellung von Blut- Modellflüssigkeiten für experimentelle Arbeiten sei auf Kap. 4. Und Abschn. 9.1 verwiesen, die speziell für LDA- messungen entwickelt wurden, also transparent sind.

Ärzte in Schweden am Karolinska Hospital haben erfolgreich Patienten mit künstlichem Blut behandelt. US-Wissenschaftler haben Blut entwickelt, was auch in Israel eingesetzt wird.

6.3   Blutgefäße

6.3.1   Arterienwand

Man unterscheidet drei Arten von Blutgefäßen: Arterien, Venen und Kapillaren. Arterien transportieren das Blut des Herzes weg. Kleine Arterien bezeichnet man als Arteriolen. Venen bringen das Blut wieder zum Herzen zurück. Die kleinen Venen werden Venolen genannt. Die Wand einer Arterie setzt sich aus drei Schichten (Guyton 1981) zusammen:

Der Intima, der inneren Oberfläche des gesamten Kreislaufsystems, bestehend aus glatten Endothelzellen. Diese Endothelschicht ist von elastischen Fasern (Elastin) umgeben. Beide Komponenten bilden die Tunica intima. Außerdem sind in der Tunica intima einige wenige glatte Muskelzellen, die mit extrazellulärem Bindegewebe (Kollagen) umgeben sind.

Die Tunica media setzt sich aus glatten Muskelzellen mit einer kreisförmigen Anordnung von elastischen Fasern und Bindegewebe zusammen. In größeren Gefäßen ist die Tunica media dicker und besteht hauptsächlich aus elastischen Fasern. In kleineren Arterien nehmen die Anzahl der elastischen Fasern ab und die Zahl der glatten Muskelfasern zu.

Die äußerste Schicht wird als Tunica adventitia bezeichnet, die aus starkem Kollagen und elastischen Fasern besteht. Diese Schicht schützt das Gefäß vor einer Überdehnung. In dieser Schicht findet man auch kleine Blutgefäße, die vasa vasorum, welche die Durchblutung der Wände großer Arterien und Venen unterstützen.

Die innere und mittlere Schicht wird durch Diffusion vom Blut ernährt. Tunica media und adventitia sind durch elastische Fasern (Elastin) von der äußeren elastischen lamina getrennt (Abb. 6.9).

Bei den Arteriolen nimmt die Wanddicke stark ab. Die Tunica adventitia wird sehr dünn. Die Tunica media besteht nur aus einigen elastischen Fasern und überwiegend glatten Muskelfasern. Die Kapillaren schließlich bestehen lediglich aus einer zelldicken Endothelschicht.

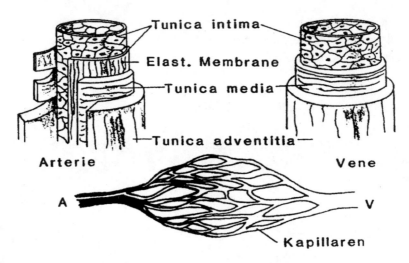

Abb. 6.9 Aufbau der Arterien- und Venenwand

Die Wanddicke werden angeben für:

$$\text{Arterien}: \frac{Dicke}{Arterieninnendurchmesser} \approx 0,1$$

$$\text{Arteriolen}: \frac{Dicke}{Innendurchmesser} \approx 0,4$$

So ergeben sich z. B. als Durchschnittswert für die absteigende Aorta ein Innendurch-messer von 25 mm und eine Wanddicke von 2 mm, Barbenel (1980). Beim wachsenden Menschen bleibt das Verhältnis zwischen Wanddicke und Innendurchmesser der Arterien ziemlich konstant. Zahlreiche Wanddickenwerte von Arterien werden für Hunde von Bergel (1972) angegeben.

Die mechanischen Eigenschaften des Materials hängen nicht nur von ihrer Zusammensetzung, sondern auch von ihrer Struktur und Ultrastruktur ab. Die Struktur der Blutgefäße des Arterienbaumes aber variiert. Das elastische Verhalten der Arterienwand ist nicht linear.

Pasch et al. geben folgende Beziehung an:

$$E = \frac{dF}{dL} \cdot \frac{L}{A} = \frac{\sigma}{\varepsilon} \tag{6.1}$$

Dabei ist:

E = Elastizitätsmodul
A = Querschnittsfläche
F = dehnende Kraft
L = Länge
σ = Normalspannung
ε = Dehnung

In der Regel wird für die Elastizität der Volumenelastizitätsmodul K verwendet.

$$K = -\frac{dp}{dV} \cdot V$$

Dabei ist:

- dp = Druckänderung
- V = Innenvolumen nach erfolgter Volumenänderung dV
- E' bezeichnet den Volumenelastizitätsmodul und entspricht dem reziproken Wert der elastischen Dehnbarkeit (Compliance C).

$$E' = \frac{dp}{dV}$$

Die Angabe der Compliance wird meist in der Medizin verwendet. Das Elastizitätsmodul von Blutgefäßen steigt mit wachsender Wandspannung, also zunehmenden Druck. Beim Menschen ergaben sich an längsvorgedehnten Segmenten großer Arterien in vitro im Druckbereich 40–160 mmHg-Werte von $1 \cdot 10^5$–$6 \cdot 10^6$ Pa.

Mit zunehmendem Lebensalter wird der E-modul größer.

Vor allem jugendliche Gefäßwände zeigen viskoelastisches Verhalten und weisen in der Regel eine Hysterese auf (Abb. 6.10). Wetterer und Kenner (1968) haben eingehende Stu-

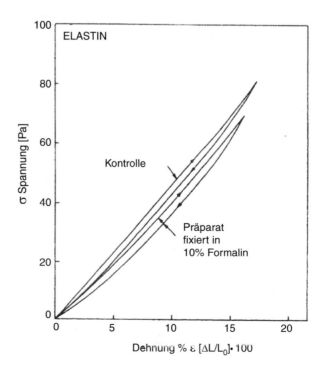

Abb. 6.10 Hystereseverlauf von Arterien, speziell des Elastins. Der Verlauf ist unempfindlich gegenüber Spannungsraten. Ausführliche Untersuchungen des Spannungs-Zeitverhaltens und der Kompressibilität der Arterien werden von Barbarnel und Fung (1984) gemacht

dien mit verschiedenen Arterienmaterialien ausgeführt. Sie veranschaulichen die elastische und viskose Komponente des Arterienmaterials.

$$p = p_{Elastisch} + p_{Viskos}$$

Abb. 6.11 zeigt einige Elastizitätsmodule E für Zugbeanspruchung im Bereich von 200–600 Pa, an den jeweiligen Stellen 1–8 ermittelt.

Bauer und Busse (1978) und Pasch et al. geben ähnliche Werte an. Bergel (1972) gibt das Elastizitätsmodul in Abhängigkeit vom Druck an (Abb. 6.12). Auch diese Daten stimmen ungefähr mit denen der Abb. 6.11 überein.

6.3.2　Arteriensystem

Das Arteriensystem stellt ein sich in distaler Richtung aufzweigendes System von viskoelastischen Schläuchen dar. Der Arterienbaum besteht aus der Aorta, die in die beiden Arterien *iliaca* und *femoralis,* sowie eine Anzahl von Seitenästen übergeht.

Abb. 6.13 gibt ein Modell des menschlichen Arteriensystems mit den wichtigsten Arterien und ihren mittleren Durchmessern wieder. Die Angaben stammen von Centkowski et al. (1982) die aus zahlreichen medizinischen Literaturstellen und durch eigene Messungen diese Durchschnittswerte ermittelten. Abb. 6.14 gibt den mittleren durchschnittlichen Blutfluss vereinfacht wieder. Bis vor kurzem war es schwierig, einigermaßen exakte Angaben über Durchmesser, Abgangswinkel und Volumenströme zu erhalten.

Erst durch die intensive Forschung auf dem Gebiet der Biofluidmechanik begann man Durchmesser, Abgangswinkel und Blutfluss so weit wie möglich zu erfassen. Natürlich

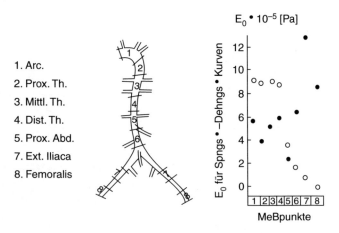

Abb. 6.11 Elastizitätsmodul des Arteriensystems an verschiedenen Stellen vom Aortenbogen bis zu den Arteriae femoralis (offene Kreise: Umfangssegmente, Punkte: longitudinale Segmente). Fung (1981)

Abb. 6.12 Elastizitätsmodul in Abhängigkeit vom Druck für vier verschiedene Gefäßtypen nach Bergel (1972)

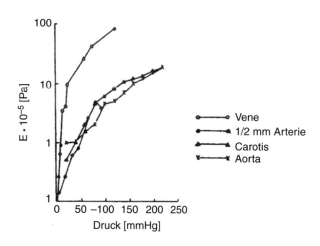

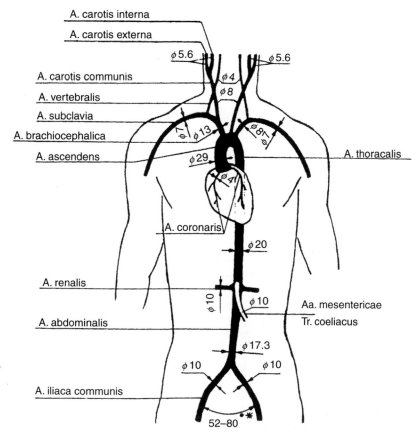

Abb. 6.13 Arterien mit durchschnittlichen Durchmesserangaben nach Centkowski et al. gemessen von Stein

Abb. 6.14 Arterien mit
durchschnittlichem
Volumenstrom (in v.H.) nach
Centkowski et al. (1982)

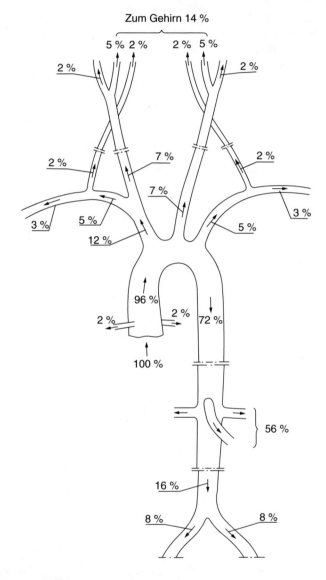

variieren die Angaben sehr stark wegen individueller Unterschiede. Die Durchmesserangaben können aber als gute Durchschnittswerte angesehen werden. Kenner et al. geben
den Radius der Aorta proportional zur Länge des Körpers an. Die Verzweigungswinkel
werden detailliert bei den einzelnen behandelten Modellen angegeben, da diese von Individuum zu Individuum sehr stark schwanken, was für die Entstehung atherosklerotischer
Erkrankungen bedeutend ist. Es wurden verschiedentlich Abgangswinkel gefunden, die
gegenüber dem normalen Verlauf stark abweichen. Bei großen Abgangswinkeln kann es
bereits zu Strömungsablösungen kommen, während bei anderen Geometrien noch keine
Strömungsablösungen zu beobachten sind.

6.3.3   Hämodynamik des Arteriensystems

Die Hämodynamik befasst sich mit den in das Ohmsche Gesetz eingehenden Größen, nämlich Druck, Fluss und Widerständen, wobei in der Medizin und Physiologie zur Erfassung dieser Parameter zahlreiche Methoden entwickelt wurden, die auch in der Diagnostik bei pathophysiologischen Störungen eine große Bedeutung erlangt haben.

Von dieser methodischen und konzeptionellen Zuwendung zu den Problemen der Blutströmung unterscheidet sich die Biofluiddynamik-wie sie in der vorliegenden Arbeit vorgestellt wird-durch ihr Bemühen, die zeitlich, räumlichen Details der Strömungsführung in einzelnen Gefäßabschnitten mit Hilfe fluiddynamischer Methoden und Konzepte zu erforschen. Sie ist sehr viel mehr als die klassische Hämodynamik auf Modellversuche angewiesen. Im Blutkreislauf eines erwachsenen Menschen werden ca. 3,5–4,9 l/min bei einer durchschnittlichen Pulsfrequenz von 70/min beim ruhenden Menschen umgepumpt. Dies wird als Herz-Minutenvolumen bezeichnet. Durch den intermittierenden Auswurf des Bluts aus dem Herzen in die Aorta ascendes entstehen Pulse, die sich im Gefäßbaum fortpflanzen (s. Abb. 6.2). Der Blutstrom $\dot{V}$ durch die Gefäße wird durch den arteriell venösen Druckabfall $p_A - p_V$ und den Strömungswiderstand R bestimmt. Es gilt die Beziehung:

$$\dot{V} = \frac{p_A - p_V}{R} \tag{6.2}$$

Abb. 6.15 gibt den Blutdruckverlauf des systemischen Kreislaufs wieder. Beim Menschen kann der systolische Druck Spitzen von ungefähr 200 mmHg bei maximaler sportlicher Tätigkeit erreichen.

Die Pulsation des arteriellen Druckes nimmt mit zunehmendem Lebensalter zu. Dies resultiert aus der physiologischen Weise abnehmenden Dehnbarkeit der großen Arterien.

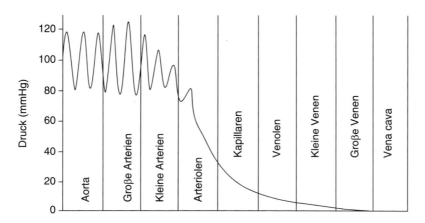

Abb. 6.15   Blutdruck des systemischen Kreislaufes (Guyton 1981)

Es ist aus diesem Grunde sinnvoll, von „Physiosklerose" (Gefäßverhärtung), einer schicksalhaft ablaufenden, zwar normalen, aber dennoch degenerativen Veränderung der großen Arterien zu sprechen (Abb. 6.16).

Die Folge ist die bekannte Zunahme des systolischen Spitzendruckes mit steigen dem Lebensalter auch bei völlig gesunden Menschen (Guyton 1981): Von dieser Veränderung abzugrenzen sind pathologische Arterienveränderungen, die man neuerdings gerne als „Atheromatose" bezeichnet; diese kommen bei zahlreichen Alltagserkrankungen wie Diabetes, Nephropathien, Adipositas und vor allem bei der Bluthochdruckkrankheit (essenzieller Hypertonie) vor.

Hierbei sind einerseits die Gefäßverhärtungen verstärkt, andererseits aber kommt es zu Einlagerungen von Material in die Gefäßinnenwände, d. h. der sog. Atherosklerose, die dann Krankheitswert gewinnt, wenn sie das Lumen des Gefäßes einengt. Möglicherweise löst sie aber durch ihre unregelmäßige Natur auch den Fortgang der Atheromatose aus, weil diese aus einfachen hydrodynamischen Gründen (unregelmäßige Wände) Strömungsinstabilitäten fördert.

Als Ausdruck der physiologischen Verhärtung der Gefäßwände kommt es auch zu einer Zunahme der Druck-Pulswellengeschwindigkeit mit zunehmendem Altem; einerepräsentative Abbildung (Abb. 6.17) zeigt dies für die Lebensalter zwischen 25 und 75 bei verschiedenen arteriellen Mitteldrucken.

Genaue Angaben über Pulswellenverlauf des Drucks und der Geschwindigkeit sind der einschlägigen medizinischen Literatur zu entnehmen, Guyton (1981) und Kenner. So wird z. B. bei der Systole nur der proximale Aortenteil anfangs gedehnt. Die Druckwelle pflanzt sich in der normalen Arterie mit ca. 3–5 m/s, in den größeren Arterienzweigen mit 7–10 m/s und in den kleineren Arterien mit 15–35 m/s fort.

Allgemein gilt: je größer die Compliance $C = \dfrac{\partial \dot{V}}{\partial p}$ der einzelnen Gefäßabschnitte ist,

desto geringer ist die Fortpflanzungsgeschwindigkeit des Drucks. Die Druckpulswellengeschwindigkeit ist viel größer als die Blutgeschwindigkeit (siehe Womersley Parameter). In der Aorta ist die Druckwellenfortpflanzung ca. 15 mal größer als die Blutgeschwindigkeit, in den distalen Arterien ca. 100 mal. Der Wellenwiderstand steigt zur

Abb. 6.16 Vergleich der Pulswellenkurve eines gesunden Menschen zu Pulswellenkurven erkrankter Menschen (Guyton 1981)

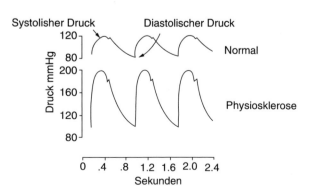

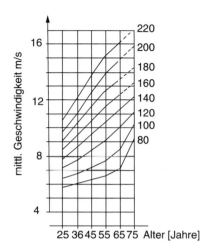

Abb. 6.17 Pulswellengeschwindigkeit als Funktion des Alters und mittleren Blutdruckes beim Menschen, gemessen zwischen Carotis- und Femoralarterie, nach Kenner et al. (1980)

Peripherie hin an, d. h., die Pulswellengeschwindigkeit nimmt mehr zu, als der Gesamt-querschnitt aller jeweils parallel geschalteten Äste und beruht hauptsächlich auf der Zunahme des Wanddicken-Radius-Verhältnisses. Ein solches Verhalten wird als „Ver-jüngung" bezeichnet (Pasch und Bauer 1974).

Von der Hauptschlagader ausgehend nimmt die charakteristische Impedanz um mehr als das 10-fache vom Zentrum zur Peripherie zu. Zwei Faktoren tragen dazu bei:

Die Abnahme der Querschnitte (geometrische Verjüngung) und die zunehmende Wand-steifigkeit (elastische Konizität), (Kenner und Busse 1980).

Über Pulse in homogenen und inhomogenen unverzweigten Schläuchen berichten McDonald, Wetterer und Kenner sehr ausführlich. Bauer beschreibt mit Hilfe der elektri-schen Leitungstheorie die mechanische Wellenleitung in einem solchen arteriellen Schlauchsystem in: „Studien zur Theorie des Blutdrucks und der Blutströmung in den Arterien". Dabei kann aber nur mit der Längskoordinate gerechnet werden. Man erhält keine Aussage über die Geschwindigkeitsverteilung und Querpulsationen.

Es ist aus fluiddynamischen Gründen unerlässlich, dass man klar unterscheidet zwischen Druck und Druckpulswellengeschwindigkeit, Fluss- und Flusspulswellen-geschwindigkeit. Die Spitzengeschwindigkeiten betragen ungefähr 100 cm/s, die mittle-ren Geschwindigkeiten ca. 20 cm/s in Tieren verschiedener Größe. Mit Hilfe der Entwicklung neuer Messverfahren (Ultraschall, magnetisch induktive Durchflussmesser und Hitzdrähte und Magnet Resonance Imaging), war es möglich, genauere Daten vom Blutfluss im Menschen zu erhalten. Es gibt zahlreiche Publikationen, die Meßverfahren an Menschen beschreiben, Stein et al. geben folgende Werte an:

Maximalgeschwindigkeit in der Aorta in Höhe der renalen Arterien:

$28 \pm 4 \, \text{cm/s}$

$27 \pm 4 \, \text{cm/s}$ an der Aortenverzweigung

$Re = 730 \left(400 - 1100 \, \text{an der Aortenverzweigung} \right)$

in der Iliaca Arterie:

$24 \pm 4 \, \text{cm/s}$

$Re = 540 \left(390 - 620 \right)$

$a = 9,3 \left(8,3 - 10,9 \right).$

Der Verzweigungswinkel der a. iliaca communis schwankte zwischen 52–80°.

Als typische systolische Spitzengeschwindigkeiten eines sitzendenMenschen wird angeben:

Aorta $u = 100 \, \text{cm/s}$ bei einem Radius $R = 12,5 \, \text{mm}$

Carotis $u = 60 \, \text{cm/s}$ bei einem Radius $R = 4 \, \text{mm}$ an.

Dieselben Werte findet er auch bei Hunden.

Abb. 6.18 zeigt die Blutgeschwindigkeit bei verschiedenen Probanden (gesund, mit Aorteninsuffizienz, mit Stenose), gemessen mittels Hitzdrahtanemometer, Stein et al. (1980). Man erkennt deutlich, wie stark die Spitzengeschwindigkeiten bei der Aortenstenose ansteigen. Außerdem entstehen starke Fluktuationen.

Durch die Entwicklung eines Laser-Doppler-Anenometers mit Fiberoptik ist es möglich, genauere Aussagen über die Geschwindigkeitsverteilung im menschlichen Blutkreis-

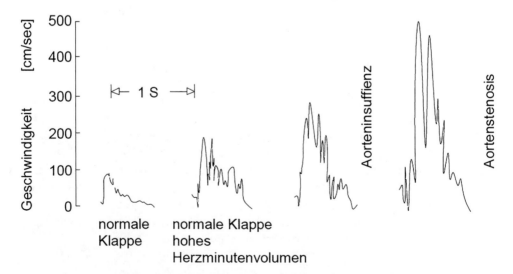

Abb. 6.18 Blutgeschwindigkeit distal der Aortenherzklappe, gemessen bei verschiedenen Patienten mit hohem Herzminutenvolumen von 12,9 l/min und einem Herzschlag von 144 Schlägen/Minute, Aorteninsuffizienz, Aortenstenose, verglichen mit einem Patienten mit normalen Aortenherzklappen (Stein et al. 1980)

Tab. 6.1 Reynolds-Zahlen im menschlichen Kreislaufsystem

	Re
Aufsteigende Aorta	3600–5800
Absteigende Aorta	1200–1500
Carotisarterie	500–850
Femoralarterie	110–500
Temporale Retina-Arteriole	0,1–0,5
Muskelkapillare	0,0007–0,003
Temporale Retina-Vene	0,1–0,3
Femoralvene	200–400
Jugularvene	300–570
Vena cava	630–900
Linkes Atrium	500–1000
Linker Ventrikel	400–1500

lauf zu erhalten. Erste Versuche wurden mit diesem Gerät an einer Coronararterie eines Kaninchens von Kajiya und Mito et al. (1982) ausgeführt.

Tab. 6.1 gibt einige Reynolds-Zahlen und Geschwindigkeiten wieder, die mittels Hitzdraht- bzw. Ultraschallvelocimeter ermittelt wurden.

6.3.4 Arteriengeometrie

Die hier zitierten Angaben über die Arteriengeometrie gelten für jugendliche Versuchstiere bzw. Menschen.

Beim Menschen kommt es zu einer Umgestaltung der Form der großen Gefäße: Vor allem für die Aorta ist bekannt, dass sie mit zunehmendem Alter an Durchmesser und Länge wächst. Da die Verzweigungen fixiert sind, resultiert eine s-förmige Krümmung. Das gleiche gilt für zahlreiche weitere Arterien, die beim Menschen schon nach kurzer Zeit, jedoch von Fall zu Fall in unterschiedlicher Intensität und ganz besonders unvorhersehbar bei Patienten mit ausgeprägter Atheromatose ihre Geometrie ändert. Ist ein Gefäß einmal besonders stark elongiert, so pulsiert nicht nur der Gefäßdurchmesser, sondern es ändert sich auch die Orientierung und damit die Verzweigungswinkel an jedem Knoten. Diese kurzen Hinweise mögen genügen, um klarzumachen, welch große Detailforschungsarbeit noch vor uns liegt, wie die bekannten thermodynamischen Parameter und Strukturveränderungen des alternden Gefäßsystems. DieDetails der Fluiddynamik werden von den Verzweigungen beeinflusst.

Zusammenfassend einige wichtige Angaben über die Arteriengeometrie:

Aorten Querschnitt $A = A_0 \cdot e^{\frac{-BL}{R_0}}$

A_0 = Aortenquerschnitt am Anfang des Gefäßes

B = Parameter, der zwischen $(2\text{–}5) \cdot 10^{-5}$ liegt

L = Länge der Aorta
R = Aortenradius am Gefäßbeginn

$$A_1 = \sqrt{2} \cdot \left(A_2 + A_3 \right) \tag{6.3}$$

A_1 Querschnitt im Zustrom;
A_2, A_3 Verzweigungsquerschnitte

Stein et al. fanden exakt dieselbe Beziehung.

Verzweigungswinkel
Allgemein gilt:
Teilt sich die Arterie in zwei gleiche Äste auf, so ist der Verzweigungswinkel symmetrisch.

Teilt sich die Arterie in ein kleineres Gefäß und ein Gefäß mit größerem Durchmesser auf, so ist der Abgangswinkel des kleineren Gefäßes größer.
Bei sehr kleinen Gefäßdurchmessern, die von einem größeren Gefäß abzweigen, ist der Winkel ungefähr 90°.

6.4   Lungenmechanik/Atmung

Einleitung – Beispiel für den Einsatz von CFD-Simulationen
Der Einfluß von Schadstoffen auf den menschlichen Organismus ist in unserer heutigen Zeit von größter Bedeutung. Ensteht doch Feinstaub nahezu überall, z. B. der Abrieb von Autoreifen. Feinstaub und Rauch (Partikelgröße von 10 µm bis 0,001 µm), sowie Dämpfe und Gase (Partikelgrößen 0,01 bis 0,001 µm) sind lungengängig und atemwegsschädigend. Feinstaub kann zu Atemwegserhrkakungen, Herz-Kreislauf- Problemen, und zu erhöhten Krebsrisiko führen. Ferner kann es auch Gehirn und Nerven schädigen. Der Gesetzgeber gibt Forderungen zur Beseitigung von Schadstoffen in der Atemluft vor z. B. in der Gefahrstoffverordnung (GefStoffV), den Technischen Regeln für Gefahrstoffe (TRGS) und in der Technischen Anleitung zur Reinhaltung der Luft (TA Luft). Durch verschiedene Filterprozese kann die Luft gereinigt werden. Es gibt aber immer wieder strittige Punkte, wie hoch darf die Belastung wirklich sein. Auf alle Fälle ist der Mensch heute Feinstaub in erheblicher Masse ausgesetzt und unsere Nase dient als wichtiger Filter.

Die pathologische Strömung der Luft durch die Nase ist eine der häufigsten Erkrankungen des Menschen. Daraus entstehende Folgeerkrankungen sind umfangreich, erfassen den gesamten Körper des Menschen und sind von großer medizinischer und auch sozioökonomischer Bedeutung: So gehören abschwellende Nasentropfen zu den an den häufigsten verkauften Medikamenten überhaupt. Eine exakte Messung der Strömung in der Nase ist bislang (in vivo) nicht möglich. Die invasive Nasenchirurgie arbeitet auf Erfahrungswerten und Schätzungen, um einen günstigen Luftdurchsatz zu erzielen. Oft sind kostenintensive Nachoperationen nötig. Ausschlaggebend für eine günstige Strömungscharakteristik in der Nase ist die Geometrie der Nasenhöhle, sowie der nasalen Strukturen, über die jedoch ohne exakte Messmethoden keine fundierte Aussage getroffen werden kann. Mit Hilfe originalgetreuer, transparenter Silikonmodelle, die aus Computertomografiedaten (CT) konstruiert werden, können nasale Strukturen nachgebildet und die Strömungsverhältnisse mit Lasermesstechnik mit hoher Auflösung erfasst werden. So können experimentelle Untersuchungen an Nasen von gesunden und nasal erkrankten Patienten vor und nach einer Operation durchgeführt werden. Damit ist eine strömungstechnische exakte Aussage über die Auswirkungen der operativen Maßnahme möglich. Des Weiteren können gesunde und erkrankte Nasen mit dieser Methode verglichen werden, um Hinweise für eine strömungstechnisch günstige Form der Nase zu erhalten und die Bedeutung nasaler Strukturen, wie etwa der Nasenmuscheln abschätzen zu können. Das Ergebnis kann einem Chirurgen Anhalt sein für die operativen Veränderungen und die daraus resultierenden Auswirkungen der Strömung. Auf Basis dieser Methode und der Ergebnisse können langfristig operative Veränderungen und die daraus resultierenden Strömungsbedingungen vor einem Eingriff am Computer simuliert werden. Im Rahmen der Zusammenarbeit mit Numerikern kann mit Hilfe von computational fluid dynamics (CFD) ein rein virtuelles, rechnerbasiertes Modell der nasalen Strömungsdynamik erstellt werden und basierend auf den gleichen CT-Datensätzen eine Aussage darüber gemacht werden, inwieweit die Ergebnisse beider Methoden übereinstimmen. Endziel wäre eine computergestützte Untersuchung von menschlichen Nasen mit virtueller Planung chirurgischer Maßnahmen.

6.4.1 Anatomie-Medizinische Grundlagen

6.4.1.1 Die Physiologie des Atmungsapparates

Das menschliche Atmungssystem (auch *respiratorisches System*) gliedert sich in zwei Teile: die oberen Atemwege mit Nase, Nasennebenhöhlen und Rachen sowie die unteren Atemwege mit Kehlkopf, Luftröhre (Trachea), Bronchen und Lunge.

Die oberen Atemwege - Nase, Nasennebenhöhlen, Rachen

Bei der Nase wird die äußere von der inneren Nase unterschieden. Die innere Nase stellt den wesentlich größeren und eigentlich funktionell wichtigen Teil dar. Er reicht bis zum Übergang in den Nasenrachenraum. Der Boden, mit einer Länge von ca. 8–11 cm, wird durch den harten Gaumen, das Dach durch die vordere Schädelbasis gebildet. Unterteilt wird der „Hohlraum" Nase durch die Nasenscheidewand (*septum nasi*) in zwei annähernd gleich große Hälften (Nasenhaupthöhlen), die einen trapezförmigen Querschnitt (siehe Abb. 6.19), mit einer breiten Basis von durchschnittlich max. 18 mm, einer Höhe von durchschnittlich max. 46 mm und einer Deckfläche von ca. 0,1–0,3 cm² aufweisen.

Von der Seite ragen in jede Nasenhaupthöhle die Nasenmuscheln (conchae nasales), die nasalen Schwellkörper hinein. Auf beiden Seiten gibt es eine große untere (durch-

Abb. 6.19 Schema der
rechten Nasenhaupthöhle
(ohne Nasenmuscheln)

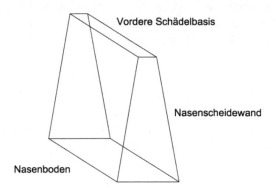

Rechte Nasenhaupthöhle (ohne Nasenmuscheln)

Vordere Schädelbasis

Nasenscheidewand

Nasenboden

Abb. 6.20 Querschnitt durch
die rechte Nasenhaupthöhle
(etwa mittlere Distanz
zwischen vorderem und
hinterem Nasenloch)

schnittliche Länge 47,7 mm, max. Höhe 13,6 mm), eine kleinere mittlere (40,6 mm/14,5 mm)
und eine, wenn überhaupt (in ca. 17 % des Sektionsguts), dann meist nur rudimentär vorhandene ober Nasenmuschel (16,8 mm/8,8 mm).

Bis auf die Nasenscheidewand, die im vorderen Drittel aus Knorpeln besteht, sind die
restlichen genannten Strukturen (der inneren Nase) knöchern. Die Querschnittsfläche im
Bereich des Nasenlochs beträgt ca. 1 cm², der Bereich unter einer Nasenmuschel wird als
Nasengang bezeichnet. Daher unterscheidet man einen unteren von einem mittleren und
oberen Nasengang. Der Querschnitt der Luftwege ist dadurch nicht mehr trapezoid, sondern je nach Tiefe in der Nase unterschiedlich komplex aufgebaut (siehe Abb. 6.20).

Den Nasenhaupthöhlen angeschlossen sind die paarig angelegten Nasennebenhöhlen,
zu denen man die Stirnhöhlen, die Kieferhöhlen, die Siebbeinzellen und die Keilbein-
höhlen rechnet. Über meist sehr feine Ausführungsgänge und Öffnungen haben die Nasennebenhöhlen Anschluss an die Nasenhaupthöhlen. Die äußere Nase baut auf dem birnen-

förmigen Zugang der Nasenhaupthöhlen in den Gesichtsschädel mit den kurzen Nasenbeinen und einem beidseitigen Vorsprung des Oberkieferknochens knöchern auf. Die restlichen stützenden Anteile der äußeren Nase, welche in ihrer Form und Größe starke ethnische Unterschiede aufweisen, werden von der knorpeligen Nasenscheidewand, sowie dem Dreiecks- und Flügelknorpel gebildet.

Die eingeatmete Luft gelangt über das längsovale Nasenloch in den Nasenvorhof mit den Nasenhaaren. Die Grenze zur Nasenhaupthöhle markiert mit 20–60 mm² die engste Stelle der Nase, die den Ansatz des Nasenflügels an der Gesichtshaut bildet.

Die oberen Atemwege – Nasenschleimhaut und Gefäße

Als Innenauskleidung werden Knochen und Knorpel der inneren Nase von Schleimhaut bedeckt. Das unter der Schleimhaut liegende Bindegewebe ist zumeist fest mit dem Knochen/Knorpel verwachsen, eine Verschiebeschicht fehlt (Leonhart 1985). Über der obersten Zellreihe liegt eine zweilagige Schleimschicht, in welche feinste Flimmerhärchen (Kinocilien) hineinragen. Durch eine gerichtete, kornährenartige Bewegung dieser Härchen kommt es zu einem fließbandähnlichen Transport der oberen zähen Schleimlagen von vorne nach hinten, d. h. vom *limen nasi* in Richtung Nasenrachenraum. Dieser „mukoziliäre Transport" ist zusammen mit dem Vorkommen von verschiedenen Proteinen und Enzymen (im Schleim) wichtig zur Reinigung und Abwehr von Fremdstoffen und Erregern. Die Schleimschicht ist auch zur Befeuchtung der eingeatmeten Luft wichtig.

Im Bereich der Nasenmuscheln weist die Nasenschleimhaut ein dickes darunter liegendes Bindegewebe mit vielen Gefäßen, dem venösen Schwellgewebe, auf. Die Gefäße mit ihrem äußerst variablen Durchmesser, spielen bei der Regulation des Schwellungszustandes der Nasenschleimhaut eine große Rolle. Dieser kann von fast nicht vorhanden (gute Nasendurchgängigkeit) bis zum kompletten Verschluss einer Nasenseite reichen. Auch beim Wärmetransport zur Temperierung der eingeatmeten Luft und bei der Befeuchtung der Luft kommt den Gefäßen eine entscheidende Bedeutung zu. In den vorderen Abschnitten der Nase besteht eine niedrigere Temperatur als in den hinteren Regionen. Dieses Temperaturgefälle führt zu einer langsamen Anwärmung der Atemluft, während es beim Ausatmen durch Kondensation zur Rückgewinnung von Feuchtigkeit und Wärme kommt.

Die oberen Atemwege – Rachen

Der Rachenraum verläuft trichterförmig auf einer Länge von ca. 13 cm von oben nach unten. Die obere Grenze wird von den beiden Choanen (Enden der Nasengänge) gebildet, die durch die Anordnung der drei Nasenmuscheln entstehen, sowie von der Nasenhöhle. Die untere Grenze bildet der Kehlkopf bzw. der unterste Kehlkopfknorpel. Er liegt vor der Halswirbelsäule und hinter Nasen- und Mundhöhle.

Der Rachen wird im Allgemeinen in drei Abschnitte unterteilt: die Nasopharynx, den Oropharynx sowie den Laryngopharynx. Erstgenannter schließt direkt an die Choanen an und reicht bis zum weichen Gaumen. Hier beginnt der Oropharynx, der hinter der Mundhöhle liegt und bis auf Höhe des Zungenbeins reicht. Danach folgt der Laryngopharynx, welcher in die Speiseröhre und den Kehlkopf übergeht.

Dem Pharynx dient der Weiterleitung der Atemluft nach innen und außen, aber auch von flüssiger und fester Nahrung. Die Mandeln sind für die Abwehr diverser Bakterien wichtig. Bei vielen Menschen entzünden sie sich und müssen operativ entfernt werden. Dem Pharynx dient auch als Resonanzraum beim Sprechen.

Aufgaben und Bedeutung der Nase

Die Nase ist die „Klimaanlage" der Atemluft, Abwehrorgan, Ort des Geruchsinnes, sowie Reflex und Sprachorgan. Die menschliche Nase kann über 10.000 verschiedene Gerüche unterscheiden. Unangenehme Gerüche in Arbeits- und Wohnräumen sollten deshalb erfasst und bewertet werden. Dies wird in den Laborräumen der Hochschule für Technik und Wirtschaft in Berlin getestet. Geruchsaktive Substanzen werden von der olfaktorischen Region im Dach der Nasenhöhle aufgefangen und aktivieren Geruchsreize (Müller, B. Zeidler, O. deLima Vasconcelos, S. cci Zeitung 07/2018).

Die Nase erfüllt wichtige Aufgaben bei der Aufbereitung der ein- und ausgeatmeten Luft. In der Nase kommt es zur Reinigung, Erwärmung und Befeuchtung der eingeatmeten Luft.

Die Reinigung erfolgt durch die Nasenhaare im Nasenvorhof und durch engen Kontakt der Luftströmung mit der feuchten Nasenschleimhaut, wodurch Partikel entfernt werden. Im Sekret gebunden, kommt es zu einem fließbandähnlichen Abtransport in den Nasenrachenraum (mukoziliärer Transport), von dem aus dem Sekret verschluckt wird. Die Transitzeit eines Fremdpartikels vom Kopf der unteren Nasenmuschel bis zur Choane benötigt durchschnittlich 10–20 Minuten. Neben dieser rein mechanischen Reinigung der Atemluft, die ca. 85 % der korpuskularen Bestandteile entfernt, die größer als 4,5 µm sind, kommt es zu einer biomechanischen Reinigung mit Hilfe der körpereigenen Abwehr. Diese zweite Art der Atemluftreinigung bewirkt vor allem einen Schutz vor Krankheitserregern, Schadstoffen und unspezifischen Irritationen. Die spezifische Abwehr wird vor allem durch sekretorische IgA-Antikörper getragen, einem in das Nasensekret sezernierten Antikörper, und Abwehrzellen (wie Lymphozyten).

Wichtig für eine funktionierende Schutzbarriere und damit die Integrität der Schleimhaut im Rachen und den tiefen Atemwegen (Luftröhre und Lunge) ist eine ausreichende Erwärmung und Befeuchtung der eingeatmeten Luft durch die Nase. Über eine Kontaktstrecke von durchschnittlich 8–11 cm (Distanz Nasenloch-Nasenrachenraum) und eine Kontaktzeit von nur 1–2 Sekunden (abhängig von der Atemfrequenz) kommt es zu einer relativ konstanten Temperierung und Befeuchtung der Atemluft im Nasenrachenraum von 31–34°C und einer Wasserdampfsättigung von 80–85 %. Dies geschieht durch ein kompliziertes Gefäßsystem in der Nasenschleimhaut. Voraussetzung ist eine geregelte Luftströmung in der Nase.

Die Nase dient außerdem dem Geruchsinns. Der Mensch kann ca. 10.000 (aus 30.000) Geruchsstoffe wahrnehmen und ca. 200 unterscheiden. Dieser, phylogenetisch älteste

Sinn, beeinflusst – häufig unbewusst – Stimmungen, Gemütszustände, aber auch Gefühle wie Zu- oder Abneigung. Der Geruchsinn trägt auch wesentlich zu unserer Geschmackswahrnehmung bei. So werden lediglich die Qualitäten süß, sauer, salzig und bitter „geschmeckt". Alle anderen Geschmacksrichtungen, wie das Bouquet eines Weines oder das Aroma eines Kaffees, sind Leistungen des Geruchsinnes. Voraussetzung hierzu ist eine ungehinderte Luftpassage zu den obersten Abschnitten der Nase, zur Riechrinne, der regio olfactoria. Die Nase ist ferner ein Sprachorgan.

Die Nase dient weiter als Reflexorgan (nasokutane, -pulmonale, -petale Reflexe, nasofugale Reizverbindungen usw. (Drettner 1980)).

Die unteren Atemwege – Kehlkopf

An den Laryngopharynx schließt der Kehlkopf bzw. Larynx an. Er hat eine Röhrenform und ist von knorpeliger Struktur, an die sich die Luftröhre anschließt. Er besteht aus Kehldeckel (*epiglottis*), Schildknorpel (der als Adamsapfel sichtbar ist) und Ringknorpel.

Der Kehlkopf besitzt eine Schleimhautschicht und beherbergt die Stimmbänder, welche durch Muskeln und Stellknorpel auf Spannung gehalten werden. „Die Stimmbänder sind mit einem verhornten Plattenepithel überzogen und ständig von Austrocknung bedroht" (Clauss 2013). Beim Sprechen versetzt ein Luftstrom die Bänder in Schwingung, wobei durch Spannungsänderung eine Variation der Tonhöhe erreicht wird und der Luftvolumenstrom die Lautstärke beeinflusst. Zusätzlich ist die Einheit aus Nase, Mund und Rachen im Sinne eines Resonanzraumes von großer Bedeutung für die Stimmbildung.

Die unteren Atemwege – Trachea

Die Luftröhre wird auch *trachea* genannt. In ihr strömt die eingeatmete Luft aus den oberen Atemwegen auf etwa 12 cm Länge und 2,5 cm Durchmesser hin zu den zwei sich jeweils links und rechtsseitig abzweigenden Hauptbronchien (Tortora et al. 2006). Sie besteht aus 16–20 C-förmigen (also nicht kreisrund geschlossenen) und vertikal übereinander liegenden Knorpeln und horizontal verlaufenden „Fasern aus glatter Muskulatur" sowie elastischem Bindegewebe. Auf der inneren Oberfläche der Trachea findet sich, ähnlich der Schleimhaut in Nasenhöhle und Larynx, ein Flimmerepithel, das dem Schutz der nachfolgenden Atemwegsregionen gegen Staubpartikel dient.

Die Trachea kann im Fall einer akuten Atembehinderung, zum Beispiel durch einen feststeckenden Fremdkörper oder ins Lumen hineinwachsenden Tumor, von oben nach unten mit einem Schlauch durchstoßen werden, wodurch die Atmungsfähigkeit wiederhergestellt wird (Intubation).

Die unteren Atemwege – Bronchien

Mit der Abzweigung der Trachea beginnt der Bronchienbereich, welcher zum größten Teil innerhalb der Lunge liegt. Das Bronchialsystem ist als eine Baumstruktur aufgebaut, in der sich neue Abzweigungen auftun. Diese Verästelungen werden auch Generationen genannt.

Der Aufbau des Bronchialsystems ist wie folgt: Trachea -> Hauptbronchien -> Lappen-
bronchien -> Segmentbronchien -> Bronchiolen -> Terminalbronchiolen.

Die Terminalbronchiolen enden in den Alveolen, in denen fast der gesamte Gasaustausch mit dem Blut stattfindet. Insgesamt gibt es von der Trachea bis hin zur Terminal-
bronchiole ca. 19 Verzweigungen. Unterscheiden lässt sich der Bronchialbaum in einen
Totraum (bis zur 16. Verzweigung) und einen respiratorischen Raum (17.–19. Verzweigung). Der Totraum ist dabei einfach derjenige, der lediglich eine Luftleitungs-
funktion besitzt, während in den Terminalbronchiolen bereits ein erster geringer und in
den Alveolen ein Gasaustausch stattfindet.

Die unteren Atemwege – Lunge

Die menschliche Lunge besteht aus einem System sich verzweigender Luftröhren. Von der
Trachea verzweigen sich die Gefäße zu den Bronchien Bronchiolen, Alveolargängen in 23
Generationen und enden in ca $3 \cdot 10^8$ Alveolen. Die Bronchiolen können sich kontrahieren
auf Grund der glatten Muskulatur. Der Gasaustausch beginnt bereits in den Bronchiolen
und wird in den Alveolen fortgesetzt. Die Lunge selbst ist ein lockeres Gewebe und würde
ohne Innendruck in sich zusammenfallen. Bei der Einatmung erfolgt eine Erweiterung des
Brustkobes. Dies geschieht durch die Bewegung der Rippen über die Atemmuskulatur und
durch die Dehnung des Zwerchfelles. Das periodisch ausgetauschte Luftvolumen beträgt
bei einem Erwachsenen mit einer Atemfrequenz von 7 bis 20 min^{-1} 0,35 bis 0,85 Liter.
Man bezeichnet dies als das Atemzugvolumen (AZV). Das gesamte Volumen der Lunge
setzt sich aus der Vitalkapazität (VC = 74 %) und dem Residualvolumen (RV = 26 %) zusammen. Der anatomische Totraum der nicht resperierenden Luftröhren hat ein Volumen
von ca. 0,15 Liter.

Für die Konstruktion von Beatmungsgeräten ist es erforderlich die Widerstände, die bei
der Atmung zu überwinden sind zu kennen. Die passive elastische Eigenschaft der Lunge ist
die Elastanz: $E = \Delta p / \Delta V$ oder der reziproke Wert die Complianz $C = 1/E$. Das Dehnungsver-
halten ist nicht linear, dies wird mit einer spezifischen Compliance berücksichtigt bezogen auf
das inspiratorische Gesamtvolumen (VIG) $C_{spez} = \Delta V / \Delta p$ VIG. Außer den Dehnungswider-
stand der Lunge ist noch der Reibungswiderstand mit ca 55 % und ein Massenträgheitsterm
zu berücksichtigen. Es ergibt sich folgende Grundgleichung:

$$p(t) = EV + RdV/dt + Id^2V/dt^2 \tag{6.4}$$

E Elastanz, R Resistanz, I Massenträgheitsterm

Bei maximalen Re-Zahlen von ca. 2000 und unter Berücksichtigung von Turbulenzen
an den Verzweigungen ergibt dies einen nicht linearen Ansatz:

$$p(t) = EV + (k_1 + k_2 dV/dt) dV/dt + I d^2V/dt^2$$

k_1 und k_2 Rohrsche Konstanten. Außerdem müssen die nicht linearen statischen Verhältnisse berücksichtigt werden, was zu einer ständig besser werdenden Anpassung an die

realen Verhältnisse führt. Dies ist heute mit modernen Computersimulationsprogrammen möglich (siehe Pkt 6.4.4). Man nutzt auch elektrische Schaltungen zur Modellierung der Atmungskinetik. Wichtig ist es die unbeeinflusste periodische Atembewegung zu erfassen, was höhere harmonische Komponenten erfordert (Fung 1988, Skalak R.).

Die beiden Hauptbronchien treten jeweils in den rechten bzw. linken Lungenflügel ein, in denen die weitere Aufzweigung stattfindet. Die Lunge ist ein zweiteiliges Organ, den linken und rechten Flügel. Der linke Flügel ist auf Grund des Herzens etwas kleiner als der rechte. Der rechte Lungenflügel unterteilt sich in drei vertikal angeordnete Lungenlappen: Oberlappen, Mittellappen und Unterlappen. Der linke Flügel dagegen besitzt nur zwei, den Ober- und Unterlappen. Nach unten grenzt die Lunge an das Zwerchfell an.

Aufgabe und Bedeutung der unteren Atemwege

Die unteren Atemwege sind Teil des respiratorischen Systems, in dem die Atmung als Prozess erst ermöglicht wird. Unter Beteiligung des Zwerchfells finden Inspiration und Exspiration statt, und zwar durch Herstellung eines Druckunterschiedes zwischen dem Lungeninneren (Alveolardruck) und der Umgebung außerhalb des Körpers (Atmosphären-druck). Beispielhaft bedeutet das einen Unterschied von dp (insp) = 2mbar bzw. dp (exp) = 3mbar. Durch diesen Druckgradienten fließt ein Luftvolumenstrom (instationär) von der Nase bis hin in den Alveolarraum der Lunge, wo der Austausch der Atemgase Sauerstoff (O_2) und Kohlendioxid (CO_2) mit dem Blut stattfindet (Tab. 6.2).

Relevant sind von diesen Bestandteilen der Sauerstoff und das Kohlenstoffdioxid. Während Sauerstoff für den Zellstoffwechsel benötigt wird, ist CO_2 das Abfallprodukt desselben. Damit dieser Zellstoffwechsel bestimmungsgemäß funktioniert, muss die Lunge eine Minimalmenge O_2 aufnehmen. Aufgrund der beschriebenen Luftbestandteile ergibt sich ein entsprechendes Luftvolumen. Im Ruhezustand gilt: Für einen Liter O_2 benötigt der Mensch 26 Liter Luft. Der Minimalwert bei körperlicher Inaktivität liegt zwischen 0,3 und 0,5 Liter O_2 pro Minute. Daraus ergibt sich ein sogenanntes Atemminutenvolumen (AMV) von 6–8L Luft pro Minute. Bei körperlicher Belastung steigt dieser Wert auch über 2 Liter O_2 hinaus. Insofern hängt das AMV von der Atemfrequenz und der Atemzugtiefe ab.

Bei den Alveolarwänden, also den letzten Verzweigungen des Bronchialbaumes, treten O_2 und CO_2 in das Blut ein- bzw. aus. Die Gase diffundieren gemäß dem Fickschen Diffusionsprinzip durch die alveolare Oberfläche in die umgebenden Lungenkapillaren ins Blut hinein. Die Diffusionsrate hängt nicht von der jeweiligen Konzentration ab, sondern von einem Druckgradienten, der sich aus unterschiedlichem Partialdrücken im Alveolar-

Tab. 6.2 Die Atemluft setzt sich im Allgemeinen ausfolgenden Bestandteilen zusammen

Bestandteil:	Vol-%
Sauerstoff (O_2)	20,9
Stickstoff (N_2)	78,1
Kohlenstoffdioxid (CO_2)	0,038
Argon, Neon, Helium, Wasserdampf	0,962

raum und in den Lungenkapillaren ergibt. Der alveolare Partialdruck von O_2 beträgt dabei 13,3 kPa, der venöse dagegen 5,3 kPa. Durch diesen ‚Überdruck' diffundiert O_2 in Richtung der Kapillaren. Bei CO_2 verhält es sich dagegen umgekehrt. Gemäß dem Fick'schen Gesetz hängt die Diffusionsrate von der alveolaren Fläche und dem zu durchdringenden Querschnitt der alveolaren Kapillarmembran ab. Mit etwa 300 Mio. Alveolen liegt diese Fläche bei ca.100 m². Die Länge der Alveolarkapillarmembran beträgt zw. 0,2–0,6 μm.

Sobald das O_2 in Blut gelangt, haftet es sich an das dort befindliche Hämoglobin und wird von diesem im Körper verteilt. Hier beginnt die sogenannte innere Atmung.

Die wichtigste Aufgabe der Lunge ist der Gasaustausch. Der Körper wird stets versuchen, seinen jeweils nötigen Gasdurchsatz aufrechtzuerhalten. Der Luftvolumenstrom wird dazu entsprechend angepasst. Der Luftvolumenstrom ist unter gegebenen pathologischen Umständen behindert. Neben natürlichen Einflussgrößen, wie der Dehnbarkeit der Lunge oder der Oberflächenspannung der Alveolarflüssigkeit (die zu einem bestimmten Widerstand führen) kann der Atemwiderstand bei vielen mitunter krankhaften Veränderungen in der Lunge (z. B. Asthma oder COPD chronic obstrutive pulmonary disease) und den anderen Teilen des Atemsystems so erhöht sein, dass es zu einer dauerhaften Kurzatmigkeit und anderen Problemen, wie zu einer chronischen Überbelastung des ganzen Körpers kommen kann (Clauss 2013).

6.4.1.2 Pathologie unzureichender Nasenströmung

Ursachen für eine veränderte Nasenströmung/Nasenatmungsbehinderung

Ursächlich für eine verminderte Luftpassage durch die Nase ist in den häufigsten Fällen eine Verengung der nasalen Luftwege. Der nasalen Chirurgie zielt auf eine Korrektur dieser Veränderungen. Das wichtigste subjektive Symptom ist eine Nasenatmungsbehinderung. Sieht man von ausgeprägten Pathologien der äußeren Nase, wie Schiefnasen, aber auch Sattel, Breit- und anderen Nasendeformitäten ab, so sind am häufigsten angeborene oder erworbene (z. B. durch Traumata, entzündliche oder neoplastische Erkrankungen) Verkrümmungen der Nasenscheidewand zu finden. Diese Deviationen, aber auch Leisten- oder spornartige Ausbuchtungen der Nasenscheidewand, können in mehreren Ebenen des Raumes auftreten. Durch den Charakter einer Trennwand von linker und rechter Nasenhaupthöhle bedingt eine Verbiegung der Nasenscheidewand auf eine Seite stets auch eine Veränderung des nasalen Querschnitts der anderen Seite.

Bei Patienten mit Nasenatmungsbehinderungen findet man häufig auch eine Vergrößerung der Nasenmuscheln (Nasenmuschel-Hyperplasie). Häufig sind diese Veränderungen aber kompensatorisch. Man findet auf der einen Seite eines vergrößerten nasalen Querschnitts (durch eine deviatio septis auf die andere Seite) häufig vergrößerte Nasenmuscheln, die das Lumen wieder einengen. Jedoch sind auch solitäre Vergrößerungen zu finden. Diese werden vorwiegend durch entzündliche Schleimhauterkrankungen, wie nasale Allergien (z. B. Heuschnupfen) und Ähnlichem, bedingt.

Dass für eine gute Nasenatmung nicht nur der Querschnitt der Nasenhaupthöhlen wichtig ist, lehrte unter anderem die Nasenchirurgie. So führten ausgedehnte Entfernungen (Resektionen) von Anteilen der Nasenscheidewand, aber auch der Nasenmuscheln (bis hin zur kompletten Entfernung einzelner Nasenmuscheln, so genannte Konchektomie) zur

Austrocknung der Nasenschleimhaut mit Bildung von übelriechenden Belägen und Krusten (Borken), dem Krankheitsbild der sogenannten Stinknase (Ozaena). Die Krusten bewirken, neben einer sozialen Isolierung durch die immense Geruchsbelästigung, zur erneuten Behinderung der Nasenatmung.

Von entscheidender Bedeutung sind Veränderungen der Strömungscharakteristik der Atemluft. In diesem Zusammenhang sind vor allem Verwirbelungen der in der Majorität laminaren Luftströmung in der Nase zu nennen. So führen Erkrankungen mit einer zu weiten Nasenhaupthöhle, aber auch z. B. Löcher in der Nasenscheidewand (als Komplikation einer operativen Korrektur der Nasenscheidewand, durch systematische Erkrankungen oder Drogenmissbrauch) zu einer Verwirbelung der nasalen Atemluft mit der Folge eines verminderten Luftdurchsatzes. Bei der so genannten Septum Perforation sind Austrocknungen der Nasenschleimhaut mit gehäuftem Nasenbluten und Krustenbildungen zu beobachten. In diesem Zusammenhang erlangen auch pathologische Veränderungen der Nasenklappe, der im Bereich des limen nasi die Aufgabe einer Düse zuzukommen scheint, klinische Bedeutung (Elwany und Thabet 1996). Neben dem objektiv bestimmbaren Luftdurchsatz (z. B. mittels der Rhinomanometrie) durch die Nase sind auch subjektive Beeinträchtigungen wichtig. Der Ort der Luftführung spielt eine wichtige Rolle. Die Strömungscharakteristik im Bereich der mittleren Nasenmuschel ist für das subjektive Empfinden eines ausreichenden Luftdurchsatzes entscheidend. Deutlich wird dies bei Patienten, die zwar ein ausreichendes Lumen im Bereich des Nasenganges (z. B. nach operativer Korrektur der Nasenscheidewand und der unteren Nasenmuscheln) aufweisen, jedoch weiter über eine behinderte Nasenatmung klagen. Gerade der Bereich der mittleren Nasenmuschel gilt jedoch (durch seine herausragende Bedeutung als Zugang zu wichtigen Nasennebenhöhlen) als ein Ort, der chirurgisch nicht oder nur sehr eingeschränkt verändert werden sollte.

Folge- Erkrankungen durch veränderte Nasenströmung
Die Folgen einer veränderten Strömung in der Nase sind mannigfaltig und von größter Bedeutung für den gesamten Organismus. In aller Regel bewirkt eine Veränderung der nasalen Strömung einen verringerten Luftdurchsatz (im Sinne einer Nasenatmungsbehinderung) mit konsekutiver Mundatmung.

Mittelgesicht
Fehlbildung der Kiefer, des Mittelgesichts und des Zahnapparates:
Atmung durch den geöffneten Mund bewirkt, dass die Zunge keinen direkten Kontakt zum Gaumen hat. Ohne einen fortwährenden Druck der Zunge unterbleibt aber die regelrechte Formung von Gaumen und Kiefer. Dadurch bildet sich ein zu schmaler und zu spitzer Gaumen (ein so genannter gotischer Spitzgaumen) mit falschem Kontakt der Zähne des Ober- und Unterkiefers aus. Biss- und Artikulationsstörungen sowie Fehlwachstum der Kiefer und des Mittelgesichts sind die Folge.

Nase und Nasennebenhöhlen

Geruchs- und Geschmacksminderung sowie Nasennebenhöhlenentzündungen:

Veränderte Strömungsverhältnisse in der Nase bewirken eine eingeschränkte Luftpassage zur Riechrinne in den obersten Abschnitten der Nasenhaupthöhle nahe der Schädelbasis. Dadurch resultieren mehr oder minder ausgeprägte Geruchs-, aber auch Geschmacksminderungen der Nasenscheidewand. Gründe für eine veränderte nasale Strömung, wie Verbiegungen der Nasenscheidewand o. ä. bewirken häufig eine Einengung der Ausführungsgänge und Öffnungen der Nasennebenhöhlen zu Nasenhaupthöhle. Eingeschränkte Belüftung und Reinigung derselben mit Sekretstau und wiederholten Nasennebenhöhlenentzündungen (chronische Sinusitiden) bis hin zu lebensbedrohlichen Komplikationen dieser Erkrankungen (Hirnabszess, Orbitalphlegmone etc.) können die Folge sein. Dabei ist die Sinusitis eine zunehmend häufiger werdende Erkrankung.

Ohr

Belüftungsstörungen des Mittelohrs mit konsekutiven Erkrankungen wie Mittelohrerguss und akuten sowie chronischen Entzündungen des Mittelohrs und des Warzenfortsatzes:

Nasenatmungsbehinderungen können zu einer verminderten Belüftung des Mittelohrs über die Ohrtrompete führen. Dies kann kurzfristig die Retraktion des Trommelfelles mit Ausbildung eines Mittelohrergusses (Serotympanon) zur Folge haben. Das Entstehen einer Mittelohrentzündung (otitis media acuta), eventuell auch mit einer Entzündung im Warzenfortsatz (Mastoiditis), kann dadurch begünstigt werden. Langfristig entsteht ein zäher Erguss (Mukotympanon) bis hin zur weitgehenden Sklerosierung des Mittelohrs (Tympanosklerose) mit Versteifung der Gehörknöchelchen und konsekutiver Schwerhörigkeit. Wiederkehrende Entzündungen führen zu Vernarbungen des Trommelfells oder zur Ausbildung eines Trommelfelldefekts. Unter Umständen kann es auch zu einer chronischen Knocheneiterung kommen. Diese Erkrankung stellt eine zwingende Operationsindikation dar, um lebensbedrohliche Komplikationen zu verhindern.

Rachen

Wiederholte Entzündungen des lymphatischen Gewebes (Mandeln, Seitenstränge etc.), sowie der Rachenschleimhaut:

Entfällt die Klimafunktion der Nase, so trifft ungereinigte und zu kalte und zu trockene Luft auf die Schleimhäute in Mund und Rachen. Eine ausreichende Feuchtigkeit und eine relativ konstante Temperatur sind essenziell für die Integrität und die Abwehrfunktion der Schleimhäute. Daher kommt es zu wiederholten Entzündungen der Schleimhäute und der lymphatischen Gewebe, wie Rachen- und Mandelentzündungen mit den möglichen Komplikationen von Abszess Bildungen, Mediastinitis, rheumatischen Herzerkrankungen, Trombophlebitis, Sepsis etc. Bleibt bei Mandelentzündungen die Nase unbeachtet und wird nur eine Mandelentfernung durchgeführt, verlagert sich die Entzündung nicht selten auf andere lymphatische Organe in diesem Bereich, da nur das Erfolgsorgan, nicht aber die Ursache für die wiederkehrenden Entzündungen beseitigt wurde. So müssen gehäuft Seitenstranganginen beobachtet werden (Bewarder, Pirsig 1978).

Tiefe Atemwege

Gehäufte Entzündungen (und Erkrankungen) der Lunge:

Eine verminderte Reinigung, Befeuchtung und Erwärmung der Atemluft wirken sich auch auf den Kehlkopf und die unteren Atemwege aus. Wiederholte Kehlkopfentzündungen mit Heiserkeit, Stimmschwäche oder Stimmlosigkeit, sowie wiederkehrende Entzündungen der tiefen Atemwege mit Bronchitis, Lungenentzündung, Asthma etc. sind die Folge. In diesem Zusammenhang sei auch auf das so genannte sinubronchiale Syndrom hingewiesen. Diese Bezeichnung steht für das gehäufte Auftreten von (entzündlichen) Erkrankungen der tieferen Atemwege bei wiederholten Entzündungen der Nasennebenhöhlen (chronische Sinusitis) wie sie auch bei einer veränderten nasalen Strömung zu finden sind.

Schlafverhalten etc.

Schnarchen, ggf. mit Atemaussetzern und Tagesmüdigkeit:

Nasenatmungsbehinderungen können Ursache für Schnarchen sein. Neben den sozialen Problemen durch die entstehenden Geräuschbelästigungen kann auch die Gesundheit des Schnarchers nachhaltig beeinträchtigt sein. So findet man – vor allem beim so genannten Schlaf-Apnoe-Syndrom – wiederholte Aussetzer. Die Folge ist wiederholtes Erwachen und somit eine Fragmentierung der Schlafphasen des Patienten mit Tagesmüdigkeit, verminderter Leistungsfähigkeit, wiederholtem ungewolltem Einschlafen mit Gefährdung im Straßenverkehr etc. Weitere Folgeerkrankungen wie Rechtsherzbelastung, Bluthochdruck (v. a. im Lungenkreislauf) sowie erhöhte Gefahr eines Schlaganfalls werden diskutiert (Mohsenin 2001)

Behandlungsmethoden bei pathologischer Nasenströmung

Medikamentöse Therapie

Die meisten Patienten mit behinderter Nasenströmung nehmen wiederholt oder auch fortlaufend abschwellende Medikamente für die Nase wie z. B. Nasentropfen und Nasensprays. Abschwellende Nasenmedikamente sind die mit an den häufigsten verkauften Medikamenten. Vornehmlich Patienten mit einer Allergie der Nasenschleimhaut (z. B. Heuschnupfen) werden auch Kortison haltige Nasensprays verschrieben. Beiden Medikamentenklassen sind jedoch gemeinsam, dass sie lediglich den Schwellungszustand der Nasenschleimhaut beeinflussen können. Veränderte Strömungsverhältnisse sind dadurch nicht beeinflussbar. Daher ist die Therapie mit Medikamenten, auch wegen der beschriebenen Nebenwirkungen, deutlich limitiert.

Operative Therapie

Die chirurgische Therapie von Strömungsbehinderungen in der Nase zielt vor allem auf die Korrektur der festen Nasenstrukturen. So kann eine Korrektur der äußeren Nase, z. B. bei Schief-, Breitnasen etc. erfolgen. Die Korrektur der Nasenscheidewand (Nasenseptumplastik) bei Verbiegungen derselben ist der häufigste Eingriff in der Nase. Ziel dieser Maßnahmen ist es, einen möglichst geraden Kanal für die Luft zu schaffen. Um weitere Luftwege zu schaffen, werden häufig die unteren Nasenmuscheln operiert. Da zu weite Luftwege häufig andere Beschwerden nach sich ziehen, werden die Eingriffe heutzutage deutlich zurückhaltender als früher durchgeführt (Forkel 2009). So werden die Muscheln nicht mehr ganz oder teilentfernt, sondern mit verschiedenen chirurgischen Verfahren verkleinert. Komplizierter gestalten sich Eingriffe an der Nasenklappe, deren Bedeutung als Düse für die eingeatmete Luft erkannt wurde. Das Wissen des Chirurgen bezieht sich in der Regel auf persönliche Überlegungen und empirische Beobachtungen am Patienten. Dies wird dadurch deutlich, dass chirurgische Veränderungen an den mittleren Nasenmuscheln nur sehr zurückhaltend oder gar nicht durchgeführt werden (vor allem wegen ihrer Bedeutung als Zugangsweg zu den Nasennebenhöhlen), obwohl die Bedeutung der Luftströmung im mittleren Nasengang für das subjektive Empfinden des Patienten wichtig ist. Es ist notwendig mehr über die Strömungsverhältnisse in der Nase und deren Veränderung durch Operationen zu erfahren. Nur so wird man gezielt und effektiv Probleme erkennen und beheben können. Auch wird so eine Qualitätskontrolle chirurgischer Eingriffe möglich sein.

6.4.2 Messtechnik und Simulation von Strömungen in den Atemwegen

6.4.2.1 Messtechnik in vivo
Lungenvolumen (Tab. 6.3)
Das Lungenvolumen wird in der Regel mit Hilfe eines sogenannten Spirometers bestimmt (Abb. 6.21). Derartige Geräte können Auskunft geben über die Einzelvolumina und die Einzelkapazitäten, aus denen sich das Gesamtvolumen und die Gesamtkapazität ergeben. Der einfache Aufbau und die Messung werden wie folgt beschrieben:

Die Versuchsperson ist über ein Schlauchsystem mit dem Spirometer verbunden. Dieses besteht aus einer Glocke, die beweglich aufgehängt ist und einen wasserummantelten Luftraum umschließt. Der Wassermantel dient der Temperaturkonstanz und gleichzeitig als Abdichtung der nach unten offener Glocke, die sich über einen Seilzug mit Gegengewicht bei Einatmung senkt und bei Ausatmung hebt. Am Ende des Seilzuges hängen ein Gegengewicht und eine Schreibvorrichtung, die die Atem-

Tab. 6.3 Das Lungenvolumen besteht ausfolgenden Teilvolumina:

Bezeichnung:	Durchschnittliches Volumen:
Atemzugvolumen	0,5 L
Inspiratorisches Reservevolumen	3,0 L
Exspiratorisches Reservevolumen	1,7 L
= Vitalkapazität	**5,2 L**
Residualvolumen	1,3 L
= Totalkapazität	**6,5 L**

Abb. 6.21 Grundprinzip eines Spirometers

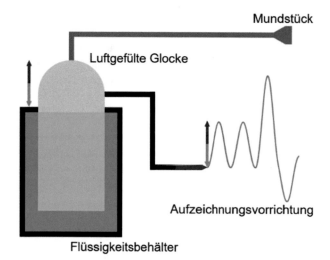

bewegung auf einer Papierrolle aufzeichnet. Durch die Umlenkung des Seilzugs wird die Einatmung auf dem Papier nach oben aufgetragen und die Ausatmung nach unten. Im Schlauchsystem befindet sich bei speziellen Untersuchungen noch eine Calcium-carbonatverbindung, die das ausgeatmete CO_2 bindet (Atemkalk). Zu Beginn des Versuchs wird die Glocke mit einem bestimmten Luftvolumen gefüllt und dann nach außen dicht verschlossen. Die Versuchsperson legt eine Nasenklemme und das Mundstück an und wird nach einigen einleitenden Atembewegungen durch Drehen des Ventils an das Luftvolumen der Glocke gekoppelt. Sofort beginnt sich diese im Rhythmus der Atemzüge zu heben und zu senken, und diese normalen Atembewegungen werden auf dem Schreibpapier aufgezeichnet. Je nachdem, mit welcher Stärke geatmet wird, können aus dieser Aufzeichnung neben dem Atemzugvolumen auch das inspiratorische sowie das exspiratorische Reservevolumen bestimmt werden, die zusammengenommen das maximal mögliche, atembare Luftvolumen ergeben (Vitalkapazität). Um die Gesamt- bzw. Totalkapazität zu bestimmen, reichen vorgenannte Volumina jedoch nicht aus, da ein Restvolumen (Residualvolumen) in der Lunge verbleibt.

Neben dieser Messmethode werden noch weitere Spirometerformen in der Praxis angewendet, die allesamt das Volumen durch die Messung der Luftgeschwindigkeit aufintegrieren. Die Genauigkeit ist je nach Methode (Turbine, Pneumotachograph, Ultraschall) unterschiedlich genau.

Funktionsdiagnostik der Nase – Rhinoskopie
Bei einer Rhinoskopie wird das Naseninnere mit Hilfe eines Nasenspekulums ,auf Sicht' untersucht. Mit ihr ist es möglich, (unter Zuhilfenahme eines Spiegels) eine Beurteilung bis hin zu den hinten liegenden Choanen vorzunehmen (posteriore Rhinoskopie). Davor liegende untersuchbare Teile der Nase sind das *septum nasi*, die Nasenschleimhaut und die Nasenmuscheln. Die Nasenöffnungen werden offengehalten und das Innere mittels einer Lichtquelle ausgeleuchtet.

Funktionsdiagnostik der Nase – Nasenendoskopie
Die Nasenendoskopie kann als erweiterte Rhinoskopie betrachtet werden. Mit Hilfe eines Nasenendoskops kann die Nase und weiter entfernt liegende Regionen bis hin zum Kehlkopf untersucht werden. Ein Endoskop verfügt hierfür über einen grafischen Sensor an seiner Spitze, zusätzlich dazu eine Lichtquelle. Für eine tiefgehende Untersuchung wird ein flexibles Endoskop verwendet.

Funktionsdiagnostik der Nase – Akustische Rhinometrie und Rhinomanometrie
Neben visuellen funktionsdiagnostischen Methoden zur vergleichsweisen oberflächlichen Beurteilung etwaiger Pathologien in der Nase, gibt es solche die auf den Messgrößen Schall und Druck basieren. Man erhält Informationen über die nasale Weite und den Luftdurchsatz durch die Nase. Das auf Schall beruhende Verfahren ist die „akustische Rhinometrie". Dabei wird über ein Ansatzstück ein akustisches Signal in die zu untersuchende Nase emittiert. Der reflektierte Schall wird gemessen und die Daten in einem PC verarbeitet. Ergebnis ist die Bestimmung des nasalen Querschnitts (die Weite der Nase) bezogen auf die Eindringtiefe. Ein anderes Verfahren ist die aktive anteriore Rhinomanometrie. Hier wird auf einer Nasenseite der Volumenstrom (Volumen über die Zeit) der ein- und ausgeatmeten Luft gemessen. Ergebnis ist ein Diagramm, in dem Volumenstrom auf Druck bezogen wird (Kern 1981).

Beide Verfahren erlauben keine detaillierte Aussage über die Strömung der Luft in der Nase. Man erhält weder Informationen über mögliche Verwirbelungen, die zu einer Austrocknung der Nase führen können, noch über die Verteilung der Luftströmung in der Nase. Vor allem die Luftführung im Bereich der mittleren Nasenmuschel ist aber für das subjektive Empfinden eines ausreichenden Luftdurchsatzes entscheidend. Aussagen über die Strömungscharakteristik am *limen nasi* (der ‚Düse‘ oder dem ‚Diffusor‘ der eingeatmeten Luft, dem man eine wichtige Aufgabe bei der Luftführung zuweist) und eine Veränderung der Strömung durch chirurgische Maßnahmen sind mit beiden Verfahren nicht möglich.

6.4.2.2 Messtechnik In Vitro
Nasenmodelle u. Arterienmodelle
Grundsätzlich lassen sich Messungen an künstlichen Nasenmodellen mit Hilfe der oben genannten anterioren Rhinomanometrie und der akustischen Rhinometrie durchführen, wobei hier Druck und Volumen gemessen, sowie der hydraulische Durchmesser und der Reibungskoeffizient berechnet werden können. Genauer und vor allem nicht invasiv lassen sich solche Modelle bzw. die Strömungsverhältnisse in ihnen mittels Lasertechnik erfassen.

Erstmalig wurden 1969 mit Hilfe eines Laser-Doppler-Anemometers lokale Geschwindigkeiten berührungslos in Glasmodellen mit kleinen Durchmessern (Koronararterien) gemessen (Liepsch 1975). Insbesondere an Verzweigungen, wo es zu Strömungsablösungen und zu Stagnationspunkten kommt, fand man Ablagerungen und

Wandveränderungen, so dass die Untersuchung der Strömungsverhältnisse besonders interessierte. Da Lasermessungen in vivo nicht möglich waren und zurzeit nur bei geringer Eindringtiefe möglich sind, wurden zuerst Untersuchungen an starren Glasmodellen durchgeführt. Schrittweise wurden dann elastische Modelle gebaut, um die Elastizität und Compliance der Gefäße nachzubilden. Zur Messung der Strömung mit Hilfe von Lasertechnik müssen transparente Modelle hergestellt werden, die der Laserstrahl der PIV-/bzw. LDA-Messsysteme durchdringen kann. Aus diesem Grund werden die Modelle aus transparentem Silikonkautschuk produziert. Der Brechungsindex des Silikons besitzt denselben Brechungsindex wie das Fluid, das für die Versuche eingesetzt wird. Darüber hinaus werden die Modelle in einem Modellkasten eingebettet, der ebenfalls mit Fluid mit dem gleichen Brechungsindex gefüllt ist. Auf diese Weise wird der Strahl des Lasers auch bei nicht planaren Modelloberflächen nicht gebrochen. Die Modelle können mit beliebiger Wandstärke hergestellt werden. Das schichtweise Auftragen des Materials erlaubt ein partielles Verändern der Wandstärke und damit der Compliance. Um Geometriedaten lebender Patienten zu erhalten, werden digitale Schnittbilder aus der Computertomografie (CT) zu digitalen Volumen- und Flächenmodellen konvertiert. Diese sind Grundlage für das Fertigen der Modellformen mittels moderner Methoden, wie dem Stereo-Lithografie Verfahren und dem 3-D Druck.

Modell-Fluide
Zur Simulation der physiologischen Strömung im Versuch ist es erforderlich, das Fließverhalten von Luft durch ein geeignetes Fluid nachzubilden. Da die Modelle aus transparentem Silikon mit vorgegebenem Brechungsindex n = 1,41 gefertigt wurden, kommt Luft nicht in Betracht. Mit Hilfe der dimensionslosen Kennzahlen der Fluidmechanik kann für den Versuch jedes beliebige Fluid eingesetzt werden, solange die Ähnlichkeiten bzgl. Reibung, Geometrie etc. beachtet werden. Aus diesem Grund wird ein Gemisch aus Wasser und Glycerin verwendet, welches denselben Brechungsindex wie Silikon besitzt und zudem Newtonsches Fließverhalten, wie Luft aufweist. Für die Rückrechnung zur Luftströmung muss die Dichte und Viskosität beachtet, sowie die dimensionslosen Kennzahlen der Fluidmechanik konstant bleiben.

Experimentelle Studien zeigen, dass der Fluss (überwiegend) laminar ist; vor allem wenn die (einseitige) Flussrate kleiner als 200 ml/s ist. Bei einer Flussrate von 0,15 l/s bis 0,25 l/s treten an der Nasenklappe Geschwindigkeiten von 6–18 m/s auf. Jenseits der Nasenklappe dann 2 m/s, im Nasopharynx 3 m/s.

Mit Hilfe der Strouhal-Zahl, sowie der Reynoldszahl lässt sich die physiologische Strömung beschreiben und auf das Modellfluid umrechnen.

Das Atemzeitvolumen reicht von durchschnittlich 7 l/min bei ruhiger Atmung bis 120 l/min bei forcierter Atmung. Hierbei ergibt sich für einen Erwachsenen bei einer durchschnittlichen Eintrittsfläche der Nase von 1 cm², der in der folgenden Tab. 6.2 dargestellte Zusammenhang von Atemfrequenz f und Geschwindigkeit der eingesaugten Luft w. Mit

Hilfe der Reynoldszahl errechnet sich daraus die erforderliche Geschwindigkeit des Modellfluids wFluid (Tab. 6.4).

Während des Einatmens kann die Strömung in der Nase als stationär betrachtet werden (Sr < 0,2). Bis zu einer Atemfrequenz von 18 kann die Strömung als laminar betrachtet werden (Re = 2300). Zur Simulation der Strömung kann z. B. ein Kreislauf mit einem Hochbehälter eingesetzt werden, welcher eine stationäre Strömung erzeugt. Das erforderliche Druckgefälle kann hierbei stufenlos angepasst werden.

6.4.3   Messung der Geschwindigkeitsprofile

Mittels Particle-Image-Velocimeter und Laser Doppler Anemometer können die örtlichen Geschwindigkeiten experimentell exakt gemessen werden und mit numerischen Daten verglichen werden (siehe Abschn. 9.3)

6.4.4   Numerische Strömungssimulation CFD

Im Folgenden soll aufgezeigt werden, wie hilfreich die Anwendung von CFD am Beispiel für die Untersuchung der Strömung in den Atemwegen und vor allem in der Nase ist.

Computer Fluid Dynamics wird seit vielen Jahren zur Untersuchung und Lösung von Fluidproblemen eingesetzt und bietet eine attraktive Methode, um Systeme kostengünstig und genau zu beschreiben. Computergestützte Methoden gewinnen in der Medizin zunehmend an Bedeutung. Durch eine Kombination aus erhöhter Computereffizienz und fortschrittlichen numerischen Techniken wurde der Realismus dieser Simulationen in den letzten Jahren verbessert. In den letzten zehn Jahren hat sich das computergestützte Design zu einer Methode entwickelt, die ausreichend als auch effizient genug ist, um die Fluiddynamik in komplexen Atemwegsstrukturen, wie der Nasenatmung zu untersuchen. Physikalische Experimente in vitro und in vivo sind oft teuer und zeitaufwendig, und CFD hat als Werkzeug im Designprozess von Geräten, die Medikamente an die Atemwege abgeben, zunehmend an Bedeutung gewonnen.

Tab. 6.4 Berechnung der Geschwindigkeiten w_{Fluid} für das Modellfluid Glycerin/H2O am Naseneintritt bei konstanten Reynoldszahlen

Atemfrequenz $\left[\dfrac{1}{min}\right]$	Atemzeitvolumen $\left[\dfrac{l}{min}\right]$	Geschwindigkeit $\left[\dfrac{m}{s}\right]$		Reynoldszahl
f	Q	w_{Luft}	w_{Fluid}	$Re_{Luft} = Re_{Fluid}$
14	7	1,2	0,59	880
18	9	3,1	1,54	2300
70	35	5,8	2,93	4390

Es gibt mehrere Anwendungen der numerischen Modellierung der Nase. Erstens bietet die Technik ein leistungsstarkes Forschungsinstrument, um unser Verständnis der grundlegenden Physiologie der Nasenluftströmung in Gesundheit und Krankheit zu verbessern. Zweitens bietet es das Potenzial für die Planung von Operationen zur Linderung von Nasenobstruktionen. Es kann der Vorteil sein, wenn der Chirurg sich nicht sicher ist, ob eine Obstruktion genau relevant ist. CFD kann auch ein wertvolles Hilfsmittel bei der Entwicklung und Verbesserung von nasalen Medikamentenverabreichungsgeräten sein.

Die rechnergestützte Modellierung bietet eine wirtschaftliche Alternative zu physischen Experimenten und die maßgebenden Phänomene können ungehindert untersucht werden. Frühe Modelle waren simpel, die Entwicklung leistungsfähiger Computer hat den Weg für Forscher geebnet, detailliertere Modelle zu entwickeln. Viele Autoren haben gezeigt, dass die numerische Modellierung der Nase ein vielversprechendes und wertvolles Werkzeug ist (Ozlugedik et al. 2008).

Grundlagen der Computational Fluid Dynamics (CFD)
CFD ist die numerische Lösung der maßgebenden Gleichungen für die Fluidbewegung in einem geometrischen Raum. Eine numerische Lösung impliziert einen iterativen Prozess, der für den Computer speicher- und rechenintensiv ist. CFD erzwingt die Erhaltungsgesetze über eine diskrete Durchflussdomäne, um die systematischen Veränderungen von Masse und Impuls zu berechnen, wenn Flüssigkeit die Grenzflächen jeder einzelnen Zone überschreitet. Eine grundlegende Überlegung ist die Wahl der Diskretisierungstechnik. Die Finite-Volumen-Methode ist eine der etabliertesten und an den besten validierten allgemeinen CFD-Techniken.

Einige Studien der Nasenhöhle basieren auch auf der Finite-Elemente-Methode (FEM). Weitere Details zu den Methoden, wie z. B. die Druck-Geschwindigkeits-Kopplung, die Diskretisierung der Konvektionsparameter oder die Zeitintegration. Häufig müssen die maßgebenden Gleichungen mit Mehrphasen- und/oder Turbulenzmodellen verstärkt werden. Für Arbeiten, bei denen die Partikelabscheidung ein Hauptthema ist, wird eine Lagrange-Technik bevorzugt, d. h. die Trajektorie-Methode. Die Gleichung für die Geschwindigkeit eines einzelnen Teilchens wird durch Ausführen einer Kräftebilanz gefunden. Die auf das Teilchen wirkende Widerstandskraft ist für die Simulation z. B. der Nasenströmung unerlässlich.

Für viele Zwecke ist es unnötig, die Feinheiten der turbulenten Fluktuationen herauszuarbeiten, was ein enorm dichtes Gitternetz erfordert. In der Regel werden die Wirkungen des mittleren Durchflusses gesucht. Zeitgemittelte Gleichungen wie die Reynolds-gemittelten Navier-Stokes-Gleichungen (RANS) sind ein effektiver Ansatz zur Turbulenzmodellierung, die den Einfluss von Turbulenzen auf das mittlere Strömungsfeld über die Zeit bestimmen. Bei dieser Mittelung werden die zufälligen Eigenschaften der turbulenten Strömung weitgehend außer Acht gelassen und es entstehen zusätzliche Reynoldsspannungen. Die RANS-Methode wird in der Praxis bei der Modellierung turbulenter Strömungen, z. B. bei k-ε und k-ω Modellen, umfassend eingesetzt. Simulationen mit

RANS-Gleichungen, bei denen nur gemittelte Werte für Geschwindigkeiten, Druck und andere charakteristische Turbulenzwerte berechnet werden, sollten von einem Wirbel-Wechselwirkungsmodell (eddy interaction model, kurz: EIM), auch Random-Walk-Modell genannt, begleitet werden. EIM ist eine Lagrange'sche Simulationsmethode zur numerischen Nachverfolgung von Partikeln in turbulenten Strömungen, wobei ein Partikel nacheinander mit verschiedenen Verwirbelungen interagieren kann. Die Partikelablagerungen aus Berechnungen mit dem RANS/EIM-Ansatz werden im Vergleich zu den experimentellen Daten für die Trägheitsparameter $d_a^2 Q < 200$ (µm²L/min) deutlich überschätzt. Schwerere Partikel sind durch Strömungsschwankungen nicht so leicht zu beeinflussen. Um eine Geschwindigkeits- oder Depositionsstatistik zu erhalten, müssen mehrere Partikel separat freigesetzt und durch die Strömung verfolgt werden. Viele Studien an den Nasengängen gehen von laminaren Bedingungen aus, einige Forscher arbeiten unter turbulenten Bedingungen. Viele der Studien mit einem Turbulenzmodell ermöglichen das RNG k-Ɛ Turbulenzmodell, um mögliche Bereiche mit niedriger Reynoldszahl (Re) zu berücksichtigen. Xu et al. haben das Modell k-ω verwendet. Andere verwendeten das laminare Modell für Luftströme von 7,5 und 15 L/min und ein niedriges Re k-ω Modell für Luftströme von 20–40 L/min. Liu et al. (2010) verwendeten das Modell SST k-ω und führten auch große Wirbel-Simulationen (large eddy *simulation,* kurz: LES) durch. Dieser Ansatz erfasst relevante Merkmale der Strömung, die mit RANS/EIM nicht reproduzierbar sind, vor allem im wandnahen Bereich. Das LES zeigte die besten Ergebnisse. Die Studie von Liu et al. kam zu dem Schluss, dass die kinetische Energie der Turbulenz in der ersten Hälfte der Domäne vorhanden ist und dass die Intensität der Turbulenz über eine bestimmte Entfernung vom Nasenloch hinaus auf nahezu Null sinkt. Garcia et al. (2007) sagt, dass experimentelle Literatur und Nasenatmung vermuten lassen, dass der Luftstrom bei gesunden Erwachsenen während der Ruheatmung primär laminar ist. Segal et al. (2008) validierten ihre CFD-Simulationen, die unter der Annahme einer laminaren Strömung gegen Wasserfarbstoff-Experimente und durch Druckverlustmessungen (ΔP) durchgeführt wurden, und fanden eine gute Übereinstimmung, sowohl mit stromlinienspezifischen Geschwindigkeitsmessungen als auch mit der Gesamtnasalmessung des Druckverlustes ΔP. Sie kamen zu dem Schluss, dass der Einsatz von Turbulenzmodellen bei einem Luftstrom von 15 l/min nicht erforderlich ist.

Mylavarapu et al. liefern eine Validierungsstudie der CFD-Methodik, die für die Simulation der oberen Atemwege des Menschen verwendet werden soll, und stellen fest, dass das Standard-Turbulenzmodell k-ω die beste Übereinstimmung mit statischen Druckmessungen ergab. Hervorzuheben ist jedoch, dass die Simulationen bei einem Spitzenausatmungsvolumenstrom von 200 l/min durchgeführt wurden.

Durchführen einer CFD-Analyse
Berechnungsbereich

Ein großer Teil der Zeit, die in der Industrie für ein CFD-Projekt aufgewendet wird, ist der Definition der Domänengeometrie und der Gittergenerierung gewidmet. Segal et al. (2008) veröffentlichten die erste Vergleichsstudie über die Luftstromverteilung der Nase bei Individuen und fanden signifikante Unterschiede. Offensichtlich ist ein statisches CFD-Modell nicht in der Lage, jeden Aspekt einer echten Nase wiederzugeben. Physiologische Veränderungen, die in der Nase auftreten, wie der durch den Nasenzyklus hervorgerufene Luftwiderstand oder die mukoziliäre Reinigung, die von Proctor und Anderson (1982) beschrieben werden, werden nicht berücksichtigt. Auch die Dynamik der resistiven Nasenklappe wird in einem CFD-Modell nicht erfasst.

Wie Bailie et al. betonen, sollten die der CFD-Simulation zugrunde liegenden Scan-Bilder die gesamte Nase von der Nasenspitze bis zur Rückwand der Nasopharynx umfassen. Wenn diese Extremfälle nicht berücksichtigt werden, wird die Wirkung der Nasenlöcher auf den Luftstrom und die Wirkung der Nasopharynx, der den Luftstrom nach unten in den Rachen lenkt, nicht modelliert, was zu einer möglicherweise unrealistischen Darstellung des Luftstroms in den Nasenhöhlen führt. Ist der Nasopharynx nicht enthalten, kann eine Region z. B. durch Gambit (Lindemann et al. 2004) rekonstruiert werden. Eine Erweiterung ist für die genaue Simulation von Potenzialwirbeln in diesem Bereich notwendig. Manchmal sollte sich der Definitionsbereich über die Grenzen der Nasenhöhle hinaus erstrecken. Ein Teil der Luft vor dem Gesicht kann manchmal so modelliert werden, dass ein realistischer Luftzufluss entsteht, oder es können Schläuche modelliert werden, um nasale Strukturen zu simulieren. Die Entwicklung eines qualitativ hochwertigen CFD-Modells erfordert eine Gitterverfeinerung, um eine möglichst netzunabhängige Lösung zu erhalten. Nach Bailie et al. müssen die C(A)T (Computerized Axial Tomography) oder MRI (Magnetic Resonance Imaging) Scans, mit denen ein geometrisches Modell der Nasenhöhlen erstellt wird, ausreichend detailliert sein, um die Form der Nasenhöhlen im geometrischen Modell exakt darstellen zu können. Dies erfordert eng beieinander liegende Scan-Bilder, d. h. weniger als 2 mm. Segal et al. (2008) verwenden MRT mit Scheiben im Abstand von 3 mm, kommen aber dennoch zu dem Schluss, dass die so ermittelten Gitter ausreichend sind. Auf der anderen Seite verwenden Xiong et al. (2008) ein Modell, das auf CT-Scans im Abstand von 0,2 mm basiert. Die Bilder können sowohl koronal (auch Frontalebene genannt, teilt den Körper in Hinter- und Vorderteil, oder Hinter- und Vorderteil) als auch sagittal (Ebene parallel zur sagittalen Naht, die den Körper in links und rechts teilt) sein. Mit abnehmender Größe der Kontroll-Volumina steigen die Rechenzeit und der Speicherbedarf. Die Wahl der Rastermaße ist daher ein Optimierungsprozess an sich, der in den Bereichen, in denen es erforderlich ist, d. h. in Bereichen von Interesse und in Bereichen, in denen Gradienten im Strömungsfeld, in Bereichen mit starken Turbulenzen oder in der Nähe von festen Grenzen auftreten, Gitterverfeinerungen mit sich bringt. In Bereichen, in denen die Flüssigkeitsbewegung langsamer ist, kann man größere Kontrollvolumina einsetzen. Beispielsweise ist der Abstand des Kontrollvolumens nahe einer festen Wand eng mit der Reynoldzahl (Re) verknüpft, um einen zufriedenstellenden Betrieb eines Turbulenzmodells zu erreichen.

Einer der größten Fortschritte, die in den letzten Jahren in der Netzgenerierungstechnologie zu verzeichnen waren, war die Möglichkeit, unstrukturierte Netze in allgemeine Codes zu integrieren. Ein unstrukturiertes Gitter ist eine Mosaikzeichnung durch einfache

Formen, wie Dreiecke oder Tetraeder, in einem unregelmäßigen Muster. Das Gegenteil ist ein strukturiertes Raster, in dem die Kontrollvolumina quadratisch oder quaderförmig sind. Ein strukturiertes Gitter hat eine sich wiederholende geometrische Struktur. Sie sind innerhalb einer komplexen Geometrie wie der Nase, d. h. lange Verarbeitungszeit zur Herstellung eines einzigen Gitters, schwierig zu erstellen, wobei diese Technik für Nasenhöhlenzwecke weitgehend ausgeschlossen ist. Unstrukturierte Gitter bieten viel mehr Flexibilität als die strukturierten Gitter. Sie ermöglichen zum Beispiel die Anpassung eines Gitters an jede beliebige Geometrie und verbessern so das Erreichen von CFD-Lösungen für viele Anwendungen. Die Flexibilität von unstrukturierten Gittern bedeutet, dass CFD jetzt effizientere Lösungen findet, wenn komplexe Geometrien eine größere Rolle bei der Entwicklung von Strömungsmustern spielen.

Randbedingungen

Randbedingungen (BCs) spielen eine Schlüsselrolle bei der mathematischen Darstellung der tatsächlichen Phänomene. Viele Forscher definieren sowohl den Druck an der Eintritts- als auch an der Austrittsgrenze, um die druckgetriebene Atmung im realen Leben nachzuahmen, siehe z. B. Garcia et al. (2007). Ozlugediks et al. erzeugen einen inspiratorischen Luftstrom durch eine Ausström-Randbedingung am Auslass. Die Definition einer Auslass-Randbedingung ist eine bessere Lösung, da diese die physiologischen Bedingungen darstellt, die Luft aus der Nasopharynx zu ziehen, anstatt sie durch die Nasenlöcher zu drücken. Dadurch kann die Durchflussmenge, die durch jedes Nasenloch fließt, richtig eingestellt werden. Für die meisten Berechnungen in Bezug auf Arzneimittelabgabemethoden (Drug-Delivery) sollte der Zufluss durch eine aktive Einlass-Randbedingung modelliert werden, da die Luft durch einen Mechanismus in das Nasenloch/die Nasenlöcher gedrückt wird. Die Wand-Randbedingung wird oft als No-Slip, d. h. Nullgeschwindigkeit an der Wand, angegeben.

Die Partikel werden typischerweise gleichmäßig an den Eingängen der Nasenlöcher mit der Luftstromgeschwindigkeit freigesetzt, unter der Annahme, dass die Partikel in der Luft schweben. Die Freisetzung von Partikeln oder Tröpfchen ist für die genaue Simulation der Partikelablagerung in den Nasengängen von Bedeutung. Bei der Simulation verschiedener Drug-Delivery-Methoden wird oft ein Gerät in die Nase eingeführt, wobei Partikel mit Schwung aus dem Gerät emittiert werden. Dies muss bei der Definition der Randbedingungen der Berechnung beachtet werden. Auch die Partikelform und die Größenverteilungen für eingespritzte Partikel oder Tröpfchen sind in solchen Studien von großer Bedeutung. Die meisten Studien modellieren derzeit die Partikelinjektionen als gleichmäßig verteilt.

Für Depositionsstudien definieren viele Forscher eine Randbedingung, bei der Partikel an den Wänden der Nasenhöhle eingeschlossen werden, wenn sie sich der Wand auf weniger als ihren Radius nähern. Die Flugbahnen werden in der Regel so lange berechnet, bis sich die Partikel entweder an der Wand ablagern oder den Berechnungsbereich verlassen, vorausgesetzt, die Wand ist durch Schleim befeuchtet. Die Definition der richtigen Randbedingungen ist eine Herausforderung, da Schleim, der in der Nase auftritt, eine Mischung aus Sekreten verschiedener Zelltypen ist und auf physiologische Phänomene wie die mukoziliäre Reinigung und den Nasenzyklus zurückzuführen ist.

Zeitabhängigkeit

Es können instationäre oder stationäre Simulationen durchgeführt werden; die Wahl hängt vom zu untersuchenden Phänomen ab. Instationäre Simulationen sind notwendig, wenn die zeitliche Entwicklung eines Phänomens untersucht wird. Solche Simulationen dauern in der Regel viel länger, da die Konvergenz bei jedem Zeitschritt erreicht werden muss. Nach Bailie et al. wird die Bewegung des nasalen Luftstroms normalerweise so modelliert, als ob es sich um eine stationäre Strömung handeln würde.

Instationäre Simulationen haben jedoch in den letzten Jahren zugenommen. Wie Garcia et al. (2007) zeigen, beginnen erst die jüngsten Fortschritte in der Rechenleistung, die Untersuchung der zeitabhängigen nasalen Luftströmung zu ermöglichen. Diese Entwicklung ist von großer Bedeutung, um das Anwendungsspektrum von CFD zu erweitern, z. B. um physiologische Veränderungen in den Nasengängen einzubeziehen. Früher unterstützten theoretische Argumente und experimentelle Erkenntnisse den Ansatz, die Atemluftströmungsmuster durch einen normalen, stationären Prozess zu simulieren.

Hörschler et al. (2010) haben für Sr = 0,791 die Nasenströmung bei Inspiration und Exspiration einmal mit CFD und einmal mit einem realen Modell untersucht. Deren Analyse der stationären und instationären Strömungen zeigt, dass bei Reynoldszahlen Re > = 1500 die Unterschiede der Strömungen des instationären und stationären Strömungsfeldes vernachlässigt werden können. Der Vergleich der Gesamtdruckverlustverteilung als Funktion des Massenstroms zeigt für den stationären Zustand und instationäre Strömungen die großen Unterschiede, die bei zunehmendem Massenstrom auftreten. Beim Übergang von der Inspiration zur Exspiration unterscheiden sich die instationären Messergebnisse am meisten von den stationären Lösungen. Bei hohen Massenströmen entspricht der Gesamtdruckverlust der Nasenhöhlenströmung nahezu dem der stationären Lösungen. Der Vergleich mit rhinomanometrischen Messungen bestätigt die vorliegenden numerischen Befunde.

6.4.5 CFD Anwendungen und einige bisherige Untersuchungen

Die in den letzten zwei Jahrzehnten beobachteten technischen Errungenschaften umfassen enorme Verbesserungen bei numerischen Algorithmen und CFD-Modellierungstechniken. Heute werden CFD-Lösungen zur Optimierung und Entwicklung von Ausrüstungen und Verfahrensstrategien in der Medizinindustrie eingesetzt, und ihre Nutzungsrate ist gestiegen, wie die stetige Zunahme von Arbeiten auch bei Nasengängen zeigt.

Die ersten veröffentlichten Studien zur Modellierung der nasalen oberen Atemwege wurden 1993 vorgestellt. Tarabichi und Fanous (1993) verwendeten ein 2D-Modell, das von FIDAP simuliert wurde, kamen aber zu dem Schluss, dass 2D nicht ausreicht, um die Strömungsverteilung zu bestimmen. Elad et al. (1993) fanden heraus, dass der Hauptstrom der Luft dazu neigt, durch die niederen, mittleren Gänge und entlang des Bodens zu fließen. Die gleiche Strömungsverteilung wird auch von anderen festgestellt. Das Verständnis der grundlegenden nasalen Luftströmungsphysiologie in Gesundheit und Krankheit ist eine der möglichen Anwendungen von CFD in der Nase. Mortenen et al. kamen zu dem Schluss, dass die Atemfrequenz einen signifikanten Einfluss auf die Art der Strömungsmuster in der Nasenhöhle hat und dass die Muster während des Einatmens und Ausatmens sehr unterschiedlich sind. Hörschler et al. (2006) untersuchen den Einfluss der Geometrie auf die Nasenströmung.

Keyhani et al. (1997) veröffentlichten die erste Studie, welche detaillierte Informationen über den Geruchsfluss über die Oberfläche der menschlichen Geruchsschleimhaut liefert. Kurtz et al. fanden heraus, dass Variationen im Riechspalt und in der Nasenklappe den Luftstrom und den Geruchsstofftransport stark verändern.

CFD bietet die Möglichkeit Operationen zur Behandlung von Nasenobstruktionen, d. h. sogenannte virtuelle Operationen, zu planen, wenn der Chirurg sich über die genauen Folgen eines chirurgischen Eingriffs unsicher ist. Diese Art der Anwendung ist jedoch immer noch unzureichend, vor allem wegen der erforderlichen manuellen geometrischen Rekonstruktion der Nasenhöhle aus CT-Aufnahmen. Eine vollständig automatisierte Rekonstruktion der Durchgänge ist notwendig, bevor solche Simulationen effizient und kostengünstig genug sind, um ein Standardwerkzeug für den Rhinologen zu werden. Solche Methoden werden derzeit entwickelt, und sind auch kommerziell erhältlich, z. B. MIMICS® von Materialise, aber um den Flüssigkeitsstrom innerhalb der engen und gekrümmten Segmente der Nase vollständig zu regulieren, sind manuelle Anpassungen erforderlich. Eine weitere Einschränkung ist der momentane Charakter des CT-Scans, mit dem das Modell erstellt wird. Um eine korrekte Erfassung des offenen Flüssigkeitsvolumenstroms zu gewährleisten, müssen Modelle mit unterschiedlichen Perioden innerhalb des Nasenzyklus erstellt werden.

Die menschliche Nase filtert die Luft, um die Lunge vor den toxischen Auswirkungen der eingeatmeten Partikel zu schützen. Tu et al. (204) fanden, dass sich das Partikelverhalten in Abhängigkeit von Größe, Dichte und Luftstrom ändert. In Bezug auf therapeutische Aerosole können Medikamente direkt über den Geruchs- und Trigeminusweg zum Gehirn transportiert werden. Shi et al. (2007) untersuchten in ihrer Studie den trägen Teilchentransport und die Ablagerung in menschlichen Nasenhöhlen mit Wandrauhigkeit. Ihre validierten Computersimulationen zeigten, dass die träge Partikelabscheidung mit der Partikelgröße und dem Luftstrom zunahm. Mit der Entwicklung der Luftströmung beginnen sich die Partikel durch sekundäre Strömungen auszubreiten, aber besonders bei kleinen Partikeln ist die axiale Strömung ein guter Indikator für die Partikelkonzentration. Es werden drei Hot Spots für die Ablagerung indiziert, nämlich die Nasenklappe, die Spitze der mittleren Nasenmuschel und der Nasopharynx. Bei einer Partikelgröße von 20 μm und einem Luftstrom von 20 l/min erfolgte die Abscheidung hauptsächlich im vorderen Teil, insbesondere im Bereich der Nasenklappe. Weitere Studien zur Abscheidung von Nano-partikeln sind in Zamankhan et al. (2006).

Inthavong et al. (2006) untersuchen in ihrer Studie das Ziel der Drug Delivery. Sie fanden, dass sich bei 20 l/min pharmazeutische Nasenspray-Partikel von 20 µm im vor-deren Drittel der Nasenhöhlen ablagern. Sie wiesen auf drei Punkte hin, die für die Ver-besserung des Designs von Nasenspray-Geräten wichtig sind, um eine bessere Wirk-stoffabgabe zu erreichen: Ablösepunkt und -winkel des Sprays, Steuerung der Partikelgrößenverteilung und Steuerung der Anfangsgeschwindigkeit der Partikel. In der Studie von 2008 wurden ein Luftstrom von 10 l/min und monodisperse Partikel von 10 und 50 µm untersucht. Sie fanden heraus, dass durch die Kombination einer wirbeln-den Komponente mit einem schmalen Nasenspray in die Hauptstromlinien die Möglich-keit eines größeren Eindringens in die Nasenhöhlen gegeben wäre.

Validierung der CFD-Vorhersagen

Die Validierung ist ein notwendiger Teil des Modellierungsprozesses und der Maßstab für den Erfolg ist die Übereinstimmung, die zwischen numerischen Vorhersagen und Experi-menten erreicht werden kann. Die Kenntnis der Ungenauigkeiten, die mit der verein-fachten CFD-Modellierung verbunden sind, ist entscheidend. Wenn eine gute Überein-stimmung zwischen Vorhersagen und Messungen erreicht ist, können mehr Studien mit CFD-Modellen durchgeführt werden, ohne dass eine umfassende Validierung erforderlich ist. Die Erstellung eines beliebigen Modells, sei es physikalisch oder rechnerisch, er-fordert zunächst die Festlegung der Atemwegsbegrenzung. In Wirklichkeit ist die Atem-wegsbegrenzung zeitveränderlich, während die erstellten Modelle statisch sind. Ein Modell kann daher nur Teilinformationen liefern. Die Validierungsstudien können in In-vivo- und In-vitro-Studien unterteilt werden.

Nasalabgüsse und dreidimensionaler Ausdruck

Eine Reihe von in-vitro-Studien wurde mit physikalischen Modellen von Nasen oder Ka-davern oder aus CT oder koronaler MRT für den Menschen durchgeführt. Liu et al. unter-suchen die Aerosolabscheidung in der sogenannten Carleton-Civic-standardisierten Geo-metrie der menschlichen Nasenhöhle mit numerischen und experimentellen Methoden. Die standardisierte Nasengeometrie ist ein Durchschnittswert von 60 nasalen Luftwegen von 30 Probanden. Eine solche Standardisierung könnte eine Verbesserung in Bezug auf die Verwendung der Geometrie von Einzelsubjekten sein. Die Nasenanatomie zwischen den verschiedenen Individuen und auch innerhalb der Probanden ist aufgrund physio-logischer und pathologischer Veränderungen sehr unterschiedlich. Einige dieser Variatio-nen stehen zweifellos im Zusammenhang mit dem breiten Funktionsspektrum, das bei normalen Probanden zu finden ist. Die Qualität der standardisierten Geometrie hängt stark von der Auswahl der Nasenkanäle ab, die die Grundlage für die standardisierte Geometrie bilden. Laut Proctor und Anderson (1982) können Unterschiede zwischen normalen Pro-banden z. B. auf Alter, Geschlecht und Rasse zurückzuführen sein, die wiederum mehrere standardisierte Geometrien für viele verschiedene Arten von Probandenproben erfordern.

Mittels dreidimensionaler Drucktechniken lassen sich anatomisch exakte, transparente Nasenreplikate durch Rapid-Prototyping-Technik erstellen. Aus diesen Abgüssen lassen sich Modelle z. B. aus klarem Silikon herstellen. Außerdem kann ein Rapid-Prototyping-Verfahren experimentelle Modelle erzeugen, die aus den gleichen Scans wie bei der CFD-Studie abgeleitet werden und somit ein Höchstmaß an geometrischer Ähnlichkeit gewährleisten. Nach Inthavong et al. (2006) sind CT-Scans nützlich, da sie die Fähigkeit haben, die Knochenstruktur direkt zu visualisieren, d. h. zwei Strukturen in einem beliebig kleinen Abstand voneinander als getrennt zu unterscheiden. Die MRT hingegen bietet eine wesentlich bessere Kontrastauflösung, d. h. sie kann die Unterschiede zwischen zwei beliebig ähnlichen, aber nicht identischen Geweben unterscheiden. Ein weiterer Vorteil der MRT ist, dass sie für den Patienten unbedenklich ist, im Gegensatz zu CT-Scans mit ionisierender Strahlung.

PIV und LDA

Die transparenten Nasenrepliken ermöglichen z. B. die nicht-invasive Messung der Strömung durch das beschriebene PIV (Abschn. 9.3). In den letzten Jahren gab es erfolgreiche Untersuchungen von nasalen Luftströmungsmustern mit PIV. Van Reimersdahl et al. (2001) wollten ein Operationsplanungssystem entwickeln, das CFD und Virtual-Reality-Technologie kombiniert. In ihrer Arbeit haben sie Vergleichsdaten für die CFD-Simulation erstellt, die gut übereinstimmten.

Eine weitere nicht-invasive Methode ist die Laser-Doppler-Anemometrie (LDA), auch bekannt als Laser-Doppler-Velocimetrie (LDV). Wie bei PIV erfordert auch diese Methode ein optisch klares Modell. Die Installation ist zeitaufwendiger als bei PIV, erlaubt aber eine detailliertere Beurteilung des Strömungsfeldes. Girardin et al. (1983) kartierten Luftgeschwindigkeitsfelder in einem Modell einer menschlichen Nasenhöhle mittels LDA.

Zur Validierung von CFD-Ergebnissen eignet sich auch das Gamma-Szintigrafie-Verfahren, welches radioaktive Partikel nutzt.

Die Anwendung von CFD für die unteren Atemwege/Lunge

Simulationen mit CFD sind nicht nur für Luftströmungen in den oberen Atemwegen interessant. Auch die geometrisch äußerst komplizierte Lunge mit ihren Bronchialbäumen und Mutter-Tochter-Generationen ist für die medizinische Forschung überaus relevant, vor allem vor dem Hintergrund von Lungenerkrankungen, die mit der Ablagerung von Partikeln (etwa durch Rauchen, Abgasemissionen) in Zusammenhang stehen. In einer Studie haben Saray et al. den Versuch unternommen, die Luftströmung während der Inspiration, der Atempause und der Exspiration in der Lunge zu simulieren. Sie beschränken sich dabei auf die Acinar-Region, in der die Alveolen in den distalen Bereichen als schaumartige Hülle auf der Oberfläche der peripheren Atemwege angeordnet sind. Hier findet auch der Gasaustausch über die Kapillaren statt. Sie schlagen ein 3-D Berechnungsmodell vor, das (unter der Berücksichtigung, dass eine vollständige Simulation der Lunge zu rechenintensiv ist) durch Einschränkungen des Berechnungsraumes eine gesamte Acinar-Region simulieren kann.

Sie nutzen eine Modellgeometrie nach Fung (1988), nach welchen Alveolen dicht gepackte hohle Polyeder sind. Er schlug das gestutzte Oktaeder vor. Der Hauptgrund für diese Wahl ist, dass die Alveolarwände überwiegend aus Sechsecken und Rechtecken bestehen. Es hat auch das maximale Verhältnis von Fläche zu Volumen unter allen raumfüllenden Polyedern. Ein einzelner Lungen-Azinus entspricht dann folgendem geometrischen Modell (Abb. 6.22).

Mehrere dieser Modelle werden nun zusammengeführt, um eine vollständige Azinar-Region zu modellieren, wobei jede Generation einen unterschiedlichen Durchmesser besitzt. Um den Berechnungsraum klein zu halten, wird im Gegensatz zur Realität, nach jeder Verzweigung eine Verästelung abgeschnitten, was die Autoren als ‚kondensiertes Modell' bezeichnen.

Zur numerischen Modellierung wird der Luftstrom mit den instationären, inkompressiblen Navier-Stokes-Gleichungen mit einem handelsüblichen CFD-Code (Fluent) gelöst. wobei v das Fluidgeschwindigkeitsfeld, v_g die Gittergeschwindigkeit, p der Flüssigkeitsdruck, ρ und ν die Dichte bzw. die kinematische Viskosität der Luft sind.

Randbedingungen werden druckbezogen (p = konst. am Ein- und Austritt des Kanals) eingesetzt, außerdem die Geschwindigkeit an den Wänden, wobei Gasdurchtrittsgeschwindigkeiten ignoriert werden. Eine Symmetrierandbedingung gilt, um durch das Kappen jeweils einer Verästelung die Genauigkeit der Ergebnisse nicht zu unterminieren. Darüber hinaus wird die Volumenänderung der Azinus-Region, im Sinne von dehnbaren Wänden berücksichtigt.

Die Autoren kommen zu dem Schluss, dass die Auswahl der Randbedingungen bedeutenden Einfluss auf die Ergebnisse haben, so zum Beispiel die Beweglichkeit der Alveolarwände gegenüber starren Wänden, die günstiger für den Berechnungsraum sind. Trotz geringer Reynoldszahlen wurden bemerkenswerte Turbulenzgebiete in den Kanalströmungen in den ersten Generationen beobachtet, während sich das Strömungsmuster in den späteren Generationen hin zu radialen Stromlinien entwickelt. Beide Strömungsmuster beeinflussen maßgeblich die Partikelablagerung im Lungenazinus. Ein weiteres wichtiges Ergebnis war, dass das Verhältnis von Alveolar- zu Kanalströmung (Q_a/Q_d) in den verschiedenen Generationen unterschiedlich ist und daher das jeweilige Strömungsmuster einer Azinus-Generation bestimmt.

Abb. 6.22 Einzelner Lungen-Azinus: Kanal umgeben von Alveolen

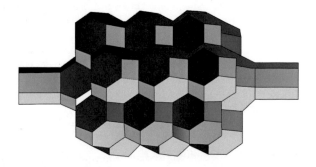

6.4.6 Zusammenfassung

Es wird ein kurzer Überblick über das Kreislaufsystem gegeben, den Aufbau der Blutgefäße, der Arteriengeometrie, Durchmesser u. Volumenströme. Kurz wird auf die Blutrheologie eingegangen, das viskoelastische, thixotrope Fließverhalten des Blutes.

Am Beispiel der Nasenströmung wird der Einsatz von CFD auführlich aufgezeigt. Die aufgeführten Hinweise gelten selbstverständlich auch für Anwendungen in allen anderen Bereichen d. Medizin und Industrie. Die Verfeinerug der Gitterstruktur in bestimmten Arterien u. Venenabschnitten ist von größter Bedeutung (s. Abschn. 7.4).

Das menschliche Atmungssystem ist von komplizierter Natur. Vor allem die oberen Atemwege, Nase und Nebenhöhlen, weichen rein geometrisch stets von Person zu Person individuell, was eine allgemein gültige Herangehensweise bei operativen Eingriffen schwierig macht. Eine rein computergestützte und individuell auf den Patienten zugeschnittene CFD-Simulation der jeweiligen erkrankten Regionen, inklusive den in ihnen vorherrschenden Strömungsmustern und Turbulenzgebieten, basierend auf hochauflösenden bildgebenden Verfahren (CT, MRT) ist wünschenswert. Es können so Risiken einer Operation vorhergesagt werden.

Genauso wie für Operationen, bietet CFD die Möglichkeit für die Medizintechnik, Geräte zu entwickeln, die, basierend auf Simulationsergebnissen, Medikamente präziser an den Stellen in den Atemwegen zu platzieren, als es bisher möglich ist.

Literatur

Anadere I (1979) Clinical blood rheology Biorheology 16: 171–178

Barbenel J (1980) The Arterial Wall. Lectures during the Archimedes Session on Engineering and Medical Aspects of the Arterial Blood Flow ISM, Udine

Bauer R, Busse, R (1978) The Arterial System Springer, Berlin

Bergel D (1972) Cardiovascular Fluid Dynamics; Edited by D.H. Bergel. London, Academic Press Vol. 21

Bewarder F, Pirsig W (1978) Long-term results of submucous septal resection. Laryngol Rhinol Otol (Stuttg) Oct 7 (10) 30–34

Centkowski et al. (1982) Blood flow distribution as affected by atherosclerosis under normal and abnormal cardiac output. Univ.Alberta, Edmonton. Report 29:4

Clauss W (2013) Humanbiologie kompakt. 5. Auflage Spektrum akademischer Verlag Heidelberg

Dintenfass L (1979a) Aggregation of red cells and blood viscosity under near-zero gravity. Bioreheology 1:29–36

Dintenfass L (1979b) The role of blood viscosity in occlusive arterial disease. Prac Cardio 5:77–102

Drettner B (1980) Physiologie und Pathophysiologie der Nase. In: Oto-Rhino-Laryngologie in Klinik und Praxis, Band 2, Hrsg.: Naumann HH. Georg Thieme Verlag Stuttgart, New York

Elad D et al (1993) Computer simulated air flow patterns in the human nose, Med Biol Eng Comput. 31

Elwany S, Thabet H (1996) Obstruction of the nasal valve. J Laryngol Otol Mar; 110 (3)

Fischer et al (1977) Mechanisches Verhalten des einzelnen Erythrozyten in der Strömung. Biomedizinische Tecnik 22: 145–148

Forkel S (2009) Untersuchungen an Nasenmodellen zum Einfluss rhinochirurgischer Maßnahmen auf die Atemströmung, Dissertation, Ernst-Moritz-Arndt-Universität Greifswald

Fung YC (1981) Biodynamics. Circulation. Springer, New York

Fung YC (1984) Biodynamics. New York, Springer Verlag

Fung YC (1988) A model of the lung structure and its validation, Journal of Applied Physiology 64

Garcia G et al (2007) Atrophic rhinitis: a CFD study of air conditioning in the nasal cavity, J Appl Physiol 103

Girardin M et al (1983) Experimental study of velocity fields in a human nasal fossa by laser anemometry, Ann Oto Rhinol Laryngol 92

Goldsmith H (1979) Human blood cells in flow through model vessel, Biomech Sypm. 179 ASME NY 32: 1–6

Guyton A (1981) Textbook of Medical Physiology. Philadelphia: Saunders

Hörschler I et al (2006) Investigation of the impact of the geometry on the nose flow, Eur J Mech B-Fluids 25

Hörschler I et al (2010) On the assumption of steadiness of nasal cavity flow, Journal of Biomechanics 43

Hussain A (1983) Coherent steructure-reality and myth. Physics of Fluids 26: 2816–2850

Inthavong K, et al (2006) A numerical study of spray particle deposition in a human nasal cavity, Aerosol Sci Tech 40

Kenner T, Busse R (1980) Cardiovascular system in dynamic. New York Plenum Press

Keyhani K et al (1997) A numerical model of nasal odorant transport for the analysis of human olfaction, J Theor Biol 186, 1997.

Kern EB (1981) Committee report on standardization of rhinomanometry. Rhinology. Dec; 19(4)

Lindemann J, Keck T et al (2004) A numerical simulation of intranasal air temperature during inspiration, Laryngoscope 114

Liu Y, et al (2010) Experimental measurements and computational modelling of aerosol deposition in the Carleton-Civic standardized human nasal cavity, J Aerosol Science,

McMillan D (1983) The effect of diabetes on blood flow properties. Diabetes 32: 56–62

Mito K et al (1982) A laser Doppler blood flow velocimeter with an optical fiber. Proc of the World Congress on Medical Physics and Biomedical Engineering. Hamburg: 22, 5–11, 13. Sept.

Mohsenin V (2001) Sleep-related breathing disorders and risk of stroke. Stroke. Jun; 2 (6)

Ozlugedik S, et al (2008) Numerical Study of the aerodynamic effects of septoplasty and partial lateral turbinectomy, Laryngoscope 118(2)

Pasch T, Bauer, R (1974) Dynamik des Arteriensystems Deutsche Ges. f. Kreislaufforschung 40:25–40

Proctor DF, Anderson I (1982) The nose-upper airway physiology and the atmospheric environment

Segal RA et al (2008) Effects of differences in nasal anatomy on airflow distribution: A comparison of four individuals at rest, ANN Biomed Eng

Schmid Th, Liepsch D et al (2002) Flow Visualisation and Flow Measurement with Particle Image Velocimetry (PIV) in the Chamber of a New Left Ventricular Assist Device (DLR-Heart). Acta of Bioengineering and Biomechanics, Vol. 4

Schmid-Schönbein H (1980a) Die Rheologie des Blutes 2. Teil. Wiss. Informationsdiens. Albert Roussel

Schmid-Schönbein H (1980b) Fluidity of blood in microvessels: Consequence of red cell behaviour and vasomotor activity Proc 4th Int Congr Biorheo Toyko: 20

Shi HW, et al (2007) Modelling of inertial particle transport and deposition in human nasal cavities with wall roughness, J Aerosol Sci 38

Stein P, et al (1980) Blood flow disturbances in the cardiovascular system: Significance in health and disease". D Schneck (Ed) Significance in health and disease. Biofluid Mechanics. New York: Plenum Publishing Corp. 2: 211–241

Stein, UE (1972) Modification of dynamic flow properties of turbulently flowing human blood by long chain polymers. Medical Research Engineering 11:6–10

Tarabichi M, Fanous N (1993) Finite Element Analysis of Airflow in the nasal valve, Arch Otolaryngol Head Neck Surg 119

Van Reimersdahl T et al (2001) Airflow simulation inside a model of a human nasal cavity in a virtual reality based rhinological operation planning system, Int Congr Ser 1230, pp. 87–92

Wetterer E, Kenner, T (1968) Grundlagen der Dynamik des Arterienpulses. Berlin: Springer

Wurzinger L, et al (1983) Model experiments on platelet adhesion in stagnation point flow -ckub Genirgeik, 3: 226

Wurzinger L et al (1982) Thrombozyten und Gerinnungssystem nach Scherbelastungin v.de Loo J, Asbeck F (eds) Thrombophilie und Arteriosklerose stuttgart: FK Schattauer 479

Xiong G et al (2008) Numerical flow simulation in the post-endoscopic sinus surgery nasal cavity, Med Biol Eng Comput 46

Zamankhan P et al (2006) Airflow and deposition of nanoparticles in a human nasal cavity, Aerosol Sci Tech 40(6): 463–476

Einige grundlegende theoretische fluid- bzw.- hämodynamische Betrachtungen und Besonderheiten

7.1 Laminare Blutströmung in einem geraden, starren, horizontal liegendem Rohr

7.1.1 Stationäre Strömung-newtonsches Fluid

Wie bereits in Kap. 3 und 4 (Blut und Blutrheologie) beschrieben, weicht das Fließverhalten des Blutes vom newtonschen Fließgesetz bei niedrigen Scherraten stark ab. Bei hohen Scherraten dagegen kann man von einem newtonschen Fließverhalten ausgehen. In größeren Blutgefäßen wurde bisher angenommen das Blut ein newtonsches Fließverhalten aufweist. Dies ist richtig, solange es sich um gerade Strecken handelt. Das Gefäßsystem besitzt aber viele Krümmer und Verzweigungen, wo es zur Strömungsablösung und Sekundärströmungen kommt. Hier treten lokale örtliche Strömungsveränderungen auf, die ein nicht-newtonsches Fließverhalten bewirken.

Das Fließverhalten des Blutes ist sehr komplex. Unter dynamischen Bedingungen zeigt es verschiedene viskoelastische Eigenschaften, außerdem ist es dazu noch thixotrop, d. h. es ändert seine Scherrate in Abhängigkeit von der Zeit und kehrt langsam in seine Ausgangslage zurück. Das Medium besitzt ein sogenanntes „Gedächtnis".

Voraussetzung für newtonsche Fluide sind eine inkompressible Flüssigkeit, die der Navier-Stokesschen Bewegungsgleichung gehorcht, und die Erfüllung der Haftbedingung an der Wand, wo die Geschwindigkeit Null ist. Setzt man weiter voraus, daß die Grenzschicht achsensymmetrisch ist, dann ist die Geschwindigkeitsverteilung ebenfalls achsensymmetrisch.

Als Geschwindigkeit erhält man unter Verwendung eines Zylinder-koordinatensystems und unter der Annahme einer newtonschen Flüssigkeit

$$\text{mit } \tau = -\eta \cdot \frac{du}{dr} > 0 \tag{7.1}$$

© Springer-Verlag GmbH Deutschland, ein Teil von Springer Nature 2022
D. Liepsch, *Biofluidmechanik*, https://doi.org/10.1007/978-3-662-63179-9_7

aus dem Kräftegleichgewicht auf einen zylindrischen achsensymmetrischen Flüssigkeits-körper (Abb. 7.1)

$$\tau \cdot 2\pi \cdot r = -\pi \cdot r^2 \cdot \frac{dp}{dx}$$

$$\tau(r) = -\frac{r}{2} \cdot \frac{dp}{dx}$$

(7.2)

durch Integration der aus Gln. (7.1) und (7.2) erhaltenen Differenzialgleichungen

$$\frac{du}{dr} = \frac{r}{2 \cdot \eta} \cdot \frac{dp}{dx} < 0$$

(7.3)

mit den Randbedingungen r = R erhält man die bekannte Hagen-Poisseuillesche Ge-schwindigkeitsverteilung

$$u(r) = -\frac{1}{4 \cdot \eta} \cdot \left(R^2 - r^2\right) \cdot \frac{dp}{dx}$$

(7.4)

ein Rotationsparaboloid.

Für r = 0 erhält man die maximale Geschwindigkeit auf der Rohrachse.

$$u_{\max} = -\frac{R^{^\dagger}}{4 \cdot \eta} \cdot \frac{dp}{dx}$$

Setzt man diese Gleichung in Gl. (7.4), ergibt sich die Geschwindigkeitsverteilung:

$$u(r) = \left[1 - \left(\frac{r}{R}\right)^2\right] \cdot u_{\max}$$

(7.5)

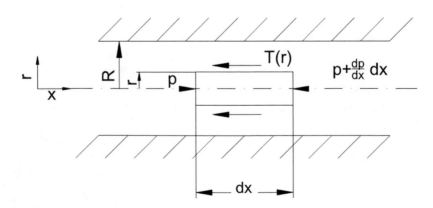

Abb. 7.1 Ableitung der Geschwindigkeitsverteilung

Mit der mittleren Geschwindigkeit:

$$u_m = \frac{R^2}{8 \cdot \eta} \cdot \frac{dp}{dx}$$

ergibt sich die Geschwindigkeitsverteilung in dimensionsloser Schreibweise

$$\frac{u(r)}{u_m} = \left[1 - \left(\frac{r}{R} \right)^2 \right] \cdot 2 \, \text{bzw.} \, \frac{u_{max}}{u_m} = 2 \tag{7.5a}$$

Der Volumenstrom berechnet sich dann zu:

$$\dot{V} = 2\pi \int_0^R u(r) \cdot r \cdot dr \tag{7.6}$$

mit Gln. (7.4) in (7.6):

$$\dot{V} = -\frac{\pi \cdot R^4}{8 \cdot \eta} \cdot \frac{dp}{dx}$$

Mit der mittleren Geschwindigkeit

$$u_m = \frac{\dot{V}}{\left(\pi \cdot R^2 \right)}$$

erhält man die Scherrate D = du/dr (als kovariante Ableitung des Geschwindigkeitsfeldes entsteht der Deformationsgeschwindigkeitsgradient, der sowohl die gesamte Deformation als auch Drehung des Geschwindigkeitsfeldes beschreibt) an der Wand (r = R).

$$D = \frac{du}{dr} = -\frac{4 \cdot u_m}{R} \tag{7.7}$$

7.1.2   nicht-newtonsches Fluid

Fung nimmt als angenäherte Gleichung für die Viskosität die *Cassonsche Gleichung* an. Es gilt:

$$\sqrt{\tau} = \sqrt{\tau_y} + \sqrt{\eta \cdot D} \tag{7.8}$$

τ = Schubspannung
τ_y = Referenz-Fließspannung
η = Konstante Viskosität (Casson-Koeffizient)
D   = Scherrate

Diese Gleichung ist auch für Blut (Abb. 7.2) anwendbar. Setzt man wiederum eine laminare, achsenparallele vollausgebildete Strömung voraus, so gilt:

die Schubspannung, die auf eine zylindrische Oberfläche mit r = const. wirkt, ist proportional zu r.

An der Wand herrscht die Schubspannung

$$\tau_w - \frac{R}{2} \cdot \frac{dp}{dx}$$

Ist die Schubspannung $\tau < \tau_y$ für $r < r_c$, so findet keine Strömung statt. Wenn eine Bewegung stattfindet, dann nur wie bei einem starren Körper. Das Geschwindigkeitsprofil hängt somit von der Größe τ_y und τ_w ab.

Wenn $\tau_y > \tau_w$ so strömt kein Blut: $U = 0$ für $\dfrac{dp}{dx} < \dfrac{2 \cdot \tau_y}{R}$

Wenn $\tau_y < \tau_w$ gilt: $\dfrac{dp}{dx} > \dfrac{2 \cdot \tau_y}{R}$

Man erhält ein Geschwindigkeitsprofil, wie es in (Abb. 7.3) gezeigt ist. Die Kernströmung ist für $r < r_c$ flach.

Zwischen r_c und R gilt die *Cassonsche Gleichung* (7.8):
$\sqrt{\tau} = \sqrt{\tau_y} + \sqrt{\eta \cdot D}$ mit η dem Casson-Koeffizienten der Viskosität.

Setzt man Gl. (7.2) in die Casson Gleichung ein, so ergibt sich:

$$\sqrt{-\frac{r}{2} \cdot \frac{dp}{dx}} = \sqrt{\tau_y} + \sqrt{\eta \cdot D} \tag{7.9}$$

Löst man die Gleichung nach D auf

$$D = \frac{du}{dr} = \frac{1}{\eta} \cdot \left(\sqrt{-\frac{r}{2} \cdot \frac{dp}{dx}} - \sqrt{\tau_y} \right)^2 \tag{7.10}$$

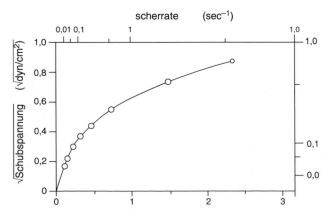

Abb. 7.2 Cassonausdruck für Vollblut mit einem Hämatokritwert von 51,7 % bei einer Temperatur von 37 °C nach Chien in Fung (1972)

Abb. 7.3 Geschwindigkeits-
profil einer laminaren
Blutströmung nach der Casson
Gleichung in einem kreisrun-
den langen Rohr nach
Fung (1981)

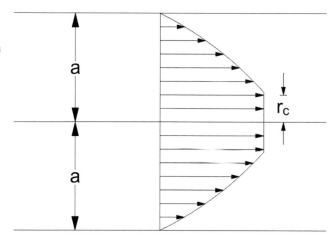

und integriert diese Gleichung und setzt die Randbedingung u = 0 für r = R ein, so gilt:

$$\int_r^R \frac{du}{dr} \cdot dr = u\big|_R - u\big|_r = \frac{1}{\eta} \int_r^R \left(\sqrt{-\frac{r}{2} \cdot \frac{dp}{dx}} - \sqrt{\tau_y} \right)^2 \tag{7.11}$$

$$u = \frac{1}{4 \cdot \eta} \cdot \frac{dp}{dx} \cdot \left[R^2 - r^2 - \frac{8}{3} \cdot r_c^{\frac{1}{2}} \cdot \left(R^{\frac{3}{2}} - r^{\frac{3}{2}} \right) + 2r_c \cdot (R - r) \right] \tag{7.12}$$

Mit r = r$_c$ erhält die Geschwindigkeit den Betrag der Kerngeschwindigkeit u$_c$.

$$u_c = \frac{1}{4 \cdot \eta} \cdot \frac{dp}{dx} \cdot \left(R^2 - \frac{8}{3} \cdot r_c^{\frac{1}{2}} \cdot R^{\frac{3}{2}} + 2 \cdot r_c \cdot R - \frac{1}{3} \cdot r_c^2 \right)$$
$$= \frac{1}{4 \cdot \eta} \cdot \frac{dp}{dx} \cdot \left(\sqrt{R} - \sqrt{r_c} \right)^3 \cdot \left(\sqrt{R} + \frac{1}{3} \cdot \sqrt{r_c} \right) \tag{7.13}$$

Für alle Geschwindigkeiten von r = 0 bis r = r$_c$ ist:

$$u = u_c \tag{7.14}$$

Die Geschwindigkeitsverteilung über dem Rohrquerschnitt wird durch die Gl. (7.12) und (7.14) wiedergegeben. Dies gilt für r$_c$ < R.

Der Volumenstrom ergibt sich wiederum zu:

$$\dot{V} = 2 \cdot \pi \int_0^R u(r) \cdot r dr \tag{7.15}$$

Mit $\dfrac{dp}{dx} > \dfrac{2 \cdot \tau_y}{R}$ und den Gl. (7.12) und (7.14) erhält man:

$$\dot{V} = \frac{\pi \cdot R^4}{8 \cdot \eta} \cdot \left[\frac{dp}{dx} - \frac{16}{7} \left(\frac{2 \cdot \tau_y}{R} \right)^{\frac{1}{2}} \cdot \left(\frac{dp}{dx} \right)^{\frac{1}{2}} + \frac{3}{4} \left(\frac{2 \cdot \tau_y}{R} \right) - \frac{1}{21} \left(\frac{2 \cdot \tau_y}{R} \right)^4 \cdot \left(\frac{dp}{dx} \right)^{-3} \right] \quad (7.16)$$

dagegen ist V = 0, wenn $\dfrac{dp}{dx} < \dfrac{2 \cdot \tau_y}{R}$ Führt man den Ausdruck

$K = \left(\dfrac{2 \cdot \tau_y}{R} \right) \cdot \left(\dfrac{dp}{dx} \right)^{-1}$ (Gl. 7.17) ein, so kann Gl. (7.16) wie folgt geschrieben werden:

$$\dot{V} = -\frac{\pi \cdot R^4}{8 \cdot \eta} \cdot \frac{dp}{dx} f(k) \quad (7.18)$$

Die Gl. (7.18) ist dem *Hagen-Poiseuilleschen Gesetz* ähnlich. Sie besitzt lediglich einen Korrekturfaktor.

$$f(K) = 1 - \frac{16}{7} K^{\frac{1}{2}} + \frac{4}{3} K - \frac{1}{2} K^4 \quad (7.19)$$

Die Ergebnisse geben eine gute Information über die Blutströmung in zylindrischen Rohren. (Nähere siehe Fung 1972 und Liepsch 1987).

7.1.3 Oszillierende und pulsierende Strömung

Unter Annahme newtonschen Fließverhaltens
Hierüber berichten Uchida (1956) und Zimmer (1982). Letzterer gibt auch ausführliche Literaturhinweise. Die Geschwindigkeit der laminaren oszillierenden Strömung im starren Rohr lässt sich mit dem dimensionslosen Ausdruck $\alpha = R\sqrt{\dfrac{\omega}{u}}$, dem sogenannten Womersley-Parameter völlig beschreiben. Dieser Ausdruck $R\sqrt{\dfrac{\omega}{u}}$ kann als Verhältnis zweier charakteristischer Längen betrachtet werden:

$$\text{mit } \omega = 2\pi f = 2\pi \frac{1}{T} \text{ wird } \alpha = \sqrt{2\pi} \frac{R}{\sqrt{uT}}$$

Der Ausdruck $\sqrt{uT}$ ·ist ein Maß dafür, wie weit die durch die Rohrwand entstehende Wirbel in die Rohrmitte diffundieren. Ist $\sqrt{uT}$ klein gegenüber dem Rohrradius, dann wirken die Wandwirbel nur in unmittelbarer Nähe der Wand. Das Fluid im Rohrinneren schwingt wie ein starrer Körper. Allgemein sind in den Randzonen die Trägheitskräfte gegenüber den Reibungskräften klein. In der Rohrmitte herrschen entgegengesetzte Verhältnisse. Einer zeitlichen Änderung des Druckes folgen deshalb zunächst die wandnahen Bereiche, während in der Mitte wegen der Trägheit des Mediums die Geschwindigkeit dem Druck nur 90° (ab einem α-Wert von $\alpha = 5$) nacheilt.

Der beschriebene Effekt hat zur Folge, dass bei bestimmten ωt-Werten die Geschwindigkeit in der Nähe der Wand größer ist als in der Rohrmitte, was als Annulareffekt (Uchida) bezeichnet wird. Die laminare, pulsierende Strömung lässt sich durch

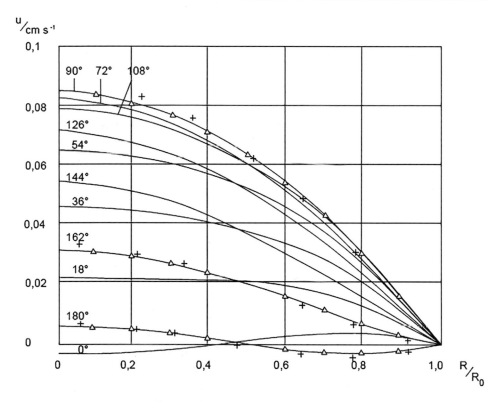

Abb. 7.4 Geschwindigkeitsverteilung in einem geraden Rohr über dem Durchmesser für eine os-zillierende Strömung mit einem nicht-newtonschen Fluid; Womersley-Parameter 2.04, Frequenz 2 Hz, nach Walitza (1979)

Überlagerung einer laminaren oszillierenden Strömung mit einer Hagen-Poiseuille Strö-mung erzeugen. Zur Kennzeichnung der Strömung benötigt man die mit dem zeitlich ge-mittelten Volumenstrom gebildete mittlere Reynoldszahl:

$$\overline{\text{Re}} = \frac{\dot{V}2R}{A\nu}$$

Dabei ist:

A = Querschnittsfläche des Rohres

Unter Annahme nicht-newtonschen Fließverhaltens
Erste Untersuchungen werden von Kaufmann (1973) bei pulsierender Strömung mit nicht-newtonschen Fluiden in einem geraden starren Rohr ausgeführt. Walitza et al. (1979) benutzten das Oldroyd-Modell, um die oszillierende Strömung viskoelastischer Fluide in einem geraden Rohr numerisch zu lösen. Abb. 7.4 zeigt die oszillierende Geschwindig-keitsverteilung einer hypothetischen Flüssigkeit mit einem Modellparameter $\eta_0 = 0,1$ Pa und der Relaxationszeit $\alpha_1 = 0,07$ und Retardationszeit $\alpha_2 = 0,006$. Walitza fand eine gute

Übereinstimmung der gerechneten Werte mit den experimentellen Werten. Böhme (1979) und Nonn berichten ausführlich über die Durchsatzsteigerung unter Verwendung viskoselastischer Fluide bei pulsierender Strömung. Auf weitere Arbeiten sei auf die Fachliteratur verwiesen.

7.2 Laminare Blutströmung in einem geraden, elastischen, horizontal liegenden Rohr

7.2.1 Stationäre Strömung – newtonsches Fluid

Rosenberg (1964) führte neben Shapiro (1977) erste Versuche an einer elastischen Rohrleitung aus. Weitere Arbeiten erfolgten von Zimmer (1982) und Matyas (1982). Inzwischen gibt es ein großes Forschungsgebiet, welches sich mit „collapsible tubes der Wellenausbreitung, den Druckverlauf z. B. in teilweise verschlossenen flexiblen Rohren befaßt. Es sei auf die einschlägige Litertur verwiesen (Shapiro, A, Bertram, C, Kamm RD, Ku, D., Matzuzaki U., Morgan, G, Kieley, J, Rubinov, S, Keller, J). Die laminare oszillierende Strömung in starren Rohren lässt sich durch Lösung der Navier-Stokesschen Gleichung in Richtung der Rohrachse und der Kontinuitätsgleichung beschreiben. Radiale Geschwindigkeitskomponenten treten dabei nicht auf. Durch experimentelle Bestimmung der Druckamplitude *Amp* des Druckgradienten *dp/dx,* kann eine exakte Lösung gefunden werden.

Die laminare oszillierende Strömung in elastischen Rohren lässt sich hingegen, wie die Arbeiten (Cox 1986) zeigen, viel schwerer beschreiben. Die elastische Wand bedingt eine von Druck und Wandmaterial abhängige Wandbewegung. Diese erzeugt wiederum eine Geschwindigkeitskomponente *v* in radialer Richtung, die mit derNavier-Stokesschen Gleichung in Radialrichtung beschrieben wird. Die Wandbewegungen werden abhängig von dem Dicken und den Elastizitätseinflüssen mit verschiedenen Differenzialgleichungen in radialer und axialer Richtung beschrieben. Bauer et al. 1980 verwenden unter der Voraussetzung von dünnwandigen Rohren (Wanddicke/Rohrradius $h/R \ll 1$) Donnellsche Schalengleichungen. Morgan und Kieley benutzen Gleichungen für die Spannungen in radialer und axialer Richtung. Cox benutzt eine Bewegungsgleichung für dickwandige Rohre.

Als Lösungsansatz für den Druck und die Geschwindigkeit diente im starren Rohr der Ausdruck $\sum c_n e^{in\omega t}$. Dabei wird von der Tatsache ausgegangen, dass die Geschwindigkeit parallel zur Rohrmittellinie konstant ist, das heißt, es herrschen am Rohranfang und Rohrende zur gleichen Zeit gleiche Geschwindigkeitsverhältnisse. In Phasenverschiebung entlang der Rohrache, die abhängig vom Elastizitätsverhalten der Wand und den Strömungsparametern der Ausgangsströmung ist. Dabei wird der Ansatz $e^{i(kx - \omega t)}$ gewählt (Siekmann 1980), *k* wird als Wellenzahl bezeichnet, *x* bezeichnet den Messpunkt. Der gesamte Ausdruck *kx* bewirkt also eine Phasenverschiebung, abhängig vom Ort x und dem Faktor k.

Das Minuszeichen hat eine negative Phasenverschiebung zur Folge: die Geschwindigkeit und der Druck beginnen immer später zu schwingen, je größer der Abstand wird.

Die Grundgleichungen der Lösung der voll ausgebildeten laminaren oszillierenden Strömung in elastischen Rohren sind wiederum unter der Voraussetzung eines kreisrunden Rohres, isotropen Wandmaterials, eines newtonschen dichtebeständigen Fluids und einer rotationssymmetrischen Strömung:

$$\frac{\partial u}{\partial x} + \frac{\partial v}{\partial r} + \frac{v}{r} = 0 \tag{7.20}$$

Die linearisierten Navier-Stokes-Gleichungen (unter Vernachlässigung der Volu-menkräfte) in axialer Richtung:

$$\frac{\partial v}{\partial t} + \frac{1}{\rho}\frac{\partial p}{\partial x} = v\left(\frac{\partial^2 u}{\partial x^2} + \frac{\partial^2 u}{\partial r^2} + \frac{1}{r}\frac{\partial u}{\partial r}\right) \tag{7.21}$$

in radialer Richtung:

$$\frac{\partial v}{\partial t} + \frac{1}{\rho}\frac{\partial p}{\partial x} = v\left(\frac{\partial^2 v}{\partial x^2} + \frac{\partial^2 v}{\partial r^2} + \frac{1}{r}\frac{\partial v}{\partial r} - \frac{v}{r^2}\right) \tag{7.22}$$

mit r und x als Zylinderkoordinaten, wobei r die radiale Richtung und x die axiale Richtung der Zylinderachsen bedeutet. Die dazugehörigen Geschwindigkeitskomponenten werden mit u und v bezeichnet.

Dabei ist:

ρ = Dichte
v = kinematische Viskosität
p = statischer Druck
t = Zeit

(Näheres s. Liepsch VDI-Fortschrittberichte 1987)

Unbekannt sind die Geschwindigkeiten u (r, x, t), v(r, x, t), die Wandbewegungen ξ (x,t) und ς (x,t) sowie der Druck p (r,x,t). Die analytische Lösung dieser Gleichungen mit dem allgemeinen Ansatz ist:

$$u = u_s + \sum_{\omega=1}^{\infty} u_\infty e^{i(kx-\omega t)} \tag{7.23}$$

für die Geschwindigkeit sowie den Druck:

$$p = p_s + \sum_{\omega=1}^{\infty} p_\infty e^{i(kx-\omega t)} \tag{7.24}$$

führt zu komplizierten Gleichungssystemen.

Zusammengefasst werden diese Ergebnisse in einer Dispersions-Gleichung. Da die Lösung der Determinante dieser Dispersions-Gleichung eine Vielzahl von Unbekannten beinhaltet, beschränken sich die Arbeiten auf die Diskussion von Teilen dieser Dispersioleichung unter der Voraussetzung, dass gewisse Strömungsparameter vernachlässigt bzw. konstant gehalten werden.

Eine exakte Berechnung der Geschwindigkeitsprofile in Abhängigkeit des Wandmaterials sowie des Abstandes der Messpunkte in einem elastischen Rohr ist in den genannten Arbeiten auf Grund der komplizierten Gleichung nicht vollzogen worden.

Eine Lösung der oszillierenden Strömung in elastischen Rohren bzw. Verzweigungen mit Hilfe von finiten Elementen bietet sich auf Grund der heutigen Computertechnik an. Liu (1977) und Daly (1976) zeigen erste rechnerische Ergebnisse mit Hilfe von Differenzen-Verfahren in elastischen Krümmern, sowie elastischen Verzweigungen.

Diese Arbeiten lassen sich jedoch nur mit erheblichem Zeitaufwand und einer entsprechenden Rechnerkapazität nachvollziehen. Inzwischen gibt es mehrere Arbeiten nit Hilfe von Parallelrechnern.

In Zusammenarbeit mit Siekmann J., Liepsch et al. wurde die Donnellsche Schalengleichung für dünnwandige (Wanddicke/Rohrradius $h/R \ll 1$) verwendet und mit den experimentellen Werten eines 200 mm langen und 1 mm dicken Silikonschlauchs mit 8 mm Innendurchmesser verglichen. Zur Messung wurde ein Laser-Doppler-Anemometer verwendet. Es ergaben sich sehr gute Übereinstimmungen, so dass die verwendeten Schalengleichungen eine gute Näherung für das elastische Verhalten der Arterienwände wiedergeben und man den Strömungsverlauf damit beschreiben kann (siehe VDI-Fortschrittberichte 1987) (Abb. 7.5 und 7.6).

Aus früheren Untersuchungen ist bekannt, daß bei einem starren Rohr bei pulsierender Strömung zur beginnenden Diastole es zu gebietsweisen Rückströmungen kommt, wäh-

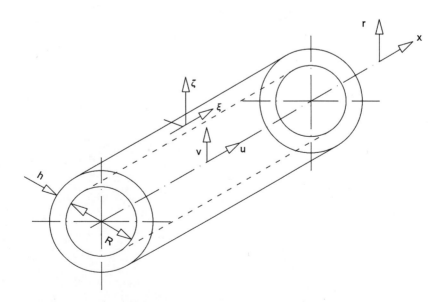

Abb. 7.5 Strömung in einem geraden, horizontalen, elastischen Rohr

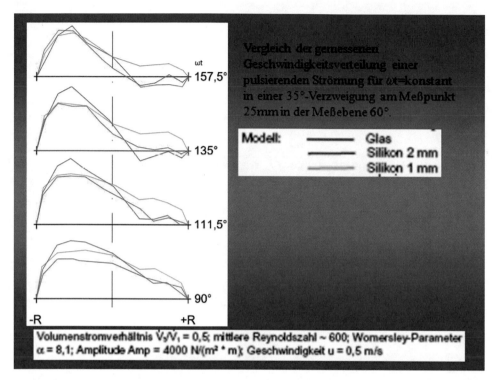

Abb. 7.6 Vergleich einer pulsierende Strömung für jt-konstant in einer 35°-Verzweigung 25mm nach der Verzweigung in der Meßebene 60°. Modell Blau: Glas, Rot: Silikon 2mm Grün: Silikon 1mm. Volumenstromverhältnis des abgehenden Astes zur Hauptast betragt 0,5; mittlere Reynoldszahl ~600; Wormersley-Parameter 8,1: Amplitude=4000 N/(m2×m); Geschwindigkeit u = 0,5m/s

rend dies bei elastischen Rohren mit einer dünnen Wandstärke nicht der Fall ist oder vermindert ist (Dämpfung).

Wie bereits erwähnt, ändert sich die Pulswellenform in den Arterien. Die systolische Pulswelle wird wesentlich größer, wenn sie in den Arterien entlangläuft. In den Oberschenkel- und Armarterien ist der Druck 15 bis 20 mmHg höher als in der Aorta. Ursache ist die Reflexion der Druckwellen an Verzweigungen und an der Peripherie. Die Arterienwände dämpfen die Druckwellen und es kann zu Resonanzschwingungen φ der Arterienwände kommen.

7.3   Ermittlung der Schubspannungen einer Blutströmung in einem geraden, horizontal liegenden Rohr

7.3.1   Stationäre Strömung

Die Ermittlung der Scherkräfte an der Wand bei Strömungsänderungen, wie Krümmern und Verzweigungen ist sehr bedeutend, denn die Schubspannungen spielen bei der Entstehung der Atherosklerose eine entscheidende Rolle. Es werden deshalb aus den experimentell ermittelten Strömungsprofilen, vor und nach den Verzweigungsstellen, die auftretenden maximalen Strömungsgradienten ermittelt. Mit Hilfe bekannter Gleichungen wird die Schubspannung berechnet.

Für eine vollausgebildete laminare Rohrströmung ergibt sich die Schubspannung für einen beliebigen Punkt r des Rohres zu:

$$\tau = -\eta \frac{du}{dr} \tag{7.25}$$

unter Voraussetzung einer newtonschen Flüssigkeit und der Geschwindigkeitsverteilung nach Gl. (7.26) mit:

$$u(r) = \left[1 - \left(\frac{r^2}{R^2} \right) \right] u_{max} \text{ bzw.}$$

$$\tau = -\frac{r dp}{2 dx} \tag{7.26}$$

Die Schubspannung erreicht in einem Rohr ihren höchsten Wert an der Wand mit:

$$\tau = -\frac{R dp}{2 dx} \tag{7.27}$$

$$\tau = -\eta \left(\frac{du}{dr} \right)_{r=R} = \frac{4\eta}{R} u_m \tag{7.28}$$

7.3.2 Pulsierende Strömung

Bei pulsierender Strömung lassen sich die örtlichen Schubspannungen aus den Geschwindigkeitsgradienten für konstante Phasenwinkel ωt ebenfalls nach Gl. (7.30) errechnen. Aus dem Kräftegleichgewicht (Abb. 7.7) an einem Ringelement bei voll ausgebildeter, pulsierender Strömung erhält man die Schubspannung zu:

$$-\frac{\delta p}{\delta x} dx 2\pi r dr - \left(\tau + \frac{\delta \tau}{\delta r} \right) dr 2\pi (r + dr) dx$$

$$+ \tau 2 r dx - \rho 2\pi r dr \frac{\delta u}{\chi t} dx = 0 \tag{7.29}$$

$$\tau = -\frac{1}{r} \left[\frac{\delta p}{\delta x} \int_{r=0}^{R} r dr + \rho \int_{r=0}^{R} r \frac{\delta u}{\delta t} dr \right]$$

$$\tau = -\frac{1}{2} \frac{\delta p}{\delta x_{stat}} r - \frac{\rho}{2} r \frac{\delta u}{\delta t} \tag{7.30}$$

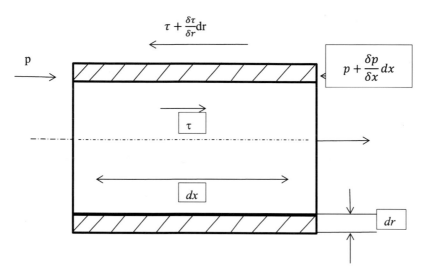

Abb. 7.7 Kräfte an einem Ringelement

Mit der Geschwindigkeit u (r,t) der oszillierenden Strömung

$$u(r,t) = \frac{Amp}{\eta k^2}\Big[B\cos\omega t + (1-A\sin\omega t) \Big] \tag{7.31}$$

und

$$\frac{\delta u}{\delta t} = \frac{Amp}{\eta k^2}\Big[-\omega B\sin\omega t + (1-A)\omega\cos\omega t \Big] \tag{7.32}$$

ergibt sich für die Schubspannung der pulsierenden Strömung:

$$\tau = -\frac{1}{2}\frac{\delta p}{\delta x_{stat}}r - \frac{\rho}{2}r\frac{Amp\omega}{k^2\eta}\Big[-B\sin\omega t + (1-A)\cos\omega t \Big] \tag{7.33}$$

mit der Druckamplitude

$$Amp = \frac{\delta p}{\delta x_{osz}}, \eta = \rho v \text{ und } k^2 = \frac{\omega}{v} \text{ wird}$$

$$\tau = -\frac{1}{2}\frac{\delta p}{\delta x_{stat}}r - \frac{1}{2}\frac{\delta p}{\delta x_{osz}}r\Big[(1-A)\cos\omega t - B\sin\omega t \Big] \tag{7.34}$$

Typische Werte für die wichtigsten menschlichen Arterien sind $\alpha\sim 3$–15. Ein besser angenäherter Wert für α bei starken Spitzenwellengeschwindigkeiten, wie sie in der Aorta auftreten, wäre ein Wert $\alpha^* = 3$, basierend auf der dritten harmonischen Schwingung der Herzfrequenz.

   Mit einer systolischen Spitzengeschwindigkeit von u = 100 cm/s und einem Aortenradius von R = 1.25 cm errechnete Dewey (1983) die Wandschubspannung zu:

$$\tau_w = \frac{\alpha}{2}\frac{\eta u_m}{R} = 6,1 Pa$$

In kleineren Arterien gibt er Werte von τ_w = 1,9 Pa an. Diese Werte liegen um das 6-fache unter den kritischen Werten, bei denen voraussichtlich Blutzellen ihre Oberflächenbeschaffenheit verändern.

Die Messungen an einem Hund in vivo ergaben in der absteigenden Aorta Werte von τ_w = 16 Pa, was auf die starken Sekundarströmungen zurückzuführen ist. Bei den oben ausgeführten Berechnungen wurde von Werten eines ruhenden Menschen ausgegangen. Bei Bewegung können die Werte um das 2–4-fache ansteigen und außerdem an Krümmern und Verzweigungen, wo es zu Strömungsänderungen kommt, anwachsen.

7.3.3 Nichtnewtonsche Fluide

Für nichtnewtonsche Fluide wurde jeweils die Viskosität aus den aufgenommenen Fließkurven für den entsprechenden lokalen Geschwindigkeitsgradienten zur Berechnung der Schubspannung verwendet:

$$\tau = -\eta\left(D\right)\frac{du}{dr}$$

bzw. die Gleichung $\tau = K\,D^n$ wobei n < 1 gesetzt wurde.

Für die dem Fließverhalten des Blutes am nächsten kommende Polyacrylamid-Mischung aus AP30 + AP45 (siehe Abschn. 9.1 Modellflüssigkeit) ergaben sich folgende Werte

$$K = 0,021\, u.n = 0,74$$

7.4   Einige Besonderheiten der Biofluidmechanik

Bekanntlich treten an Krümmern und Verzweigungen dreidimensionale Strömungsvorgänge auf, die einen starken Einfluß auf Veränderungen der Gefäßwand und die Blutzellen bewirken können. Es entstehen lokal veränderte Schubspannungen.

Stichpunktartig werden die wichtigsten Strömungs-Parameter aufgeführt. Am Beispiel einer 90° Verzweigung wird der Einfluß der Strömung dargestellt. Es handelt sich zunächst um ein vereinfachtes starres Modell der linken absteigenden Koronararterie. Die verwendeten Meßmethoden werden in Kap. 9 kurz beschrieben. Weitere Untersuchungen wurden bei pulsierender Strömung und mit blutähnlichen viskoelastischen Eigenschaften, sowie an elastischen Modellen ausgeführt.

Die einzelnen biofluidmechnischen Parameter in Arterienmodellen wurden getrennt in folgenden Schritten experimentell untersucht und anschließend CFD Simulationen ausgeführt.

Biofluidmechanische Faktoren sind:

- Gefäßgeometrie
- stationäre – pulsierende Strömung
- elastische Gefäßwand
- nichtnewtonsches Fließverhalten von Blut
- Blutfluß, Volumenstromverhältnis, Druckgradienten, Scherraten und Scherspannungen auf Blutzellen und Gefäßwand, etc.
- Blut (Zusammensetzung und Viskosität)
- Arterienwand

Strömung durch Verzweigungen (Abb. 7.8)

Newtonsches Fluid (Abb. 7.9)

Geht man von einer laminaren Zuströmung aus, so kann an der Verzweigung je nach dem vorhandenen Volumenstromverhältnis des in den Ast abgehenden Volumenstroms zum Gesamtstrom vor der Verzweigung eine Strömungsablösung enstehen. Die maßgebenden Parameter der Strömung an einer Verzweigung sind:

- Das Volumenstromverhältnis Q_3/Q_1
- Die Art der Durchströmung (stationär oder pulsierend)
- Die Anströmung vor der Verzweigung

Abb. 7.8 zeigt die laminare Strömung (schwarze Linie vor der Verzweigung) trifft diese auf die Wand so enstehen im durchgehenden Rohr Verwirbelungen

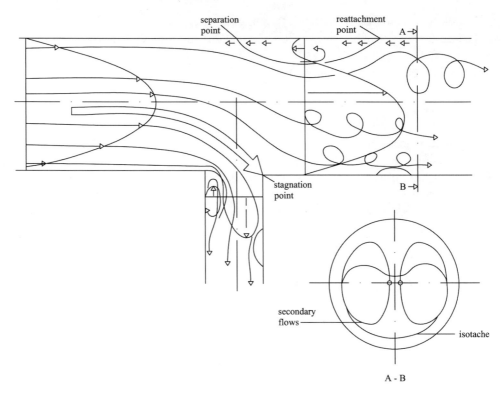

Abb. 7.9   90°-Verzweigung mit Ablösezonen, Stagnationspunkt und Sekundärströmung

- Der Verzweigungswinkel
- Das Durchmesserverhältnis u. natrülich die Wandelastizität, sowie die örtliche Viskosität

Detaillierte Ergebnisse sind in den VDI-Fortschrittberichten, 1987 zu finden.

Viele Publikationen wurden veröffentlicht bei denen die Strömung an Bifurkationen abgehandelt wurde, meist für stationäre und instationäre Strömung mit newtonschen Fluiden. Es gibt auch mehrere Publikationen mit nichtnewtonschen Fluiden. Hier ist die lokale Viskosität für das vorhandene Schergefälle einzusetzen, um die Scherspannungen zu berechnen, was aber oft nicht berücksichtigt wurde. Bereits Chmiel und Walitza 1986 fanden erhebliche Unterschiede zwischen newtonschen und nichtnewtonschen Fluiden an einer 90°- Verzweigung. In nahezu vielen anderen Publikationen mit Computersimulation wird dagegen kaum ein großer Unterschied festgestellt, da diese nicht die Viskositätsänderungen in den Srömungsablösegebieten (also die lokalen Strömungsgradienten) berücksichtigen. Gerade diese Unterschiede spielen eine große Rolle bei der Entstehung der Atherosklerose. So wurden lokale Unterschiede von bis zum 30 % gefunden bei einer genauen CFD-Simulation (Liepsch et al. 2018) und in weiteren Arbeiten (Kap. 3.)

In den geraden Arterienabschnitten ist die Strömung trotz ihrer Pulsatilität im Wesentlichen laminar, dementsprechend sind die Endothelzellen parallel zur Strömung ausgerichtet, vermutlich weil die Schubspannung vorwiegend in einer Richtung (parallel zur

Gefäßachse) wirkt. An Ablösezonen dagegen weisen die Endothelzellen eine runde Form auf und sind auch nicht dicht gepackt, wie es bei einem Stagnationspunkt der Fall ist, wo die Endothelzellen dicht gepackt in runder Form vorliegen (Abb. 7.10 und 7.11). In diesen Ablösezonen lagern sich bevorzugt Teilchen ab.

Biofluidmechanik und ihr Zusammenhang bei atheromatösen Veränderungen
In Krümmern und nach Verzweigungen kommt es, wie bereits erwähnt, zu Strömungsablösungen, die zu Ablagerungen führen. Man kann dies deutlich in einer Aorta sehen (Abb. 7.12). Auch in der Technik kommt es an Rohrverzweigungen zu Ablagerungen, wie in Abb. 7.13 gezeigt. Die Wasser-Rohrleitung war erst ein halbes Jahr im Betrieb.

Atheriosklerotische Veränderungen werden stark von der Hämodynamik und vom Strömungsverhalten beeinflußt. Die Anlagerung von Blutplättchen an der Wand führt zu Entzündungen. Die Anlagerung von weiteren anderen Blutpartikeln kann zu Schlaganfall oder Herzinfarkt führen.

Veränderungen, die beim Atheroskleroseprozess auftreten sind:

* Fibrinspiegel
* Verformbarkeit der roten Blutkörperchen
* Hämatokrit

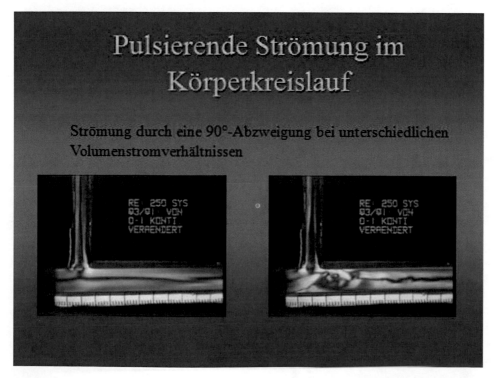

Abb. 7.10 Darstellung der Strömung in einem geraden Arterienabschnitt an einer T-förmigen Verzweigung

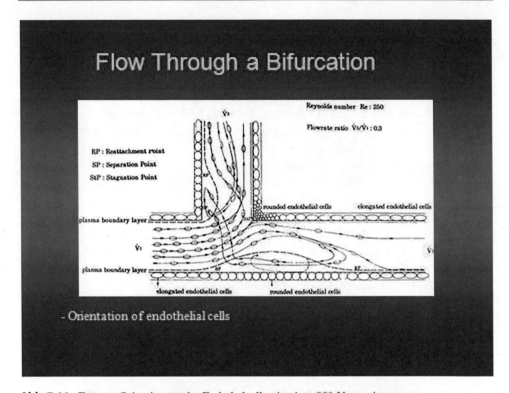

Abb. 7.11   Form u. Orientierung der Endothelzellen in einer 90°-Verzweigung

Abb. 7.12   Aorta eine 27-jährigen Mannes mit Lipidablagerungen

- Gesamter Cholesterinspiegel
- LDL (Low density lipoprotein)
- Faktoren die zur Genese der Atherosklerose beitragen:
- Hämodynamische Faktoren

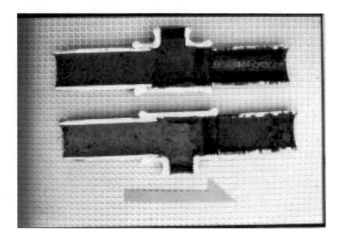

Abb. 7.13 Wasserrohrleitung mit Ablagerungen an der gegenüberliegenden Seite des Rohrabganges

- Fliesseigenschaften des Blutes
- Gefässgeometrie

Der Ablauf, wie es zum Gefäßverschluß kommen kann, ist folgender (Abb. 7.14): Es ist in der Regel zunächst ein langsam fortschreitender Prozess, der aber sehr schnell zum Schlaganfall oder Herzinfarkt führen kann. Es lagern sich einzelne Teilchen in dem Ablösegebiet ab (meist Blutplättchen). Solange die Teilchen lose an der Wand haften, werden sie durch die Pulswelle wieder weggewaschen. Ist die Haftung allerdings schon stärker, so wächst diese Ablagerung weiter und die Intima wird geschädigt. Es kommt zur Plättchenaggregation an der veränderten Gefäßoberfläche. Vereinzelt lagern sich nun auch Erythrozyten an. Dies kann zu einer zusätzlichen Thrombusbildung führen. Danach können einzelne Bestandteile aus der Ablagerung herausgelöst werden, die dann zu gefährlichen Verschlüssen in kleineren Gefäßen führen z. B. im Gehirn. Schließlich kommt es auch zum totalen Verschluß der sog. Thromboembolie.

In Versuchen wurden an verschiedenen maßstabsgetreuen Modellen die Strömung sichtbar gemacht und mittels hochauflösenden Geschwindigkeitsverfahren (LDA, PIV) die Geschwindigkeiten besonders in den Ablösegebieten und Rezirkulationszonen gemessen. Der oben geschilderte Ablauf konnte mittels butähnliche Flüssigkeiten beobachtet werden. Die zeitliche und räumliche Auflösung der Lasermessungen ist größer als mit Ultraschall oder Kernspinresonanzverfahren. Deswegen waren die Messungen an Modellen sehr aufschlussreich, da damit kleinste Veränderungen festgestellt werden konnten. Die durchgeführten Ultraschallmessungen in vivo bestätigen die lokalen Ablagerungen. Außerdem wurden mit CFD Simulationen (Liepsch, D., Sindeev, S.) in diesen zunächst kleinen Gebieten diese Veränderungen bestätigt, was bei zahlreichen Publikationen mit CFD Simulationen oft übersehen wurde, da die Gitterstruktur nicht fein genug gewählt

Abb. 7.14 Arteriosklerotische
Ablagerung, die zum
Totalverschluß führt

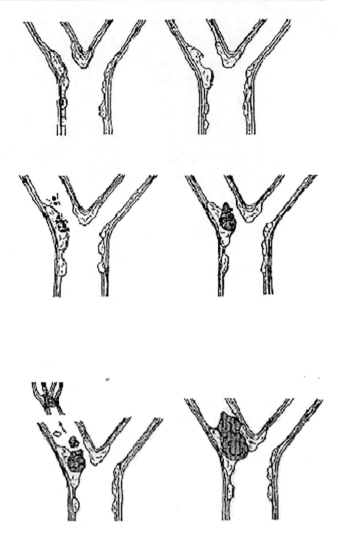

wurde und die lokale Blutviskosität, die sich stark ändert über den Querschnitt, nicht berücksichtigt wurde.

Die Anlagerung von Blutplättchen an der Wand führt zu Entzündungen.

Eine derzeit in Entwicklung befinliche Methode einer Blutanalyse mit Hilfe nuklear-
magnetischer Resonanz verspricht eine erfolgreiche Methode zur frühzeitigen Erkennung
von Gefäßkrankheiten zu werden. Dadurch werden auch überflüssige Behandlungen ver-
mieden. So werden viele Patienten mit wenigen großen LDL Partikeln behandelt, die nicht
so gefährlich sind, im Gegensatz zu vielen kleinen LDL Partikeln, die gefährlich sind.
Diese vielen kleinen Low Density Lipoproteine (LDL) können sich in die Arterienwände
einlagern und so Herz-Kreislauferkrankungen verursachen, was durch eine Vielzahl in der
Größe kleiner Partikel ausgelöst wird. Die gesamte LDL-Konzentration sagt zunächst we-

nig über das Risiko aus. Wenige große entstandene LDL-Partikelanhäufungen sind harmloser. Bis jetzt konnte man die Partikelzahl und Größe nicht zu akzeptablen Preisen ermitteln. Eine Regensburger Gruppe hat hier einen LipoFit test entwickelt, der mit Hilfe NMR die Anzahl und Größe der LDL Partikel bestimmt. Auf Grund dieser Daten ist eine genauere Aussage möglich, ob eine Behandlung nötig ist.

Zusammenfassung

Neben den theoretischen strömungstechnischen Grundlagen im geraden Rohr bei stationärer und pulsierender Strömung mit newtonschen und nichnewtonschen Fluiden wird auf die Besonderheiten bei Krümmern und Verzweigungen eingegangen. Diese Besonderheiten spielen bei Blutströmungen eine entscheidende Rolle, da es zu Stenosen und Gefäßverschlüssen kommen kann.

Literatur

Bauer, H et al (1980) Dynamic behavio of distensible fluid lines carrying a pulsatile incompressible liquid. ZAMM 5: 221–234

Böhme G., Nonn G (1979) Instationäre Rohrströmung viskoelastischer Flüssigkeiten-Massnahmen zur Durchsatzsteigerung. Ing. Archiv. 48:35–49

Chmiel H, Walitza E (1986) Rheologie des Blutes. In W-M Kulicke: Fließverhalten von Stoffen und Stoffgemischen. Basel, Huthig & Wepf 369–403

Cox RH (1986) Wave propagation through a Newtonian fluid contained within a thick-walled, viscoelastisch tube. Biophys.J. 8, 691–709

Daly BJ (1976) Pulsatile flow through a tube containing rigid and distensible sections Springer Lecture Notes in Physics,96, 135–158

Dewey CF (1983) Effectsof fluid flow on living vascular cells. J Biomechanical Engineering 12

Fung YC (1972) Mechanical properties and active remodeling of blood. Biomechanics, Springer

Fung YC et al (1981) Biomechanics: Its Foundations and Objectives. Englewood Cliffs, NY, Prentice Hall, Inc.Mechanical Properties of Living Tissues, NY: Springer

Kaufmann A (1973) Pulsating flow of non-Newtonian fluids in a circular tube, Diss. Univ. of Connecticut

Liepsch D (1987) Strömungsuntersuchungen an Modellen menschlicher Blutgefäß-Systeme VDI-Fortschrittberichte Reihe 7: Strömungstechnik Nr, 113

Liepsch D, Sindeev, S, Frolov S (2018) Distinguishing between Newton and non-Newtonian character of blood flow in vascular bifurcation and bends. Series on Biomechanics. Vol 32: (2) 3–11

Liu N (1977) Numerische Integration der Navier-Stokes Gleichungen für inkompressible dreidimensionale Strömungen in Gefäßen mit dehnbaren Wanden Diss. RWTH-Aachen

Matyas F (1982) Einfluß zeitabhängiger Druckgradienten auf die Deformation des Querschnitts dünnewandiger Rohrleitungsen u. auf das Geschwindigkeitsfeld. im Rohr, Festschrift z um 65, Geb. Prof. Dr.-Ing. Dr., Ing. Eh Erich Truckenbrodt, München 297–318

Rosenberg H (1964) Instationäre Strömungvorgänge in Leitungssystemem mit flexiblen-elastische Rohrwänden. Westdeutscher Verlag

Shapiro AH (1977) Steady flow in collapsible tubes. J Biomech. Eng. 99: 126–147

Siekmann J (1980) Über pulsierende Strömungen in dünnen elastischen Rohren. THD Schrifttenreihe Wissenschaft u. Technik.86: 259–266

Uchida S (1956) The pulsating viscous flow superimposed on the steaday laminar motion of incompressible fluid in a circular pipe ZAMP7: 403–423

Walitza E et al (1979) Experimental and numerical analysis of oscillatory tube flow of viscoelastic fluids represented in a example of human blood. Rheol Acta 18 116–121

Zimmer R (1982) Geschwindigkeitsmessungen mit einem Laser-Doppler-Anemometer in Modellen einer menschlichen Beinarterienverzweigung (Arteria femoralis) bei stationärer und pulsierender Strömung". Diss. TU München

Einige Anwendungen und experimentelle Beispiele an Modellen mit diagnostischer und therapeutischer Bedeutung

8

8.1 Experimentelle Versuchsaufbauten und Modellflüssigkeiten, Modellherstellung

Empfehlenswert, wenn auch etwas zeitaufwendiger ist es, zuerst die Strömung mittels entsprechender Verfahren sichtbar zu machen. Dadurch können viele Geschwindigkeitsmessungen eingespart werden, denn man kennt die Orte an denen Geschwindigkeitsänderungen stattfinden.

Kurz werden Versuchsaufbauten zur Strömungssichtbarmachung mit Farbfäden und für die Verwendung eines strömungsdoppelbrechenden Fluids mit einer spannungsoptischen Apparatur gezeigt.

Farbfadenversuch (Abb. 8.1)
Mit dieser einfachen Methode kann man bei stationärer Strömung sehr schön Störungen der Strömung visualisieren, wie Abreißen der Strömung von der Wand, Stagnationspunkte der Strömung, Rezirkulationszonen etc. Es werden Injektionsnadeln unmittelbar vor dem Modell so eingebracht, daß die verschiedenen Farbenfäden in Strömungsrichtung ungestört in das zu untersuchende Modell fließen.

Experimenteller Aufbau mittels Spannungsoptik
Mit dieser Methode lassen sich sehr gut instationäre Strömungsvorgänge visualisieren. Der Versuchsaufbau verwendet zwei Reservoire, die jeweils im Wechsel als Marriotsche Flaschen wirken, sodaß man eine über längere Zeit konstante Geschwindigkeit im zu untersuchenden Modell erhält. Im Abb. 8.2 wird das Modell vom Behälter 1 gespeist. Ist die Flüssigkeit bis auf das Niveau des eintauchenden Rohres im Behälter 1 abgesunken, so wird die Flüssigkeit vom Behälter 2, der nun gefüllt ist, in die Versuchsstrecke geleitet, bis Behälter 1 wieder gefüllt ist. Durch dieses Wechselspiel ist es möglich Versuche über eine längere Zeit ausführen zu können. Der Druck wird mittels einer Stickstoffflasche mit

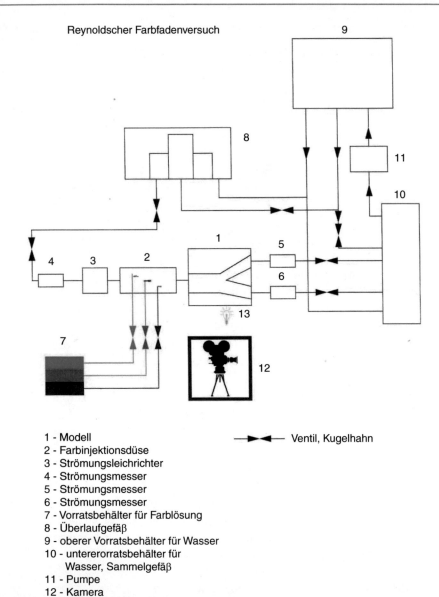

Abb. 8.1 Versuchsaufbau zur Strömungssichtbarmachung mittels Farbfäden

Druckminderer eingestellt. Der Volumenstrom kann mittels Schwebekörperdurchflußmesser und vorgeschalteten Puffergefäß oder durch Ausvolumetrieren (Messen der Flüssigkeitshöhenänderung) im Behälter und Stoppen der Zeit z. B. eine Minute, bestimmt werden. Zur Erzeugung einer Pulswelle wird der stationären Strömung mit Hilfe einer Membrankolbenpumpe eine Pulswelle überlagert (Näheres ist im Versuchsaufbau für

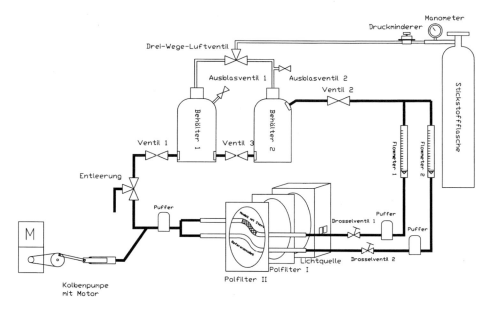

Abb. 8.2 Schema des experimentellen Versuchsaufbaus zur Sichtbarmachung von Strömungen mittels einer Spannungsoptischen Apparatur

LDA-Messungen beschrieben s. Abb. 8.3). Mit Hilfe der Spannungsoptischen Apparatur können sehr gute Filmaufnahmen gemacht werden, bei verschiedenen eingestellten physiologischen Volumenströmen.

Strömungskreislauf für LDA-messungen

Der Versuchsaufbau Abb. 8.3 dient zur Simulation von physiologischen, pulsierenden Strömungen. Mit diesem Versuchsaufbau ist die Simulation von Strömungsvorgängen aller physiologisch auftretender gesunder und veränderter Vorgänge möglich. Es wird mittels z. B. Ultraschall der Volumestrom und mittels herkömmlicher Verfahren der Druckpuls in vivo vor der zu untersuchenden Stelle gemessen. Diese Werte werden in die Zuströmung des Modelles eingeben und so erhält man die exakte Durchströmung des Modells unter den gewünschten physiologischen Bedingungen. Der Versuchsaufbau gliedert sich in zwei Funktionsbereiche: den Strömungskreislauf und die Meßwerterfassung. Mit dem Strömungskreislauf können sowohl stationäre als auch pulsierende Strömungen aller physiologisch vorkommenden Verhältnisse simuliert bzw. erzeugt werden. Der Volumenstrom wird mit Hilfe des hydrostatischen Druckes eingestellt, resultierend aus dem geodätischen Höhenunterschied zwischen dem Überlaufgefäß (4) und den zwei Regulierbehältern (8). Zur Erzeugung einer pulsierendenStrömung wird der stationären Strömung mit einer Membrankolbenpumpe (12) eine Pulswelle überlagert. Bei Verwendung eines newtonschen Fluides wird dieses von dem Auffanggefäß (1) in einen Hochbehälter (3) mittels einer Kreiselpumpe (2) befördert. Bei nicht-newtonschen Fluiden wird die Flüssigkeit nicht mit der Kreiselpumpe gefördert, um die langkettigen Moleküle der blutähnliche

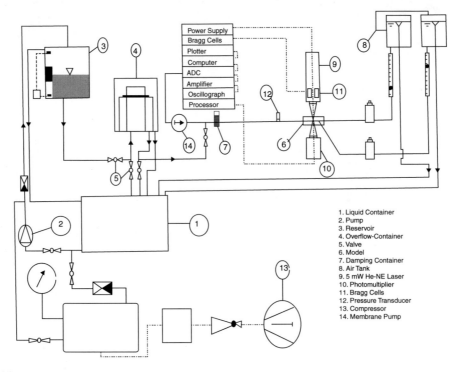

Abb. 8.3 Versuchsaufbau für LDA-Messungen

Separanmischung nicht zu zerstören, sondern mit Druckluft aus dem Druckbehälter (16) in den Hochbehälter gepresst. Der Kompressor (15) erzeugt die Druckluft. Die Füllstandshöhe im Hochbehälter wird mittels des Schwimmers (20) geregelt. Bei annähernd leerem Hochbehälter löst der Magnetschwimmer den unteren Magnetschalter aus, der das Magnetventil (18) im Steuergerät öffnet, sodaß Druckluft in den Vorratsbehälter einströmt und das Fluid in den Hochbehälter drückt. Ist der Hochbehälter nahezu gefüllt schließt das Magnetventil und die Druckluftzufuhr wird unterbrochen. Vom Hochbehälter gelangt das Fluid in das Überlaufgefäß (4). Es besteht auf Grund des geodätischen Höhenunterschiedes zu den Regulierbehältern ein konstanter Druck in der Messstrecke. Durch Höhenverstellung des Überlaufgefäßes lassen sich verschiedene physiologische Drücke (wie z. B. Bluthoch- und Blutniederdruck) simulieren. Das überschüssig geförderte Fluid wird durch die Überlaufleitung in das Vorratsgefäß zurückgeleitet. Die Flüssigkeit strömt über eine Vorlaufstrecke, in dem induktiven Druckaufnehmer (13) eingebaut sind in das zu untersuchende Modell (6). Die Vorlaufstrecke dient zur Vollausbildung einer laminaren Strömung. Das Überlaufgefäß besteht aus drei Plexiglasrohren. Im inneren Rohr erfolgt die Zuströmung, das zweite Rohr versorgt die Versuchsstrecke mit einem stets entsprechend gewünschten kostanten Volumenstrom. Die an diesem Innenrohr des Überlaufgefäßese angebrachte kreisrunde Prallplatte verhindert kleinste Druckschwankungen z. B. durch Tropfen. Damit wird eine völlig ruhige Strömung in der Versuchsstrecke erreicht. Kurz vor dem zu untersuchenden Modell ist auch ein induktiver Durchflußmesser in der Vorlaufstrecke eingebaut. Nach dem Modell sind zwei Dämpfungs behälter (Windkessel 22) eingebaut, damit das Volumenstromverhältnis bei Modellverzweigungen durch Schwebekörperdurchflußmesser (14) abgelesen werden kann. Das genaue Volumenstromverhältnis und der periphäre Widerstand werden mittels höhenverstellbaren kleinen Regulierbehältern (8) eingestellt. Von dort strömt die Flüssigkeit in das Vorratsgefäß (1) und den Druckbehälter (16) zurück.

Zur Erzeugung einer pulsierenden Strömung wird der stationären Strömung mittels einer Membrankolbenpumpe (12) eine oszilicrcndc Strömung überlagert. Die Höhe des Kolbenhubes und der Verlauf der Hubbewegung während einer Pumpphase werden mit einer Servosteuerung eingestellt. Ein Windkessel (7) ist zwischen den Zylinder der Kolbenpumpe und der Einlaufstrecke installiert, der das Elastizitätsverhalten physiologischer Blutgefäße simuliert. Durch Veränderung des Luftpolsters lassen sich die Elastizitätskomponenten verändern (Abb. 8.4).

Das zu untersuchende Modell ist auf einem in x, y, z- Richtung verschiebbaren Tisch montiert.

Die Messwerterfassungsanlage besteht im Wesentlichen aus dem Laser, der Laser-Optik, den Braggzellen, den Signaldetektoren und den Geräten zur Signal-bzw. Messwertverarbeitung.

Modellflüssigkeit

Bei den Versuchen wurde eine blutähnliche Flüssigkeit verwendet, wie in Kap. 4. beschrieben. Es handelt sich um eine Separanmischung. Mit dieser Modellflüssigkeit konnte das Fließverhalten des Blutes sehr gut simuliert werden. Der Vorteil ist: das Fluid konnte bei Raumtemperatur von 20 °C verwendet werden, da dies genau der Temperatur von Blut bei 37 °C entspricht. Es konnte allerdings nicht das thixotrope Verhalten von Blut simuliert werden. Die viskose und elastische Komponente des Fluids stimmen aber gut überein.

Modellherstellung

Die Modellherstellung ist durch die Entwicklung der Stereolithografie und des Rapid-Prototypings fortgeschritten. Es können mit Hilfe von 3-D Ultraschall bzw. 3-D MRI

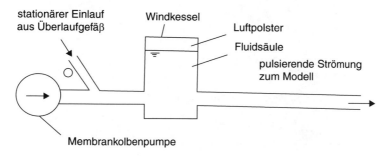

Abb. 8.4 Pumpe und Windkessel zur Erzeugung der periodischen Pulswelle

Aufnahmen am Patienten die exakten Geometrien aufgenommen werden und von diesen Aufnahmen können mittels Rapid – Prototyping maßstabsgetreue Modelle erstellt werden. Mittels 3-D Druck lassen sich Prothesen passgenau herstellen und Mediziner haben die Möglichkeit an 3-D Druck Modellen operative Eingriffe zu üben. Dadurch wird es möglich für Patienten individuelle künstliche Gefäße zu erstellen, sodaß diese exakt bei der Implantation passen, wobei die innere Oberfläche mit Endothelzellen bewachsen werden kann. Bei künstlichen Gelenken stellt dies einen enormen Fortschritt dar.

In früheren Verfahren erfolgte die Simulation der Compliance mittels folgenden Verfahrens:

Um die Compliance der Gefäße zu simulieren, wurde die Compliance der in Frage kommenden natürlichen Gefäße in vivo bzw. in vitro gemessen und eine Innenform erstellt. In die Innenform wurde ein Waxmodell gegossen und eine zweite Form gebaut mit einem Zwischenraum. Dieser Zwischenraum wurde dadurch erreicht in dem man um den Waxkern ähnlich wie beim Trafowickeln mehrere Drahtwicklungen aufbrachte. Von diesem Wachskern wird eine zweite Form erstellt. Durch Einlegen eines ursprünglichen Wachskerns in die zweite Form mit Distanzringen wird in den Hohlraum das flüssige Silikon gegossen. Es können auch andere Modellwerkstoffe verwendet werden. Das Gußmodell kann nun aus der Form entfernt werden und man erhält so ein Modell mit veränderter Wandstärke. Damit läßt sich die Compliance des natürlichen Gefäßes sehr gut nachbilden (Liepsch, Baumgart). Abb. 8.5 zeigt ein Modell eines Aortenbogens. Die Compliance des Modells stimmt mit der Compliance des natürlichen Aortenbogens überein. Mit Hilfe der bereits erwähnten Stereolithografie und der 3-D Technik ist die Herstellung solcher maßstabsgetreuen elastischen Gefäßmodelle heute kein Problem mehr.

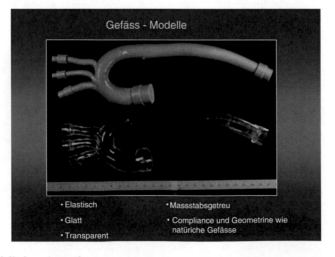

Abb. 8.5 Modell eines Aortenbogens

8.2   LDA Messungen an Karotidenmodellen

An Karotisarterien kommt es häufig zu Verschlüssen, die zum Schlaganfall führen. Die Behandlung solcher Verengungen erfolgt meist durch einen chirurgischen Engriff oder durch Einbringen eines Stents. In Abb. 8.6 ist eine gesunde Karotisverzweigung gezeigt. Der blaue Stromfaden teilt sich an der Bifurkation auf. In der Karotis Interna wird der Stromfaden aufgeweitet, da der statische Druck auf der gegenüberliegenden Seite des Abganges etwas niedriger ist. Man sieht auch, wie das Fluid beruhigt in der Interna weiterfließt. Darunter ist eine Karotisverzweigung mit einer hochgradigen Stenose dargestellt. Deutlich sieht man, wie es nach der Stenose zu starken Verwirbelungen über den gesamten Querschnitt kommt. Der Einfluß der Strömung auf einem eingenähten schmalen und weiten Patch gegenüber einer gesunden Karotisgabelung wird anhand einiger Modelle demonstriert. Abb. 8.7 zeigt einen schmalen Patch und 8.8 einen weiten Patch. Die elastischen Modelle sind im Maßstab 1:1 aus Silikonkautschuk gefertigt. Die Messung der Ge-

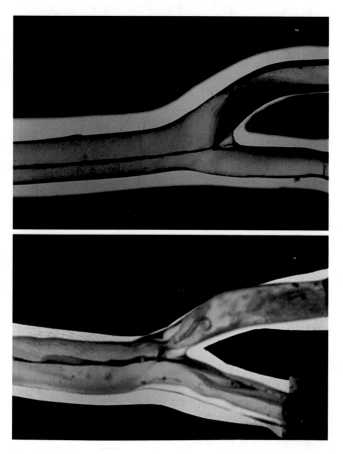

Abb. 8.6 Karotismodell gesund und mit hochgradiger Stenose

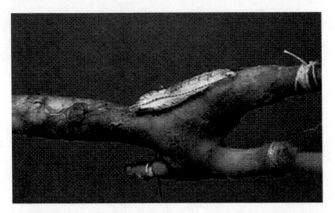

Abb. 8.7   Modell eines schmalen Patches

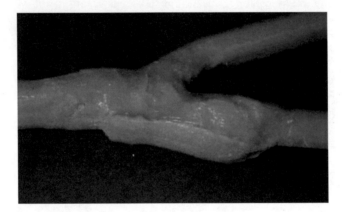

Abb. 8.8   Modell eines weiten Patches

schwindigkeitsverteilung mittels LDA erfolgte unter physiologischen Bedingungen (Druck, Viskosität und Pulswelle). Abb. 8.9 zeigt die Geschwindigkeitsverteilung bei einer Pulsphase von 30° bis 120° für eine gesunde Karotis 5 mm nach dem Abgang in die Interna (links), mit einem weiten Patch (Mitte) und schmalem Patch (rechts). Der schmale Patch (rechts im Bild) ist günstiger, da er nahezu keine Rückströmungen aufweist, wie es auch im gesunden Modell (links im Bild) der Fall ist. Im weiten Patch (Bildmitte) dagegen tritt eine Rückströmung auf, was wieder zu spätere Komplikationen im Patienten führen kann.

Karotis mit Patchplastik

Karotis mit Stents, Filtern

Abb. 8.10 zeigt das Prinzip der Angioplastie. Es wird ein Katheder, an dem ein ungeöffneter Ballon angebracht ist, bis zu der zu behandelnden Stelle eingebracht und dann der Ballon unter hohem Druck (teilweise bis mehr als 10 bar) aufgeblasen, sodaß die Ab-

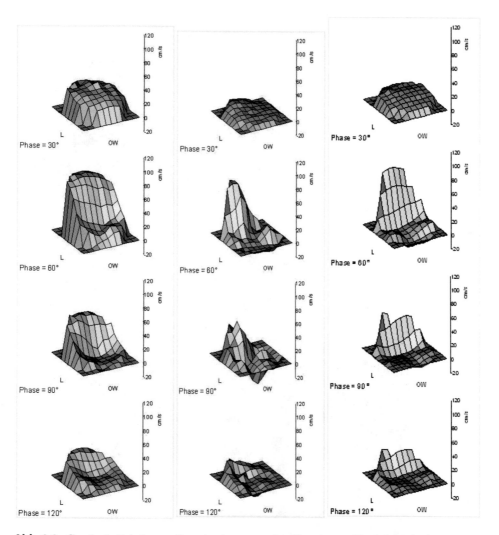

Abb. 8.9 Geschwindigkeitsverteilung in einer gesunden Karotis zum Vergleich mit einem schmalen und breiten Patch

lagerungen komprimiert werden und in die Wand gedrückt werden. Heute werden meist Patienten mit einem erhöhten Stenosegrad mit Stents behandelt. Dabei ist die Auswahl des richtigen Stents (Drahtdurchmesser, Maschenweite, Oberflächenbeschaffenheit, Stents ohne oder mit Präparaten etc.) und die genaue Positionierung des Stents wichtig. Es wurde festgestellt, daß es besser ist den Stent durchgehend von der Karotis Communis in die Interna zu plazieren, d. h. es sollte „durchgestentet" werden Abb. 8.11 zeigt ein Modell einer Karotisbifurkation ohne Stent (links) und mit Stent (rechts) mittels Farbfaden. Die Strömung ist beruhigt, der Stent stört den Strömungsverlauf nicht. Wenn der Stent nur in die Intima implantiert wird, kann es zu Verwirbelungen kommen, da der Stent häufig am

Abb. 8.10 Prinzip der
Angioplastie

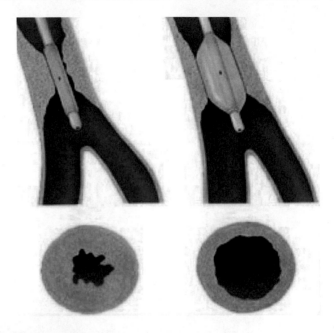

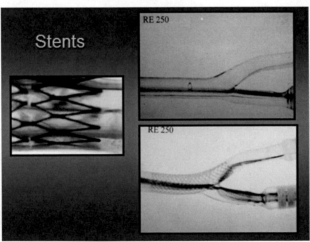

Abb. 8.11 Karotis ohne und mit Stent

Ende mit einigen Drähten ins Lumen hineinreicht, die zusätzliche Verwirbelungen hervorrufen, die wiederum zu Ablagerungen an der Wand stromabwärts (Restenosis oder Rethrombosierung, Hyperplasia) führen. Häufig kam es bei der Implantation von Stents in der Karotis zu Komplikationen durch abgelöste Ablagerungen, die dann ins Gehirn transportiert wurden. Deshalb hat man auch Filter zusätzlich bei einem solchen Einsatz verwendet. Es wird mittels eines Katheders zusätzlich zum Stent noch ein Filter eingebracht (Abb. 8.12). Dies führte zu heftigen Kontroversen bei den Medizinern. Es wurde be-

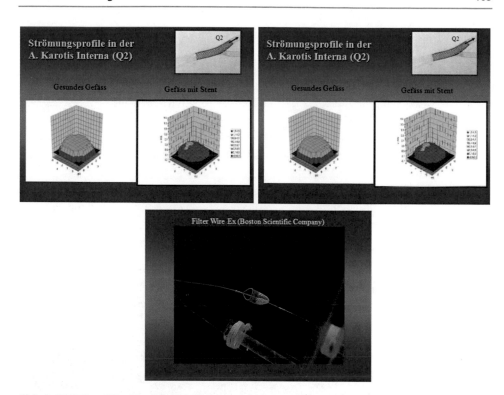

Abb. 8.12 Filter Wire Ex (Boston Scientific Company) in einem Karotismodell

hauptet, die Filter bringen kaum eine Verbesserung. Anhand von Modelluntersuchungen konnte festgestellt werden, daß die gesetzten Filter während der Systole zugezogen werden müssen, damit keinerlei Teilchen aus dem Filter herausgeschleudert werden und dann wieder ins Gehirn gelangen können. Die Teilchen werden mit dem aufgespannten Filter gut zurückgehalten. Ist der Filter mit Partikeln gefüllt, muß er während der Systole geschlossen und herausgezogen werden. Dazu ist ein gutes Training der Mediziner z. B. an Modellen erforderlich.

Mittels eines neuentwickelten Verfahrens genannt Rotarex S – Katheter der Fa.Straub Medical lässt sich Verschlußmaterial zerkleinern und vollständig entfernen. Dies wird vor allem bei größeren Arterien angewandt z. B. in der Oberschenkelarterie etc. Der Kopf des Katheters besitzt die Größe eines Zündholzes. Der Katheter wird mittels einer Punktion in die Arterie eingeführt und bis zum Gefäßverschluß geführt, wo der Katheterkopf auf Knopfdruck zu rotieren beginnt und das abgelöste Material absaugt. Der Motor ist außerhalb des Körpers mit einer berührungsfreien Magnetkupplung mit dem Katheter verbunden. Die Rotation des Motors wird mit einer hochfesten Stahlspirale im Innern des Katheterschlauches auf den Katheterkopf übertragen. Über zwei kleine Öffnungen im Katherkopf wird das abgelöste Material in den Schlauch gesaugt (Faulhaber Motion 02.2018)

8.3   Aneurysmen

Es gibt viele Untersuchungen an Modellen mit Aneurysmen, die über das Strömungsverhalten und die auftretenden Scherspannungen Auskunft geben. Diese Informationen sind neben der Ausdehnung des Aneurysmas für den Operateur wichtig, um zu entscheiden, wann ein Eingriff erforderlich ist. Ziel dieser Forschungsarbeiten ist es herauszufinden, ob ein Aneurysma platzt oder nicht. Hier spielt die Strömung eine entscheidende Rolle. Abb. 8.13 zeigt den neurochirurgischen Eingriff und ein Aneurysma im Bereich des Circle von Willis.

In Abb. 8.14 sind LDA Messungen in einem Aneurysmamodell dargestellt. Interessant sind vor allem die mit einem Laser Vibrometer (Fa. Polytec) aufgenommenen Geschwindigkeitsschwankungen und hohen auftretenden Frequenzen, die besonders gefährlich sind. Entsteht z. B. Resonanz, so kommt es zum Platzen des Aneurysmas.

Abb. 8.13 Neurochirurgischer Eingriff und Aneurysma am Circle von Willis

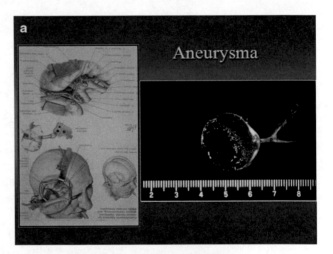

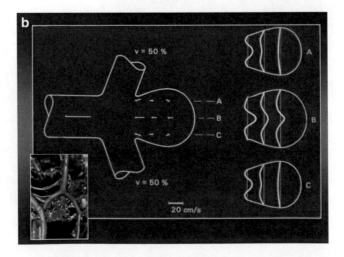

Abb. 8.14   LDA – Messungen ain einem Aneurysmamodell

8.4   Messungen an AV- Fisteln in vivo.

Es wurden verschiedene AV Shunts mit unterschiedlichen Fisteln untersucht (Abb. 8.15). Bei der kleinsten Öffnung (5 mm) wurden bei einem Kaninchen Frequenzen mit 1500 Herz gemessen (Abb. 8.16). Auf den Menschen übertragen ergibt dies ungefähr 400 Hz. Diese hohen Vibrationen wirken wie ein Hammer Effekt. Es bildete sich unmittelbar ein Aneurysma aus, was nach schnellem Anwachsen platzte. Normal liegt die Frequenz beim Menschen zwischen 1.1 bis 2 Hz.

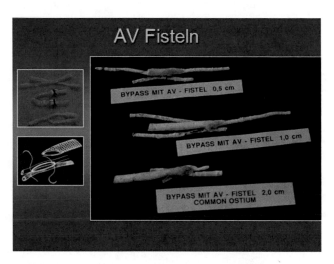

Abb. 8.15   Verschiedene AV -Fisteln

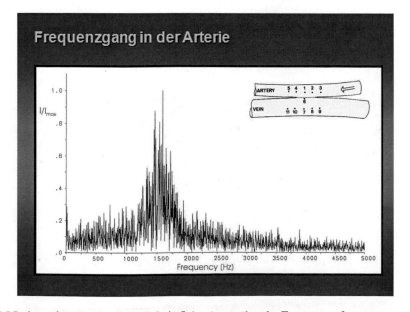

Abb. 8.16   Intensität der Geschwindigkeitsfluktationen über der Frequenz aufgetragen

8.5   Weitere Anwendungen: Herzunterstützungssystem, Dialysekatheter

Es gibt viele weitere praktische therapeutische Anwendungen der Biofluid Mechanik in physiologisch exakt hergestellten Modellen. Leider werden viele Versuche mit starren oder unter nicht physiologischen Eigenschaften durchgeführt. Die Modellherstellung ist etwas zeitaufwendig, aber man erhält sehr gute Ergebnisse für diagnostische und therapeutische Anwendungen. Man kann neben den Strömungsvorgängen auch die Wirkung von z. B. Blutverdünnungsmitteln testen. So hat man Versuche unter Zugabe von Polymeren im Blut ausgeführt, die zu einer nahezu 40 % Druckabfallminderung führten. Ähnliche Versuche wurden auch an Pipelines ausgeführt. In weiteren Versuchen wurde die Druckminderung bei verschiedenen Elastizitätseigenschaften der Arterienwand gemessen. Auch hier gab es Einsparungen von nahezu 10 %. Der Energieaufwand unseres Herzens reduziert sich somit gegenüber einer Wasser-Strömung in technischen starren Rohren um nahezu 50 %.

So wurde auch ein Modell eines linken Herzkammerersatzes experimentell mittels PIV untersucht und die Strömung optimiert. Diese Messungen wurden mit nummerischen Studien verglichen. Auch hier ergab sich ein gutes Design für eine linke Herzkammer. Mittels induktiver Energieübertragung ist es möglich, daß der Patient für eine gewisse Zeit sich frei bewegen kann, ohne eine grössere äussere Batterie mit sich zu transportieren. Eine kleine Batterie ist implantiert, die nach einer gewissen Zeit (derzeit nach ca 1–2 Stunden) induktiv wieder aufgeladen werden muß.

Viele Untersuchungen wurden auch mit Dialysekathetern ausgeführt. Weiter wurde ein Vergleich der Messungen mit Ultraschallgeräten und LDA messungen an einem Herzkatheter durchgeführt. Dadurch war es möglich die Ultraschallmessungen noch detaillierter zu deuten, denn die räumliche Auflösung des Lasersystems ist größer. Auch der Einfluß von Nähten spielt eine Rolle bei der Einpassung eines Künstlichen Gefäßes (Abb. 8.17). Bei dieser Naht gab es Komplikationen, da die Naht kleinste Wirbel verursachten. Es kommt somit darauf an, die Naht so fein wie möglich auszuführen.

Abb. 8.17 Sichtbarer Einfluss der Nähte bei Einsetzten eines kunstlichen Gefasses in eine Abdominal Aorta

Zusammenfassung

Anhand einiger Anwendungen wird auf die Bedeutung der Biofluidmechanik hingewiesen. Zu Beginn werden auch Versuchsaufbauten gezeigt, wie man in Modellen die Strömung detailliert untersuchen kann, wobei die Strömung über lange Zeit konstant gehalten werden kann. Ferner kann man mit diesen Versuchsaufbauten nahezu alle auftretenden physiologischen Blutströmungen simulieren.

Messmethoden der Biofluidmechanik

9

Dieses Kapitel gibt einen kurzen Überblick über die im Buch erwähnten Meßverfahren. Es soll lediglich als eine kurze Anleitung dienen und ist nicht vollständig. Es werden anhand einiger Beispiele die Verwendung verschiedener Messverfahren gezeigt. Für experimentelle Arbeiten ist die detaillierte Kenntnis der Verfahren wichtig, um genaue Aussagen zu machen. Es hat sich gezeigt, daß vielfach auf Experimente verzichtet wird. da durch Computersimulation heute Vieles einfacher und zeitsparender ist. Es ist aber wichtig die Simulationsergebnisse sorgfältig zu prüfen, denn die Praxis hat gezeigt, daß durchaus teilweise Unterschiede auftreten, die bedeutend sind.

9.1 Rheologische Messmethoden

9.1.1 Einführung Rheologische Messmethoden

Die Rheologie mißt und beschreibt die Fließeigenschaften eines Stoffes. Diese Fließeigenschaften werden durch die Verformung der Bestandteile des Stoffs beeinträchtigt.

Hier sei lediglich das für die Versuche verwendete Rotationsviskosimeter beschrieben.

Mit dem Rotationsviskosimeter ist es möglich die scheinbare Viskosität, sowie die elastische und viskose Koponente zu messen.

Die Deformation eines Stoffes hängt von der auf ihn wirkende Kraft ab. Es muss deshalb bei rheologischen Messungen die wirkende Kraft so gewählt werden, dass keine bleibende Deformation auftritt.

Man kann grundsätzlich zwei Grundeigenschaften (siehe Kap. 4) unterscheiden:

- ein elastisches Verhalten (Feder)
- ein viskoses Verhalten (Wasser)

© Springer-Verlag GmbH Deutschland, ein Teil von Springer Nature 2022
D. Liepsch, *Biofluidmechanik*, https://doi.org/10.1007/978-3-662-63179-9_9

Als Fließfeld wird die Gesamtheit der Bewegungszustände einer Flüssigkeit im jeweiligen Rheometer bezeichnet.

Dabei ist der Fließfeldkoeffizient k eine vom benutzten Messsystem abhängige Konstante. Bei Rotations- oder auch bei Oszillationsrheometern ist die Winkelgeschwindigkeit ω und das Drehmoment M mit der dynamischen Viskosität η der Flüssigkeit verknüpft durch:

$$\eta = k\,M\,/\,\omega$$

Die Viskosität bei Rotationsrheometern erhält man durch die exakte Aufnahme der Winkelgeschwindigkeit ω und des Drehmomentes M. Mit der Schubspannung τ und der Schergeschwindigkeit du/dy ergibt sich die Viskosität:

$$\tau = \frac{Kraft}{Fläche} = \frac{F}{A}\left[N/m^2\right]$$

$$\gamma = \frac{Geschwindigkeitsdifferenz}{Schichtdicke} = \frac{du}{dy}\left[s^{-1}\right]$$

$$\eta = \frac{\tau}{\gamma}\left[Pa\cdot s\right]$$

Häufig wird für die Schergeschwindigkeit das Symbol D verwendet. Seit dem 29.04.1997 hat der DIN-Fachausschuss festgelegt, dass als Symbol γ für die Schergeschwindigkeit verwendet werden soll.

Die Schubspannung τ ist die Ausgangsgröße zur Beschreibung der Stoffeigenschaften. Sie ist direkt proportional zur messtechnisch bestimmbaren Kraft M und liefert die Basisinformation für alle mathematischen Beschreibungen des zu vermessenden Stoffes. Dies ist Grundlage für alle rheologischen Modelle und für alle weitergehenden Stoffbetrachtungen in Bezug auf den stoffspezifischen Kennwerten, Kenngrößen oder Kennzahlen. Der Quotient aus dynamischer Viskosität η und Dichte des Stoffs ρ ergibt die kinematische Viskosität v.

$$v = \frac{\eta}{\rho}\left[\mathrm{m^2/s}\right]$$

9.1.2 Rotations- bzw oszillierende Rheometer

Bei rotierenden oder oszillierenden Rheometern wird entweder die Winkelgeschwindigkeit oder das Drehmoment vorgegeben. Wird die Winkelgeschwindigkeit ω vorgegeben, handelt es sich um ein schergeschwindigkeits-gesteuertes Rheometer, wird das Drehmoment M vorgegeben, handelt es sich um ein schubspannungsgesteuertes Rheometer. Bei der Drehmomentbestimmung darf nur der Anteil gemessen werden, der aus der

Wechselwirkung zwischen Messsystem und Substanz entsteht. Die durch das Gerät bedingten Momente, in Form von Lagerreibung u. ä., müssen im ganzen dynamischen Bereich des Rheometers minimiert werden. Diese Forderung stellt extreme Anforderungen an die Lager im Gerät und an die Vorrichtungen zur Übertragung des Drehmoments. Die Momente können als Motorstromänderung oder durch ein Torsionselement erfasst werden. Die Standardgeometrie bei Rotationsrheometern wurde für koaxiale Messkörper und Messgefäße in der DIN 53 019 festgelegt. Um unter definierten Bedingungen Messungen durchführen zu können, sind in der DIN 53 018 die Randbedingungen fixiert.

Rotationsviskosimeter
Die erstellten Fließkurven wurden mit einem Couette Rotations-Viskosimeter RV 100 der Fa. Haake (jetzt Thermo Fisher Scientific) aufgenommen.

Abb. 9.1 zeigt das Prinzip eines solchen Couette Rotations- Viskosimeters. Das Gerät ist besonders für Substanzen mit niedrigen Scherraten konzipiert. Das Messsystem ist luftgelagert und die Messeinrichtung ist temperierbar. Eine eigene dazugehörige Luftversorgungseinheit liefert die für das Luftlager erforderliche hochreine, trockene Luft.

Zur Erstellung einer Fließkurve wird der Messbecher sorgfältig mit 3,5 ml Messsubstanz gefüllt. Der Guard- Ring verhindert den Einfluss der Oberflächenspannung.

Danach wird der Innenzylinder in das Messsystem eingesetzt. Das Absenken des Innenzylinders in den Messbecher erfolgt über einen Hubmechanismus. Nachdem die gewünschte Messtemperatur am Thermostat eingestellt ist, wird der Messbecher auf eine vorgegebene Enddrehzahl von Null aus konstant beschleunigt. Die Beschleunigungsdauer ist ebenfalls wählbar.

Die zu messende Substanz befindet sich im Spalt zwischen einem rotierenden Messbecher und einem feststehenden Innenkegel. Je nach Zähigkeit der Messsubstanz und nach Winkelgeschwindigkeit (bzw. bei Viskositäts-Zeit-Kurven nach Beanspruchungsdauer) wird ein Drehmoment auf den Innenkegel übertragen, welches als Maß für die Schubspannung auf einem Schreiber direkt registriert wird.

Auswerten einer Fließkurve (Rotationsviskosimeter)
Als Beispiel wird eine strukturviskose Lösung verwendet: Abb. 9.2 zeigt den Ausdruck einer Fließkurve einer Messsubstanz mit der Zusammensetzung 0,015 % Seperan AP 30 + 4 % Isopropylalkohol.

Es wurden drei Kurven mit unterschiedlichen τ, D–Einstellungen zum direkten Vergleich aufgenommen.

Die Werte 1/1, 2/10 und 5/100 neben den Fließkurven geben die eingestellten %τ/% D–Werte an.

Zur Auswertung wird die oberste Kurve herangezogen:

Bei nichtnewtonschen Flüssigkeiten gibt es je nach Schergefälle unterschiedliche (scheinbare) Viskositätswerte. Beispielhaft seien hier die Werte für $S_D = 0,3$, $S_D = 0,7$ und $S_D = 1,0$ beschrieben (S_D = X-Achse):

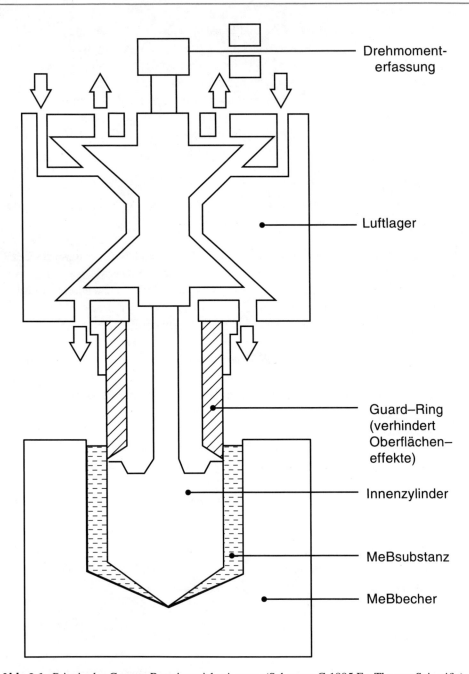

Drehmoment-
erfassung

Luftlager

Guard–Ring
(verhindert
Oberflächen–
effekte)

Innenzylinder

MeBsubstanz

MeBbecher

Abb. 9.1   Prinzip des Couette Rotationsviskosimeters (Schramm G.1995 Fa. Thermo Scientific)

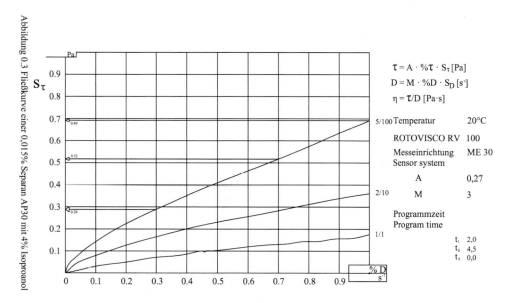

Abbildung 0.3 Fließkurve einer 0,015% Separan AP30 mit 4% Isopropanol

Abb. 9.2 Fließkurve einer 0,015 % Separan AP30 Lösung mit 4 % Isopropanol

Mit Hilfe folgender Beziehungen erhält man:

- die Schubspannung $\tau = A\ \% \ \tau S_\tau$ [Pa]
- den Schergrad $D = M\ \% \ DS_D$ [l/s]
- die dynamische Viskosität $\eta = \dfrac{\tau}{D}$ [Pas]

Berechnungsfaktor A ist von der verwendeten Messeinrichtung abhängig, in unserem Fall A = 0,27 für ME 30

Berechnungsfaktor M, für die verwendete Messeinrichtung M = 3

%T eingestellter % -Wert z. B. %T = 5

%D eingestellter %D-Wert z. B. %D = 100

S_τ zugehöriger Wert zum entsprechenden S_D Wert

Die Scherrate ergibt sich dann zu:

$$D = 3\cdot 100\cdot 0,7 = 210\,\frac{1}{s}$$

Die Schubspannung zu:

$$\tau = 0,27\cdot 0,5\cdot 0,52 = 0,702\,Pa$$

und die dynamische Viskosität zu:

$$\eta = \frac{0,702}{210} = 3,3 \; m\,Pas$$

Berechnung

$$\%\tau = 5; \%D = 100$$

Geschwindigkeitsgefälle D (Tab. 9.1):

$$S_D = 0,3; \; S_D = 0,7; \; S_D = 1,0$$

Schubspannung τ (Tab. 9.2):

$$S_\tau = 0,28 \; S_\tau = 0,52 \; S_\tau = 0,69$$

Viskosität η (Tab. 9.3):

$$\eta = \frac{\tau}{D}$$

Erstellen einer Fließkurve

Tab. 9.1 Berechnung der Scherrate

$D = M \cdot \% D \cdot S^D$		
$D = 3 \cdot 100 \cdot 0,3$	$D = 3 \cdot 100 \cdot 0,7$	$D = 3 \cdot 100 \cdot 1,0$
$D = 90 \; s^{-1}$	$D = 210 \; s^{-1}$	$D = 300 \; s^{-1}$

Tab. 9.2 Berechnung der Schubspannung

$\tau = A \cdot \% \tau \cdot S^\tau$		
$\tau = 0,27 \cdot 5 \cdot 0,28$	$\tau = 0,27 \cdot 5 \cdot 0,52$	$\tau = 0,27 \cdot 5 \cdot 0,69$
$\tau = 0,378 \; Pa$	$\tau = 0,702 \; Pa$	$\tau = 0,9315 \; Pa$

Tab. 9.3 Viskositätsberechnung

$\eta = \dfrac{0,378}{90}$	$\eta = \dfrac{0,702}{210}$	$\eta = \dfrac{0,9315}{300}$
$\eta = 0,0042 \; Pa \cdot s$	$\eta = 0,0033 \; Pa \cdot s$	$\eta = 0,0031 \; Pa \cdot s$
$\eta = 4,2 \; mPa \cdot s$	$\eta = 3,3 \; mPa \cdot s$	$\eta = 3,1 \; mPa \cdot s$

Die viskoselastischen Eigenschaften wurden außer mit dem Haake Rotationsviskosimeter noch mittels eines oszillierenden Kapillarviskosimeters mit einer festen Frequenz von 2 Hz und variablen Scherratenamplituden bestimmt. Diese Messungen wurden am Fraunhofer Institut in Stuttgart von Walitza und Anadere ausgeführt.

Die komplexe Viskosität $\eta^{\bullet}$ unter oszillierenden Strömungsbedingungen kann man mit folgenden Gleichungen berechnen:

$$\eta^{\bullet} = \frac{\tau^{\bullet}}{D^{\bullet}}$$

$$\eta^{\bullet} = \sqrt{\left[\left(\eta'\right)^2 + \eta''\right)^2\right]}$$

$\eta'(\omega)$ viskose Komponente
$\eta''(\omega)$ elastische Komponente

sowie mit:

$$\tau^{\bullet}(\omega) = \tau_0 \cdot e^{i\omega t + i\phi} = \tau'(\omega) + i \cdot \tau''(\omega)$$

$$D^{\bullet}(\omega) = D_0 \cdot e^{i\omega t} = D'(\omega) + i \cdot D''(\omega)$$

wobei τ_0 und D_0 die Amplituden, φ der Phasenwinkel zwischen beiden Größen und ω die Kreisfrequenz sind.

Kurz sei die Bestimmung der repräsentativen Viskosität erläutert. Es wird von einem vorgegebenen physiologischen Volumenstrom V in einem Rohr ausgegangen.

Die repräsentative Schergeschwindigkeit erhält man aus der Beziehung der Geschwindigkeitsverteilung:

$$\dot{V} = 2\pi \int_0^R u(r) r \, dr$$

der Schubspannung:

$$\frac{\tau}{\tau_w} = \frac{r}{R} \quad \text{bzw.} \quad \tau_w = -\frac{R}{2} \frac{dp}{dx}$$

und dem Fließgesetz:

$$D = f(\tau)$$

Daraus folgt der Volumenstrom:

$$\dot{V} = \frac{\pi R^3}{\tau_w^3} \int_0^{\tau_w} \tau^2 f(\tau) d\tau$$

Nun ermittelt man die Fließkurve $D = f(\tau)$ bzw. $\eta = f(D)$ mit Hilfe eines Rotations viskosmeters und stellt die Kurve mit dem Potenzgesetz:

$$D_r = \left(\frac{1}{k}\right)^{\frac{1}{n}} \tau^{\frac{1}{n}}$$

dar. Setzt man obige Gleichung in Gleichung für den Volumenstrom ein, so ergibt sich:

$$\dot{V} = \frac{\pi R^3}{\tau_w^3} \cdot \left(\frac{1}{k}\right)^{\frac{1}{n}} \cdot \int_0^{\tau_w} \tau^{\frac{1}{n}} \cdot \tau^2 d\tau$$

$$\dot{V} = k^{\frac{-1}{n}} \left(\frac{dp}{dx}\right)^{\frac{1}{n}} \cdot R^{\frac{3n+1}{n}} \cdot \frac{\pi n}{3n+1}$$

wobei:

- Materialparameter K
- Strömungsindex n

Aus dem mit der mittleren Geschwindigkeit gebildeten Volumenstrom $\dot{V} = u_m \cdot \pi \cdot R^2$ und gleichsetzen mit obiger Gleichung ergibt sich durch Umformen die Durchfluss charakteristik: $\lambda = \frac{64}{\text{Re}}$

$$\lambda = \frac{dp4R}{dx\rho u_m^2} = \frac{64\eta_r}{u_m D\rho} = \frac{64}{u_m D\rho} \cdot k \left(\frac{2\pi u_m}{D}\right)^{n-1} \cdot \frac{\pi}{4}\left(\frac{3n+1}{n\pi}\right)^n$$

Die repräsentative Viskosität erhält man dann zu:

$$\eta_r = k \left(\frac{2\pi u_m}{D}\right)^{n-1} \cdot \kappa$$

mit

$$\kappa = \frac{\pi}{4}\left(\frac{3n+1}{n\pi}\right)^n$$

Mit n = 0,3−1,4 liegt die Abweichung von κ unter 3 %, und kann vernachlässigt werden. Die repräsentative Schergeschwindigkeit erhält man nach Schümmer (1969):

$$D_r = \frac{\pi u_m}{R} = \frac{\dot{V}}{R^3}$$

Die Reynolds-Zahl für eine nicht-newtonsche Flüssigkeit errechnet sich aus der Gleichung der Durchflußcharakteristik λ zu:

$$\text{Re} = \frac{8}{K} \cdot \frac{(2R)^n \cdot u_m^{2-n} \cdot \rho}{\left(\dfrac{6n+2}{n}\right)^n}$$

K und n werden aus dem mit einem Haake Rotationsviskosimeter Typ RV 100 aufgenommenen Fließkurven bestimmt.

9.2   Methoden der Strömungssichtbarmachung für Modellversuche

9.2.1   Einführung

Die Messung der Strömungsgeschwindigkeit nach Betrag und Richtung ist häufig sehr aufwendig, deshalb ist es nützlich zunächst die Strömung sichtbar zu machen, um Messungen einzusparen und einen Überblick über den Strömungsverlauf zu erhalten. Bei der Strömungssichtbarmachung muss man unterscheiden zwischen den Bahnlinien (particle paths) eines Flüssigkeitsteilchens, den Stromlinien (Streamlines), die ein Momentbild des augenblicklichen Strömungszustandes liefern, und den Streichlinien (filament lines), die alle Fluidteilchen miteinander verbinden, die eine bestimmte Stelle im Raum passiert haben. Nur im Fall einer stationären Strömung fallen alle drei Linienarten zusammen. Bei der Sichtbarmachung von Strömungen beobachtet man meist die Streichlinien.

Im Versuchswesen ist es wichtig darauf zu achten, dass die Strömung sich voll ausgebildet hat, d. h. die Einlaufstrecken müssen beachtet werden, da sonst bei Messungen wie z. B. beim statischen Druck, nicht korrekt ist.

Die Länge der Einlaufstrecke kann angenähert mit folgender Gleichung bestimmt werden:

Laminare Strömung: $L_e = 0,061 \cdot Re + \dfrac{0,72}{0,04 \cdot Re + 1}$

$$\text{Oder } L_e/d = 0,06 \cdot Re$$

Turbulente Strömung: $L_e = 14,2 log_{10} - 46$

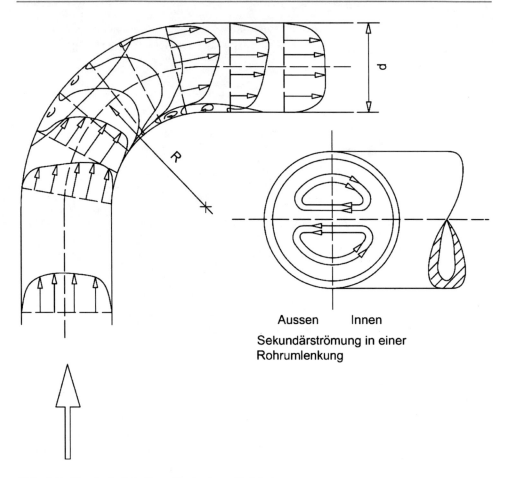

Abb. 9.3 Geschwindigkeitsprofile in einem Rohrkrümmer

$$\text{Oder } \frac{L_e}{d} = 0,06 \cdot Re^{0,25}$$

$$\frac{L_e}{d} \approx 40 \, bis \, 50$$

Wie bereits erwähnt spricht man auch von einer gestörten laminaren Strömung, bei der die Störungen örtlich bzw. zeitlich wieder abklingen (z. B. pulsierende Blutströmung). Bei der turbulenten Strömung bewegt sich das strömende Fluid nicht mehr in geordneten Schichten, sondern es überlagern sich zeitlich und räumlich ungeordnete Schwankungsbewegungen der Hauptströmung. An Krümmern und Verzweigungen treten außerdem die Sekundarströmungen auf (Abb. 9.3).

9.2.2   Sichtbarmachung von Luftströmungen

Mittels:

- Fadenverfahren
- Einführung von festen Teilchen in das Strömungsfeld
- Staub- und Flockenverfahren
- Rauchverfahren
- Einführen flüssiger Teilchen in das Strömungsfeld

Verfahren zur Kennzeichnung des Umschlagpunktes und der Strömungsablösung
Für viele strömungstechnische Probleme ist es wichtig den Umschlag von laminarer zu turbulenter Grenzschicht an der Wand festzulegen. Hierzu gibt es eine Reihe von Methoden. z. B. das Staubniederschlags-Verfahren, die Stromfadenmethode und das Aufsprüh Verfahren (z. B Kaolinverfahren, Naphtalinmethode).

9.2.3   Sichtbarmachung von Flüssigkeitsströmungen

Sichtbarmachung von Oberflächenströmungen
Zweidimensionale Strömung: Ebene Strömungsvorgänge kann man bequem beobachten, indem man den zu untersuchenden z. B. zylindrischen Körper nur halb eintaucht, so dass die Wasseroberfläche die Strömungsebene darstellt. Sie wird dann mit kleinen Teilchen bestreut, die auf dem Wasser schwimmen und sich durch ein anderes Reflexionsvermögen deutlich unterscheiden. Bei einer Zeitaufnahme zeichnen diese Teilchen die Bahnlinien. In Wasserkanälen ruht dabei der Körper und das Wasser bewegt sich, in Schleppkanälen wird der zu untersuchende Körper durch ruhendes Wasser gezogen.

Sichtbarmachung des Strömungsverlaufs in einer Flüssigkeit
Durch:
Beifügung fester Teilchen z. B. Sichtmittel Aluminiumflitter, Iriodin, Polystyrolkugeln. Man verwendet auch Plexiglasspäne als Sichtmittel. Gut geeignet ist auch Iriodin, das aus kleinen schuppenförmigen Teilchen besteht, die in Wasser eine Emulsion bilden.

Die Herstellung mikroskopisch kleiner Glaskugeln mit Durchmessern von 1 bis 10 μm bereitet keine Schwierigkeiten. Wegen ihrer Kleinheit sind solche Kugeln auch in Luftströmungen verwendbar.
Sichtmittel Amylazetat: Gut bewährt haben sich kugelförmige Schwebeteilchen, zu deren Herstellung eine Mischung von 2 Teilen Zaponlack, 1 Teil Amylazetat, Tetrachlorkohlenstoff (zur Einstellung des spezifischen Gewichtes) und 3 Teilen Wasser genommen wird.

Tellurverfahren nach E. Wortmann: Ein Tellurdraht wird senkrecht zur Wand in eine Wasserströmung gestellt. Ein elektrischer Impuls von einigen ms erzeugt in der Umgebung des Drahtes eine schwarze Tellurwolke, die mit der Strömung mitschwimmt und dadurch die Geschwindigkeitsprofile der Grenzschicht unmittelbar sichtbar macht.

Mittels Farbfäden: Farbflüssigkeit kann man entweder aus Bohrungen des Modells austreten lassen und mit dem Farbfaden den Strömungsverlauf in Wandnähe sichtbar machen oder man lässt die Farbe aus einer verschieblichen Farbsonde z. B. Injektionsnadeln auslaufen, um beliebige Stellen des Strömungsfeldes zu untersuchen.

Beifügen von Gasblasen

Luftblasen: Luftblasen eignen sich vor allem zur Sichtbarmachung von Wirbelkernen, da sie wegen ihres geringen spezifischen Gewichtes an die Stellen größten Unterdruckes wandern.

Wasserstoffblasentechnik: Ein quer zur Strömung gestellter Draht ist als Kathode ausgebildet, während eine durch das Wasser getrennte Stelle als Anode dient. Durch Spannungsimpulse werden infolge Elektrolyse Reihen von Wasserstoffblasen ausgeschieden, die entsprechend der Geschwindigkeit stromabwärts schwimmen und somit ein Abbild des Geschwindigkeitsprofils liefern.

9.2.4 Strömungsdoppelbrechung zur Sichtbarmachung von Strömungsfeldern bei Flüssigkeitsströmungen

Doppelbrechung entsteht bekanntlich beim Durchgang von Licht durch optisch anisotropes Material wie z. B. Kalkspat. Orientierungsdoppelbrechung wird durch Ausrichten von länglichen bzw. abgeplatteten Teilchen hervorgerufen, z. B. bei Zelluloid. Bei Kolloiden kann außer durch Deformation Orientierungsdoppelbrechung auch durch elektrische oder magnetische Kräfte und durch Schubspannungen, d. h., durch die Geschwindigkeitsgradienten einer Strömung erzeugt werden. Das letztere nennt man Strömungsdoppelbrechung. Es gibt ca. 120 amorphe Flüssigkeiten, die durch äußeren oder magnetischen Zwang doppelbrechend werden. Hierzu gehören Milling Yellow, und Vanadiumpentoxid-Sol. Die Herstellung des Sols aus den Ausgangsprodukten kann in der entsprechenden chemischen Fachliteratur nachgeschlagen werden bzw. in Liepsch (1975).

Zur Beobachtung der Strömungsvorgänge eignen sich je nach Modellgröße verschiedene spannungsoptische Apparaturen. Für größere Modelle geeignet und am einfachsten zu handhaben, ist die „spannungsoptische Apparatur" der Fa. Tiedemann. Sie besteht aus einem Lichtkasten mit weißem diffusem Licht, und einer Natriumdampflampe, den Polarisationsfolien und einer Viertelwellenplatte. Weitere Apparaturen sind der Prado-Pol der Fa. Leitz und das optische Baukastensystem der Fa. Spindler & Hoyer. Aus der Spannungsoptik, Föppel-Mönch (1959), ist bekannt, dass sich beim Durchleuchten eines unter Spannung stehenden Modells aus Kunststoff zwischen gekreuzten Polarisatorfolien Isochromaten- und Isoklinenbilder einstellen.

Isochromaten sind Linien gleicher Phasenverschiebung bzw. Linien gleicher Hauptspannungsdifferenz. Durchleuchtet man die Modelle mit monochromatischem Licht, erscheinen die Isochromaten als dunkle Linien.

Isoklinen treten bei linear polarisiertem Licht im belasteten Modell dort auf, wo eine der beiden Hauptspannungsrichtungen mit der Polarisationsrichtung zusammenfällt. Im weißen Licht erscheinen die Isochromaten in der Komplementärfarbe der ausgelöschten Wellenlänge, d. h. als Linien gleicher Farbe. Nur die Isochromate 0. Ordnung erscheint dunkel. Isoklinen erscheinen auch im Weißen Licht immer dunkel. Durch zirkular polarisiertes Licht können die Isoklinen ausgeschaltet werden, während die Isochromaten unverändert wie bei linear polarisiertem Licht erhalten bleiben. (Näheres s. Föppel-Mönch 1959).

Im ruhenden Sol unterliegen die stäbchenförmigen Molekülaggregate der Brownschen Molekularbewegung. Das Sol erscheint optische isotrop. Lässt man das Sol strömen, so werden die Längsachsen der Teilchen auf Grund der Scherkräfte benachbarter Flüssigkeitsschichten in Richtung der Strömung ausgerichtet. Das Sol wird optisch anisotrop. Mit wachsendem Strömungsgradienten verstärken sich die Orientierung und damit die Doppelbrechung. Das Verfahren ist deshalb zur Untersuchung der Strömung in Wandnähe und für räumliche, qualitative Strömungsvorgange gut geeignet, da man ein Bild des gesamten betrachteten Systems erhält.

Stagnationspunkte, Ablösen der Strömung von der Wand, Rezirkulationszonen, Wirbelgebiete lassen sich gut lokalisieren (Liepsch 1989).

Allerdings im Unterschied zum Kristall sind die Verhältnisse bei den strömenden Flüssigkeiten, z. B. in einem Rohr wesentlich komplizierter. Beim Kristall kann beim Durchtritt eines Lichtstrahls auf einzelne Punkte geschlossen werden, da es sich um einen „homogenen" Körper handelt. Bei der strömenden Flüssigkeit tritt der Lichtstrahl durch ein Strömungsprofil hindurch, d. h., man misst den „Integraleffekt" der gesamten Strömungsgradienten dieses Profils. Aus der Messung kann deshalb nicht direkt auf einem lokalen Strömungsgradienten geschlossen werden. Bis jetzt können deshalb bei dreidimensionalen Strömungen nur qualitative Aussagen gemacht werden.

In Abb. 9.4 erkennt man, wie die mittlere schwarze Linie vor der Verzweigung, die das Strömungsmaximum darstellt, unmittelbar nach der Verzweigungsstelle aus der Rohrmitte abgelenkt wird und erst allmählich wieder in die Ausganslage zurückkehrt. Außerdem sieht man, wie sich die Ablösungszone gegenüber dem abgehenden Rohr mit zunehmendem Volumenstromverhältnis des abzweigenden Stromes zum konstant gehaltenen Gesamtstrom vergrößert, bis es zu einer vollständigen Verwirbelung über den gesamten Rohrquerschnitt kommt. Die Aufnahme wurde bei gekreuzten Polarisatoren im linear polarisierten Licht gemacht.

Mit dieser Methode lassen sich Länge und Größe der Störgebiete, sowie das Abreißen der Strömung von der Wand in Glas- und Silikonkautschukmodellen gut feststellen. Außerdem wurde der Strömungsverlauf bei stationärer pulsierender Strömung an ver-

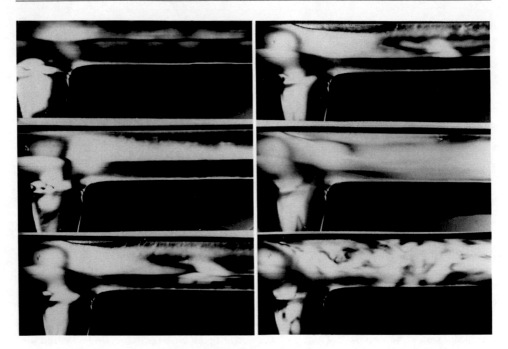

Abb. 9.4 90° T-Verzweigung von einer strömungsdoppelbrechenden Flüssigkeit durchströmt, a) beginnende Störung, b) Abreiße der Störung von der Wand, c) Verwirbelung über den gesamten Rohrquerschnitt, d)weitere Strömungsablösungen von der Wand, e) stärkere Verwirbelungen über den gesamten Rohrquerschnitt, f) extreme Verwirbelung da die Hauptströmung in den Abgang abzweigt.

schiedenen starren und elastischen Modellen (T-Verzweigung, End-zu-End und End-zu-Seit-Anastomose, Beinarterie) mit einer 16 mm Kamera gefilmt (siehe auch Kap. 3: die Videosequenz zeigt den Übergang von einer laminaren zu einer turbulenten Strömung, eine weitere Videoaufnahme zeigt den Strömungsverlauf und die Strömungsart bei einer Verzweigung mit pulsierender Strömung).

9.3   Laser-Doppler-Anemometer und Particle-Image-Velocimeter

Laser-Doppler-Anemometer (LDA)

Das Prinzip und die Anwendung der Laser-Doppler Anemometrie (LDA) ist ausführlich in zahlreichen Publikationen beschrieben (Drain, Durani, Durst et al., Liepsch,), so daß sich eine detaillierte Erläuterung erübrigt. Die optischen Eigenschaften der Laserstrahlen (phasengleich und parallel) ermöglichen ein berührungsloses völlig störungsfreies Messen der Geschwindigkeit. Gegenüber herkömmlichen Geschwindigkeitsmessungen besitzt das LDA viele Vorteile:

Hohe räumliche (Fokusdurchmesser bis 20 μm) und zeitliche Auflösung (je nach Meßbereich der Elektronik bis 25 m/s pro ms), Meßvolumen kleiner als 10^{-4} mm^3

Es entfällt jede Eichung (lineare Zusammenhang zwischen Meßsignal und Strömungsgeschwindigkeit, unabhängig von den Fluideigenschaften)

Die Geschwindigkeitsmessung ist unabhängig von der Dichte, Temperatur und dem
Druck am Meßort. Der Meßbereich reicht von 0,5 mm/s bis 1000 m/s.

Voraussetzung für die Anwendung des LDA sind optische Transparenz und das Vor-
handensein geeigneter, lichtstreuender Partikel, die der Strömung trägheitslos (schlupffrei) folgen.

Die zu untersuchenden Modelle, das Fluid und das umgebende Medium müssen transparent sein, damit das Laserlicht hindurchtreten kann.

Prinzip des Laser- Doppler-Anemometers

Man unterscheidet zwischen Referenzstahlmethode (für stark reflektierende Be-
obachtungsfenster oder Strömungsmedien mit hoher Partikelanzahl eignet sich diese Methode) und Interferenzmethode. Die heute häufig angewandte Interferenzstrahlmethode
sei kurz beschrieben.

Interferenzmethode

Der Laserstrahl wird in den Strahlteiler in zwei Beleuchtungsstrahen gleicher Intensität
aufgeteilt. Zwei Braggzellen verändern die Frequenz der Laserstrahlen, d. h. sie ändern die
Frequenz des einfallenden Lichtstrahles um eine fest eingegebene Shiftfrequenz. Durch
diese Verschiebung ist das Vorzeichen der Geschwindigkeitskomponente bestimmbar.
Durch unterschiedliche Shiftung beider Laserstrahlen wird ein sich mit der Differenz der
Shiftfrequenzen bewegtes Interferenzgitter erzeugt. Die Teilchengeschwindigkeit Null
entspricht dabei genau der Differenz der Shiftfrequenzen. Eine Sammellinse fokussiert die
beiden Laserstrahlen in einem Brennpunkt. Im ellipsoidförmigen Schnittvolumen entsteht
ein Interferenzbild. bestehend aus hellen und dunklen Streifen.

Strömen Teilchen durch das Schnittvolumen, entsteht ein Streulichtsignal (Burst). Die
Frequenz dieses Signals und mit dem Abstand der Interferenzstreifen lässt sich die Geschwindigkeitskomponente normal zu den Interferenzstreifen bestimmen. Für die Messungen müssen Streuteilchen in die Modellflüssigkeit eingebracht werden. Diese sollen
der Strömung schlupffrei folgen. Die Streuteilchen senden eine veränderte Frequez gegenüber der Frequenz des Laserlichtes aus. Die Frequenzänderung ist der Geschwindigkeit
direkt proportional. Die beiden Hauptstrahlen werden vor dem Eingang in den Photomul-
tiplier durch eine Blende ausgeblendet und das verbleibende Streulicht wird über Linsen
und Filter in einem Elektronenvervielfacher in ein elektrisches Signal umgewandelt und
wird am Empfangsgerät (Computer) gespeichert (Abb. 9.5).

Man erhält:

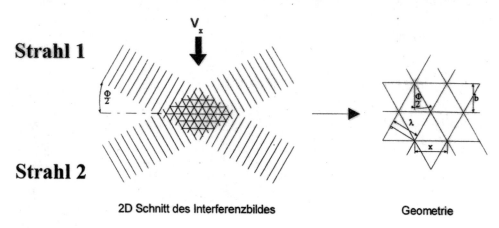

Abb. 9.5   Interferenzbild im Schnittpunkt der Laserstrahlen

$$f_D = \frac{v_x}{\lambda} \; 2 sin \; \frac{\theta}{2}$$

f_D Dopplerfrequenz
v_x Geschwindigkeitskomponente
λ Wellenlänge des Laserlichtes
Θ Winkel zwischen beiden Laserstrahlen

Das Interferenzsystem wird vorteilhaft bei Strömungssystemen mit geringer Partikelkonzentration eingesetzt.

Die Dopplerfrequenz bei dieser Betriebsart ist unabhängig von der Empfangsrichtung. Das Streulicht kann über große Raumwinkel empfangen werden, wodurch eine hohe Empfindlichkeit erreicht wird.

Die Größe der Partikel sollte kleiner als der Interferenzstreifenabstand sein. Der Streifenabstand b ergibt sich aus der Wellenlänge des Laserlichtes und dem halben Schnittwinkel θ/2 des Strahlabstandes der beiden Laserstrahlen und dem Brennpunktabstand der verwendeten Optik:

$$b = \lambda / \left(2 \sin \theta / 2 \right)$$

Rückstreuungs-Interferenzsystem
Bei dieser Betriebsart befindet sich das ganze Messsystem auf einer Seite des Strömungssystems. Die Streulichtintensität ist geringer als beim Vorwärtsstreuverfahren.

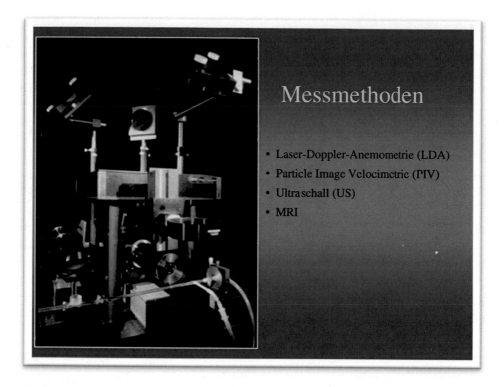

Abb. 9.6   3-D LDA System mit jeweils orthogornalen Strahlen

Durch Verwendung dreier orthogonal aufeinander stehender verschiedenfarbiger Laser-strahlpaare ist die Messung aller drei Geschwindigkeitskomponenten gleichzeitig möglich mit höchster räumlicher und zeitlicher Auflösung (Abb. 9.6)

Mit einer Lichtleiter-Sonde kann die Messung auch an entfernteren Objekten ausgeführt werden.

Es können auch Strömungsprofile in Rohren mit elastischen Wänden mit der LDA-Sonde erstellt werden. Es muss die Wegänderung der elastischen Rohrwand aufgezeichnet werden, um den Messort exakt bestimmen zu können.

Particle-Image-Velocimeter (PIV)

Mit dem PIV wird ein ganzes Feld von Vektoren gleichzeitig sichtbar gemacht. Durch den raschen Fortschritt in Computer- und Lasertechnik sind heutige PIV-Systeme in der Lage, Strömungen mit sehr guter räumlicher und zeitlicher Auflösung wiederzugeben und auszuwerten. Im Gegensatz zu LDA misst PIV nicht einen einzelnen Punkt im Strömungsfeld. Vielmehr spannt der Laser des PIV-Systems eine Ebene auf, in der jede Strömungsbewegung sichtbar ist. Ein Messvolumen wird somit in viele „Scheiben" geschnitten. Mit Hilfe geeigneter Software werden diese Scheiben zusammengefügt und ergeben ein dreidimensionales Bild der Strömung. Hauptsächlicher Unterschied zwi-

schen den Systemen LDA und PIV ist die Messmethodik. Bei LDA kann die Strömungsgeschwindigkeit nur an einem Punkt, nämlich dem Schnittpunkt der Laserstrahlen gemessen werden. Demzufolge müssen zeitlich versetzt alle Punkte im Strömungsfeld
angefahren und vermessen werden. Das Aufspannen einer Laserebene über das Messvolumen, wie es vom PIV-System praktiziert wird, erlaubt die Messung des gesamten
Vektorfeldes zu einem definierten Zeitpunkt. Bei beiden Messmethoden müssen kleine
Partikel, sog. Streuteilchen in die Strömung eingebracht werden. Ein auftreffender Laserstrahl wird von diesen Teilchen reflektiert bzw. gestreut. Während beim LDA der Phasen-
versatz des gestreuten Lichts gemessen und in eine absolute Geschwindigkeit um-
gerechnet wird (Dopplereffekt), werden beim PIV in sehr kurzer Abfolge zwei Laserblitze
ausgesendet, die zwei Laserebenen beleuchten. Die Streuteilchen reflektieren das Licht
und werden für zwei kurze Momente sichtbar. Mit Hilfe einer Hochgeschwindigkeits-
kamera werden zwei Bilder aufgenommen und digitalisiert. Der Versatz der Streuteilchen
in der Strömung wird damit sichtbar gemacht. Nach Umrechnung unter Anwendung des
bekannten Maßstabes des Messvolumens kann er als Strömungsvektor interpretiert werden. PIV eignet sich vor allem zur Messung instationärer Strömungsvorgänge. Turbulente Strukturen können in jeder Phasenlage herausgearbeitet werden. Für Strömungen,
die aufgrund komplizierter Geometrie umgelenkt und verändert werden, ist PIV ein hilf-
reiches Werkzeug.

Messprinzip PIV
Mit PIV können sehr niedrige Geschwindigkeiten bis Überschallgeschwindigkeiten
gemessen werden. Das Messsystem setzt sich aus einem kohärenten Laser, einer
Synchronisationseinheit, einer Hochgeschwindigkeitsvideokamera mit hoher Auflösung
sowie einem Computer zur Messdatenerfassung zusammen (Abb. 9.7).

Der gepulste Laser, etwa ein Ruby oder Nd-YAG Laser wird als Lichtquelle eingesetzt.
Mit Hilfe sphärischer und zylindrischer Linsen wird der Laserstrahl zu einer Lichtebene
minimaler Breite aufgespannt. Der Laser wird von der Steuereinheit synchronisiert. Ein
Personal Computer ist mit Synchronisier und Kamera verbunden. Mit Hilfe eines Mess-
programms können die Optionen zur Messung eingestellt und die Aufnahmen der Kamera
erfasst bzw. gespeichert werden.

Weitere Laser Verfahren sind:

Phasen-Doppler-Anemometer mit dem außer der Geschwindigkeit, die Partikelgröße
und – konzentration gemessen werden kann.

Laser Vibrometer mit dem die Schwingingsfrequenzen von Objekten gemessen
werden.

Mit diesem Verfahren wurden z. B, hohe Frequenzen an arteriovenösen (AV) Shunts
gemessen. Auch bei Aneurysmen konnten, die durch die Strömung verursachten Schwingungen gemessen werden (Siehe Abschn. 8.3). Nähere Details siehe Firmenschrift der Fa.
Polytec.

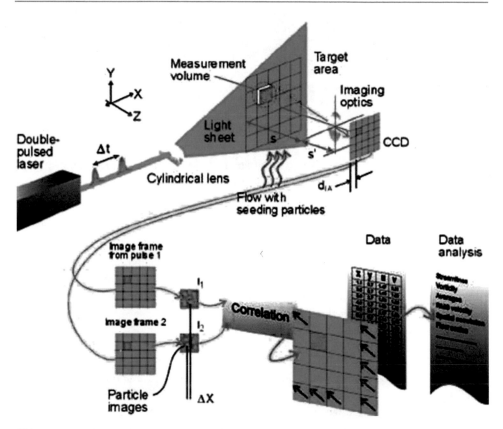

Abb. 9.7 PIV-System mit Laser, Kamera und Computer zur Messdatenerfeassung (Fa. TSI)

9.4 Ultraschall

Physikalische und technische Grundlagen
Auf die physikalischen und technischen Grundlagen sei nur kurz eingegangen. Diese sind ausführlich in Standardwerken abgehandelt (Bartels 1999a, b; Hennerici und Meairs 2001; Marschall 1983; v. Reutern und v. Büdingen 1993).

Die Schallfrequenzbereiche werden international in vier Kategorien eingeteilt. Der Infraschall beinhaltet Frequenzen kleiner 16 Hertz. Der Hörschall liegt im Bereich zwischen 16 und 20.000 Hertz. Der Ultraschall beginnt bei Frequenzen größer 20.000 Hertz. In der Medizin und Gefäßdiagnostig benützt man Frequenzen von 1 MHz bis 20 MHz. Ein Megahertz entspricht 1.000.000 Schwingungen pro Sekunde.

Schallwellen
In ruhenden Medien, wie Gas und Flüssigkeiten, schwingt die Longitudinalwelle in Ausbreitungsrichtung.

Tab. 9.4 Schallgeschwindigkeit, Impedanz und Dichte für verschiedene Medien

Medium	Schallgeschwindigkeit c [m/s]	Impedanz Z [kg/m²s]	Dichte ρ [kg/m³]
Luft (20 °C)	343	410	1,2
Wasser (20 °C)	1492	148900	998,2
Fett/Muskeln	~1500	$1,5 * 10^6$	~1000
Knochen	3600	$6 * 10^6$	1700
Stahl	5918	$464 * 10^5$	~7840

Die Ausbreitungsgeschwindigkeit c hängt von der Dichte ρ und den Elastizitätsmodul E des Mediums ab.

$$c = \sqrt{\frac{E}{\rho}}$$

In den Weichteilgeweben des Menschen beträgt die Schallgeschwindigkeit circa 1540 m/s. Das Trägheitsgesetz besagt, um eine Masse zu bewegen, muß eine Kraft aufgebracht werden. Dieser charakteristische Widerstand wird als Wellenwiderstand oder akustische Impedanz Z bezeichnet (Tab. 9.4)

$$Z = \rho \cdot c$$

An der Grenzfläche zweier Medien mit verschiedener Impedanz kommt es zur Reflexion. Je größer der Impedanzunterschied, desto stärker ist die Reflexion. Gut reflektierende Medien, wie Knochen, kalkhaltiges Gewebe oder luftgefüllte Organe wie die Lunge, können eine Totalreflexion bewirken. Die darunter liegenden Schichten befinden sich dann in einem Schallschatten. Aus diesem Grund ist auch die Verwendung von Kontaktgel zwischen Schallkopf und Medium notwendig, um eine dazwischen liegende Luftschicht zu verhindern.

Brechung
Abhängig von den unterschiedlichen Ausbreitungsgeschwindigkeiten, kann es zu einer Ablenkung der Schallwellen durch Brechung des Schallstrahles kommen. Dies kann zu Artefakten und zu einer Fehlinterpretation führen.

Streuung
Der Streuung kommt bei einer Ultraschalluntersuchung eine entscheidende Rolle zu. So erfolgt beispielsweise an Blutzellen in einem Blutgefäß eine komplette Streuung in alle Richtungen.

Absorption
Die Absorption, auch Dämpfung genannt, hat den größten Einfluß auf die Ausbreitung der Schallwelle. Der Absorptionskoeffizient hängt sowohl von der Eigenschaft des biologischen Gewebes als auch von der verwendeten Schallfrequenz ab.

Die Dämpfung wird mit zunehmender Eindringtiefe stärker. Da die Absorption mit zunehmender Frequenz größer wird, verringert sich die Eindringtiefe der Ultraschallwellen bei konstanter Schallintensität. Eine Erhöhung der Schallintensität ist nicht beliebig durchführbar, da es zu gewebeschädigenden Nebenwirkungen kommen kann.

Schallkopf

In der heutigen Zeit wird in der Diagnostik mit dem Impuls-Echo-Verfahren gearbeitet. Dabei erzeugt der Schallkopf einen kurzen Schallimpuls, bestehend aus etwa zwei Schwingungsperioden, der durch das angrenzende Medium geschickt wird. Die reflektierten Schallwellen kehren zurück, werden von der Sonde aufgenommen und der Bildverarbeitung zugeführt. Die Qualität des Schallkopfes ist für die Qualität des Ultraschallgerätes entscheidend. Man unterscheidet verschiedene Schallköpfe.

Ultraschallverfahren

Alle betrachteten Ultraschallverfahren beruhen auf der Auswertung multipler Puls-Echo-Zyklen. Dabei werden die einzelnen Pulse zeitlich nacheinander vom Schallkopf ausgesendet und die empfangenen Amplituden, Phasen und Frequenzen ausgewertet (Ewen 1998).

A-Mode

Das A-Mode-Verfahren stellt die Basis für alle Weiteren Verfahren dar. Das ‚A' steht für Amplitudenmodulation. Ein stationär auf die Körperoberfläche aufgesetzter Schallkopf sendet Schallimpulse aus, die sich in die vorgesehene Richtung ausbreiten. Diese werden an Grenzflächen teilweise reflektiert und von der Sonde wieder aufgenommen.

B-Mode

Im Gegensatz zum A-Mode, in dem Amplitudenzacken angezeigt werden, sind im B-Mode die Grenzflächen als Helligkeitswert dargestellt. Dabei entsteht ein zweidimensionales Bild, in dem viele einzelne, örtlich nebeneinander liegende Ultraschalllinien, auf einem Monitor nebeneinander angeordnet werden. Die Grauwerte entsprechen dabei den Amplituden. Je heller der Punkt, desto größer die Amplitude. Das ‚B' in B-Mode steht für das englische brightness modulation.

Die B-Mode-Darstellung ist das am häufigsten in der Medizin angewendete Verfahren.

M-Mode

Das M-Mode-Verfahren ist ein weiteres Grauwertverfahren, bei dem das ‚M' für das englische ‚motion' steht. Bei dieser Untersuchungsmethode können dynamische Prozesse im Körper dargestellt werden.

Hierbei arbeitet man mit einer sehr hohen Pulswiederholungsfrequenz, bei der jedoch immer die exakt gleiche Stelle im Körper beschallt wird. In dieser Zeit entstehende Unterschiede (Bewegungen) in den untersuchten Medien, haben unterschiedliche Echos zur Folge. Die Ultraschalllinien werden anschließend zeitlich nacheinander auf dem Monitor dargestellt und zeigen so eine eindimensionale Darstellung von Bewegungsabläufen, ein Zeit- Bewegungsdiagramm (Ewen 1998; Wessels und Weber 1983).

Diese Untersuchungsmethode kommt vor allem in der Kardiologie zum Einsatz, um zum Beispiel Herzklappen genauer untersuchen zu können. Neben den drei genannten Ultraschallverfahre gibt es noch weiterentwickelte Verfahren.

In der Gefäßdiagnostik findet die Duplexsonographie Anwendung. Bei der Duplexsonografie handelt es sich um eine Kombination des Doppler-Ultraschall mit dem B–Mode Verfahren. Man sieht die morphologischen Gegebenheiten und auch das Blutfließverhalten des Gefäßsystems.

Dopplersonographie

Wie beim Laser-Doppler-Anemometer wird beim Ultraschall der Dopplereffekt angewandt. Bewegt sich ein Objekt auf einen Beobachter zu, so nimmt er eine höhere Frequez wahr, im Gegensatz zum sich entfernden Objekt, wo die Frequenz abnimmt.

Es werden zur Untersuchung der Blutflussgeschwindigkeit die Schallwellen stationär gesendet, jedoch von bewegten Reflektoren, den Erythrozyten, mit einer anderen Frequenz reflektiert. Diese Frequenzverschiebung ergibt sich zu:

$$\Delta f = f_r - f_0 = \frac{f_0 \cdot v \cdot \cos\alpha \cdot 2}{c}$$

wobei:

- Frequenzverschiebung [Hertz]: Δf
- Sendefrequenz [Hertz]: f_0
- reflektierte Frequenz: f_r
- Strömungsgeschwindigkeit des Blutes [m/s]: v
- Beschallungswinkel [°]: α
- Schallgeschwindigkeit im Gewebe [m/s]: c

Mit einem bekannten Beschallungswinkel und einer ermittelten Dopplerfrequenzverschiebung, kann unter Anwendung dieser Formel die Blutströmungsgeschwindigkeit berechnet werden.

Beim Beschallungswinkel ist zu beachten, dass bei einer senkrecht aufgesetzten Sonde eine Geschwindigkeitsmessung nicht möglich ist (cos = 90°). Das beste Ergebnis, eine zu 100 % korrekt gemessene Strömungsgeschwindigkeit entsteht bei einem Winkel von 0°. Dies ist in der Praxis nicht umsetzbar. In der Praxis wird die Sonde bei einem Winkel, zwischen 30–45 °, eingesetzt.

Pulsrepetitionsfrequenz und Aliasing

Pulsrepetitionsfrequenz abgekürzt PRF, wird diejenige Frequenz genannt, mit der die Pulspakete ausgesendet werden. Die Dopplersignale werden mit Hilfe eines Meßfensters aus einem definierten Ort gewonnen und ihre Amplituden und Frequenzen analysiert: Die Strömungsgeschwindigkeit der Erythrozyten entspricht der Frequenz. Die Amplitude gibt

Auskunft über die Anzahl der Erythrozyten. Die PRF ist der oberste Grenzwert des gepulsten Dopplersignals und gibt die maximal messbare Geschwindigkeit vor. Die maximal bestimmbare Dopplerfrequenz wird als Nyquist-Frequenz bezeichnet und ist die Hälfte der PRF.

$$F_{max} = \frac{PRF}{2}$$

Ist die PRF kleiner als die Nyquist-Grenze, kann das zu erfassende Dopplersignal nicht mehr korrekt wiedergegeben werden. Es treten Fehler in Bezug auf Strömungsgeschwindigkeit und Richtung auf. In der bildlichen Darstellung werden die Spitzen der Spektralkurven abgeschnitten und unterhalb der Nulllinie, also scheinbar entgegen der Strömungsrichtung, angesetzt. Man spricht vom Aliasing Phänomen.

Die **Farbduplexsonographie** ist ein weiterentwickeltes Verfahren der Duplexsonographie, die erst durch den Einsatz leistungsfähiger Prozessoren möglich wurde. Hierbei werden flächenhaft gleichzeitig mehrere Dopplerstrahlen ausgesendet und mit hohem mathematischem Aufwand berechnet. Dies hat den Vorteil, dass Blutströmungen über den gesamten Gefäßabschnitt in Echtzeit dargestellt werden können. Dabei gibt das B-Mode-Verfahren Auskunft über die Morphologie, die Spektrumanalyse über den zeitlichen Ablauf und die Farbkodierung über die räumliche Verteilung der Strömung.

Zusammenfassung-Ultraschall
Die Ultraschalltechnik kann vielfältig eingesetzt werden, z. B. um tieferliegendes Gewebe des Menschen, nicht invasiv untersuchen und darstellen zu können. Die Kenntnis der physikalischen und technischen Grundlagen ist notwendig, um eine korrekte Abbildung am Gerät einstellen zu können und Artefakte zu vermeiden.

Die Entwicklung leistungsstarker Prozessoren hat es ermöglicht, mit Hilfe von Doppler- oder (Farb-)Duplexsonographie, Fließgeschwindigkeiten in Gefäßen, in Echtzeit zu messen und abzubilden. Als Reflektoren dienen die Erythrozyten. Die neueste Entwicklung ist das 3D-Ultraschallgerät. Dabei wird zusätzlich ein Schwenk in der Ebene vollzogen, um ein dreidimensionales Bild zu erzeugen.

Die weiteren Wirkungen von Ultraschall, wie die Kavitation oder die lokale Temperaturerhöhung, werden zwar als Nebenwirkungen in der Medizin genannt, in anderen Bereichen jedoch auch gezielt eingesetzt. So werden die Kavitation zur Reinigung von Gegenständen im Ultraschallbad und die Temperaturerhöhung zu therapeutischen Zwecken eingesetzt.

Abb. 9.8 zeigt eine Anwendung eines Ultraschallkatheders und eine direkte Vergleichsmessung mit einem LDA system.

Man sieht, daß der Katheter die Strömung in der Mitte stört. Es kam häufiger zu Fehlinterpretationen. Der Durchmesser des Kathters wurde verfeinert und die Störungen wurden minimiert.

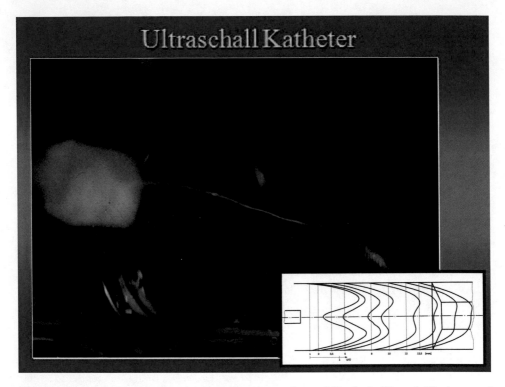

Abb. 9.8 Vergleich der Messung in einem Koronararterienmodell mittels Ultraschallkatheter und einem LDA-System

9.5   Kernspinresonanzverfahren

Einleitung

Bildgebende Verfahren wie die Computertomografie (CT) und die Ultraschalldiagnostik nehmen bei diagnostischen und therapeutischen Maßnahmen eine bedeutende Stellung ein. Die Strahlenbelastung bei der CT-untersuchung bedeutet ein nicht zu vernachlässigendes Risiko.

Das Kernspinresonanzverfahren basiert auf den Phänomenen der magnetischen Kernresonanz und wird seit seiner Entdeckung 1946 vor allem in der Chemie, sowie der Physik und der Medizin zu den Untersuchungen verwendet.

Es ist in keiner Weise mit ionisierender Strahlung verbunden und lässt sich somit risikolos bei Menschen einsetzten.

Es sei nur ein kurzer Einblick in das Kernspinresonanzverfahren gegeben, speziell auf den Blutfluß. Ansonsten sei auf die umfangreiche Fachliteratur verwiesen.

Erste Versuche in Zusammenarbeit bei der Fa. Siemens wurden 1986 ausgeführt.

Kernspinresonanz (NMR)

Kernspinresonanz (NMR = Nuclear Magnetic Resonance) ist ein (kern)physikalischer Effekt, bei dem Atomkerne einer Materialprobe in einem konstanten Magnetfeld elektromagnetische Wechselfelder absorbieren und emittieren.

Die Kernspinresonanz ist die Grundlage sowohl der Kernspinresonanzspektroskopie (Chemie), eine der Standardmethoden bei der Untersuchung von Atomen, Molekülen, Flüssigkeiten und Festkörpern, als auch der Kernspinresonanztomografie (Magnetresonanztomografie) für die medizinische bildgebende Diagnostik.

Die Kernspinresonanz beruht auf der Larmorpräzession der Kernspins um die Achse des konstanten Magnetfelds. Durch die Emission oder Absorption von magnetischen Wechselfeldern, die mit der Larmorpräzession in Resonanz sind, ändern die Kerne die Orientierung ihrer Spins zum Magnetfeld. Wird mittels einer Antennenspule das emittierte Wechselfeld beobachtet, spricht man auch von Kerninduktion.

Voraussetzung der Kernspinresonanz ist ein Kernspin ungleich Null, d. h. es lässt sich nur die Elemente für die Kernspin-Tomografie verwenden, deren Kern ein unpaares Nukleon enthalten ist. Und dessen Eigendrehimpuls als Kernspin nach außen in Erscheinung tritt, z. B. Wasserstoff (^{1}H), Phosphor (^{31}P), Kohlenstoff (^{13}C), Natrium (^{23}Na), Fluor (^{19}F). Entscheidend dabei ist, dass von den entsprechenden Elementen eine genügend große Anzahl von Atomen z. B. im Körper vorhanden sind, da nur die Atome angeregt werden können, welche nicht kompensiert sind.

Als Beispiel sei der Wasserstoff genannt, welcher in großer Zahl im Körper enthalten ist. Die Wasserstoffatome werden nicht nur in Nord-Süd-Richtung im Magnetfeld ausgerichtet, sondern auch in Süd-Nord-Richtung. Die Richtungsverteilung ist ziemlich ausgeglichen. Es wird nur wenig mehr in Nord-Süd-Richtung ausgerichtet. Die Differenz beträgt 7 %. Diese 7 % können angeregt werden. Der größte Teil wird kompensiert. Man kann gute kontrastreiche Bilder mit dem Wasserstoff erhalten, da die anderen Elemente nur in geringer Menge im Körper vorhanden sind.

Prinzip des Kernspinresonanzverfahrens

Das Prinzip der Kernresonanz basiert auf der Richtung der Magnetisierung durch Anlegen eines zusätzlichen magnetischen Wechselfeldes, dadurch ist ein makroskopisches magnetisches Moment messbar. Die Größe der Magnetisierung ist durch das magnetische Moment pro Volumen gegeben.

Wegen des Eigendrehimpulses der Atomkerne ist auch mit der Magnetisierung ein makroskopischer Drehimpuls entsprechender Größe verknüpft.

Die Magnetisierung stellt sich ähnlich wie eine Kompassnadel in einen Gleichgewichtszustand parallel zum Magnetfeld.

Wird die Magnetisierung aus dieser Gleichgewichtslage ausgelenkt, so ist sie bestrebt, in die alte, energetisch günstigere Lage parallel zum Feld zurückzukehren.

Das wird jedoch durch den Eigendrehimpuls verhindert. Man nennt die resultierende Bewegung, Präzession.

Zur Auslenkung der Kernmagnetisierung aus ihrer Gleichgewichtslage parallel zum Magnetfeld und damit zur Anregung der Präzession verwendet man im Allgemeinen ein hochfrequentes magnetisches Wechselfeld.

Es wird durch einen Wechselstromimpuls in der die Probe umgebenden Spule erzeugt.

Stimmt nun die Frequenz des anregenden Wechselfeldes genau mit der Präzessionsfrequenz der Kernmagnetisierung überein, so wird auf diese Energie übertragen und sie
dreht sich aus der Gleichgewichtslage heraus.

Eine Anregung der Kernpräzession ist nur möglich, wenn das anregende Wechselfeld
mit der Präzession der Kernmagnetisierung „in Resonanz" ist.

Nach Abschalten des Hochfrequenzimpulses wird in der Messspule induzierte Spannung, (das Kernresonanzsignal) registriert.

Seine Frequenz entspricht der Präzessionsfrequenz, seine Anfangsamplitude der Zahl
der angeregten Kerne, der zeitliche Abfall ist die Folge der Relaxation

Anwendung in der Medizin
NMR als bildgebendes Verfahren (MRT)

Die bildgebende Magnetresonanztomografie wird in der medizinischen Diagnostik zur
Darstellung von Struktur und Funktion der Gewebe und Organe im Körper eingesetzt. Es
basiert auf dem Prinzip der Kernspinresonanz (NMR). Neben punktweise Abtastung gibt
es zeilenhafte, planare und dreidimensionale Verfahren. Für all diese rekonstruktiven Ab-
bildungsmethoden überlagert man dem homogenen magnetischen Grundfeld zusätzliche
ortsverständliche Magnetfelder, sogenannte Gradientenfelder. Diese bewirken einen linearen Anstieg der magnetischen Feldstärke in X-, Y- oder Z-Richtung.

Gradienten
Für ein planares Abbildungsverfahren wird zur Auswahl der gewünschten Schicht ein Feld-
gradient senkrecht zur Schichtebene eingeschaltet (für eine axiale Schicht zum Beispiel ein
Gradient in Richtung der Körperachse). Wird dann ein Hochfrequenzimpuls eingestrahlt,
so ist die zu Anregung der Kernpräzession notwendige Resonanzbedingung erfüllt.

Im übrigen Körper sind das Magnetfeld und damit die Kernresonanzfrequenz entweder
zu groß oder zu klein. Vom Hochfrequenzimpuls wird nur die Magnetisierung in einer
Schicht zur Präzession angeregt. Alle anderen Bereiche des Untersuchungsobjekts bleiben
unbeeinflusst.

Relaxation
Ist der „Radiofrequenz-Anstoß" beendet, so bewegt sich der Kreisel in die Ausgangs-
position (Nord-Süd-Richtung des Magneten) zurück. Das sich zurückdrehende Atom erzeugt im Magnetfeld eine Spannung, welche über Empfängerspulen leicht gemessen werden kann. Diese Rückkehr des Atoms in den Gleichgewichtszustand nennt man Relaxation.

Der Kernspin-Tomograf besteht aus vier Komponenten: Feldspulen, Gradientenspulen,
Hochfrequenzspule u. Patientenliege.

Das Herz der Anlage ist der Magnet. Entscheidend sind die Magnetstärke und die
Homogenität des Magnetfeldes.

Zurzeit werden Magnete mit einer Feldstärke von 0,15 bis 3 Tesla verwendet (Ein Tesla = 10.000 Gauss). (Der derzeit stärkste supraleitende Magnet in der NMR-Spektroskopie liegt bei 23,5 Tesla)

Diese Feldstärken lassen sich nur mit supraleitenden Magneten erzeugen, die auf sehr tiefe Temperatur abgekühlt werden müssen. Bei den supraleitenden Magneten nutzt man den Effekt aus, dass bestimmte Metalle bei sehr niedriger Temperatur keinen elektrischen Widerstand mehr aufweisen. Grundlage ist eine Temperatur von 4 K bzw. −269° Celsius. Diese Temperatur wird durch flüssiges Helium erreicht.

Um die Verdampfung des Heliums möglichst gering zu halten, wird der Heliumkryostat mit flüssigem Stickstoff gekühlt (Temperatur minus 196° Celsius). (Kosten des Kühlmittels ca. 100.000 €/Jahr bei regelmäßiger Nutzung)

Magnet
Wegen der geringen Energie können sie weder ionisieren noch zu einer stärkeren Erwärmung des Gewebes führen.

Statische Magnetfelder mit Feldstärken von kleiner als 2,0 Tesla haben keinen schädigenden Einfluss auf den Menschen, weder zellulär noch biochemisch oder sogar genetisch. Feldstärken von 0,5–0,6 Tesla müssen als vollständig ungefährlich angesehen werden.

Das Magnetfeld wird in drei Zonen eingeteilt
Zone 1: Im Abstand von ca. 5,5 m vom Zentrum des Magneten darf sich kein Patient mit Herzschrittmacher bewegen. Es handelt sich um eine sehr wichtige Kontrollzone. In diesem Bereich können kleine Metalle (Kugelschreiber, Schlüssel, usw.) in den Magneten gezogen werden und evtl. zu Verletzungen am Patienten führen.

In dieser Zone werden Uhren zum Stillstand gebracht und Kreditkarten oder Magnetbänder gelöscht.

Zone 2: Im Abstand von 7 m dürfen keine Eigenteile mit einem Gewicht von mehr als 40 kg bewegt werden, da sie die Homogenität des Magnetfeldes beeinflussen.

Zone 3: Im Abstand von ca. 10 m dürfen keine Autos fahren oder Fahrstühle bewegt werden.

Diese Räume müssen bei der Betrachtung der drei Zonen mitberücksichtigt werden. Um ein homogenes Magnetfeld zu erreichen, sollten der Untersuchungsraum und die Räume darüber und darunter frei von magnetisierbaren Metallen sein. (Abwasserrohre, Armierungen, usw.).

Zur nicht-invasiven Flussmessung in größen Gefäßen eignet sich das Verfahren bestens.

Seit 1982 wurden verschiedene Untersuchungen zum Verständnis der Effekte des Blutflusses auf Kernspinn- Tomogramme vorgenommen und mehrere auf Modifikationen der Abbildungsverfahren basierende Techniken zur Visualisierung des Blutflusses entwickelt.

9.6   Magnetisch- Induktive- Durchflussmessung

Einführung
Die Vorteile dieses Messverfahrens sind:

Es sind keinerlei Einbauten und Querschnittsveränderungen innerhalb des Messsystems vorhanden. Es tritt kein zusätzlicher Druckabfall in der Rohrleitung auf. Die induktiven Durchflussmesser sind in jeder Lage in die Rohrleitungen einzubauen. Das elektrische Ausgangssignal ist über einen weiten Bereich linear. Der Messfehler liegt bei den meisten angebotenen Systemen unter 0,5 %. Bei geeigneten Strömungsverhältnissen ist die Messung unabhängig von der Dichte, dem Druck, der Temperatur und der Viskosität des Mediums. Das Messsystem besitzt keine Verschleißteile. Nachteilig ist erforderliche elektrische Hilfsenergie für die magnetische induktive Durchflussmessung.

Das Messprinzip beruht auf dem Induktionsgesetz. Wird ein elektrischer Leiter (in diesem Fall eine elektrisch leitende Flüssigkeit) mit der Geschwindigkeit v senkrecht zu einem Magnetfeld B bewegt, so wird ein elektrisches Feld E erzeugt. An zwei diametral angeordneten Elektroden kann die induzierte Spannung U_{ind} abgegriffen werden. Diese nimmt linear mit der Zahl der pro Zeiteinheit geschnittenen Feldlinien zu und ist somit direkt proportional der Fließgeschwindigkeit v des Messmediums. Die beiden Elektroden müssen gut isoliert in die Rohrwand eingebaut werden (Abb. 9.9). Die Messstrecke be-

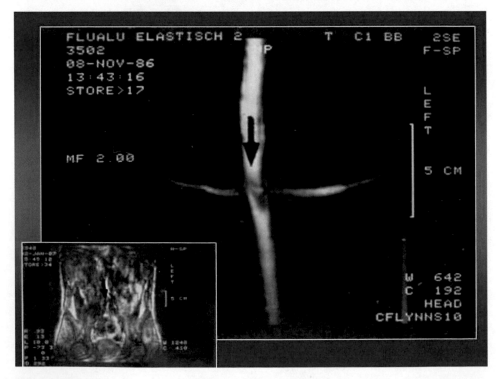

Abb. 9.9 Erste Kernspinresonanzaufnahme in einem Modell der abdominalen Arterie mit Nieren-abgängen eines Hundes

steht aus einem kurzen Rohr aus nichtmagnetisierbarem Metall oder Kunststoff (wie es in
der Medizin eingesetzt wird).

Es gilt die Beziehung:

$$U_{ind} = B \cdot D \cdot \overline{v} \cdot K$$

wobei:

- induzierte Spannung: U_{ind}
- magnetische Induktion: B
- mittlere Geschwindigkeit des strömenden Mediums: $\overline{v}$
- Abstand der Elektroden: D
- Eichkonstante: K (diese beinhaltet die Rohrabmessungen u. die elektrischen Eigenschaften des Fluiden) (Abb. 9.10)

Strömungsprofil

Bei einem konstanten Rohrdurchmesser und einem konstanten magnetischen Feld ist die
induzierte Spannung der Fließgeschwindigkeit direkt proportional. Der Mittelwert $\overline{v}$ ist

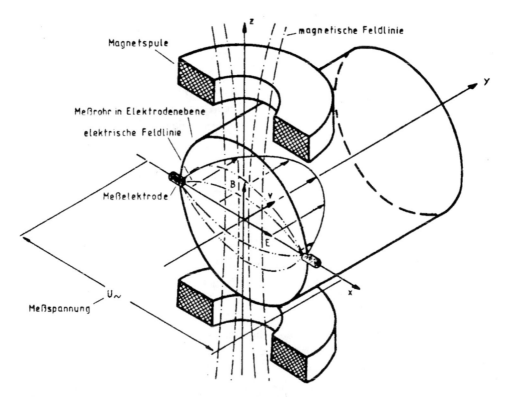

Abb. 9.10 Prinzip eines magnetisch-induktiven Durchflussmessers

der exakte mathematische Mittelwert der örtlichen Geschwindigkeiten in der durch die Elektroden aufgespannten Querschnittsebene.

Für nicht rotationssymmetrische Strömungsprofile besitzt die Gleichung $U_{ind} = B \cdot D \cdot \overline{v} \cdot K$ noch ihre Gültigkeit, wenn die Störungen zur x- und z-Achse unsymmetrisch bzw. um 45° gegen diese Achsen geneigt sind.

Die auftretenden Messfehler bei gestörten Strömungsprofilen können auf verschiedene Art verringert werden. Es gibt eine Reihe firmenspezifischer Lösungen, wobei in der Regel heute nur noch mit inhomogenen Magnetfeldern gearbeitet wird. (Weiteres siehe Fachliteratur).

In der Medizin werden induktive Durchflußmeser sehr erfolgreich eingesetzt.

Zusammenfassung- MID
Induktive Durchflussmesser besitzen folgende Vorteile:

*   Der Messwertaufnehmer liefert unmittelbar ein elektrisches Signal, welches nur noch verstärkt und von Störeinflüssen gereinigt werden muss.
*   Das Messrohr enthält keinerlei bewegliche Teile und Einbauten.
*   Das Strömungsprofil wird im Messrohr nicht verändert.
*   Es entsteht kein zusätzlicher Druckabfall in der Messeinrichtung.
*   Die Messung ist vom Druck, der Dichte, Temperatur, Viskosität und Konzentration unabhängig.
*   Die lineare Anzeige der mittleren Geschwindigkeit ermöglicht einen Einsatz für große Messspannen.
*   Das Messverfahren ist von der Strömungsart unabhängig.
*   Der Messwertaufnehmer kann in jeder beliebigen Lage eingebaut werden.
*   Das Verfahren kann für aggressive, korrosive Flüssigkeiten und für Flüssigkeiten mit Feststoffen verwendet werden.

Nachteilig sind die erforderliche Hilfsenergie und eine Mindestleitfähigkeit der Flüssigkeit.

9.7   Blutdruckmessung

Die Blutdruckmessung ist von großer klinischer Bedeutung zur Prüfung des Herz- Kreislaufsystems. Man unterscheidet zwischen invasiven (direkten blutigen Messverfahren) und nicht-invasiven (indirekte Messung durch die Haut). Der linke Ventrikel des Herzens versorgt den Körper mit ausreichendem Blut unter Druck. In den Arteriolen besteht ein starker Widerstand und somit Druckabfall, die sich durch Muskelwirkung stark verengen. Der arterielle Blutdruck beträgt zwischen 120 und 80 mmHg (1mmHg entspricht 133 Pa). Es wird nur ein kurzer Überblick gegeben.

9.7.1 Invasive Blutdruckmessung

Bei der invasiven Messung wird mittels eines Katheters der Blutdruck gemessen. Dieser wird in der Regel am Arm in dieArteria brachialis („Oberarmarterie") oder Arteria radialis („Speichenarterie") eingeführt. Der Katheter überträgt den aufgenommenen Druck an ein Gerät, welches diesen in sichtbar elektrische Signale umwandelt.

Erste Blutdruckmessung von Hales
Die Messung des Blutdruckes ist eine einfache und in jeder Arztpraxis durchführbare Methode, um Veränderungen im Blutkreislauf festzustellen.

Stephen Hales (1677–1761) maß den arteriellen Blutdruck an Pferden. Er stellte auch die Dehnung von Aorten fest. Er führte den Begriff des peripheren Widerstandes ein und behauptete, die Dehnung der Aorta wirke wie ein Windkessel. Jean Poiseuille (1799–1869) benutzte das Quecksilbermanometer, um den Blutdruck in der Aorta eines Hundes zu messen.

Moderne Messverfahren
Für die Anwendung der invasiven Methode ist nicht die Genauigkeit der Druckmessung das entscheidende Kriterium, denn auch hier liegt die Schwankungsbreite unter Umständen bei 10 % und darüber. Eines der Kriterien für den Einsatz der invasiven Messung ist, sie erlaubt, im Gegensatz zur nichtinvasiven Methodik, in kritischen Situationen eine exakte Beurteilung der Druckverhältnisse.

Folgende Indikationen können für eine arterielle Blutdruckmessung auf invasiver Basis ausschlaggebend sein:

- alle Schockformen,
- instabile Kreislaufformen, welche durch rasche und unvorhersehbare Druckschwankungen gekennzeichnet sind,
- Therapieführung und – kontrolle,
- intraoperativ bei großen chirurgischen Eingriffen,
- Risikopatienten, wenn wiederholte Blutabnahme für die Blutanalyse durchgeführt werden muss.

Zudem ermöglicht die arterielle Kanülierung bei Bedarf die Entnahme von Blut zur Bestimmung arterieller Blutgase
Zu unterscheiden gilt, ob der venös oder arteriell eingeführte Katheter lediglich zur Druckübertragung auf einen außerhalb des Körpers befindlichen Druckwandler dient oder ob der Druckwandler an der Katheterspitze angebracht ist (das sogenannte Katheter-TIP-Manometer).

Entsprechend dem verwendeten Messsystem kann die direkte Druckmessung in zwei verschiedene Methoden unterteilt werden:

- Messung mit flüssigkeitsgefüllten Kathetern
- Katheter-TIP-Manometer-System (TIP-Katheter)

SWAN-GANZ-Katheter
In der klinischen Anwendung, hauptsächlich in der Intensivmedizin und der Anästhesie, ist vor allem der SWAN-GANZ-Katheter, oder auch Ballon-Katheter nach SWAN-GANZ, vorzufinden.

Da die Einstichstellen der Kanüle häufig weit weg von der geplanten Messstelle entfernt liegen, muss der Katheter im Gefäß bis zum gewünschten Ort vorwärts geschoben werden. Die Ballon-Katheter besitzen an der Spitze einen kleinen Latexballon, der durch ein eigenes Lumen aufgeblasen und vom Blutstrom mitgetragen wird.
Des Weiteren gibt es einen Kombinationskatheter für Drücke und Geschwindigkeiten
Die Herzfunktionskurven können mit Hilfe mehrerer Sensoren auf einem Katheter simultan bestimmt werden.

9.7.2   Nicht-Invasive Blutdruckmessung

Bei nicht-invasiven Methoden wird der arterielle Blutdruck indirekt gemessen. Sie kommen im Gegensatz zu den invasiven Blutdruckmessmethoden ohne eine Kanülierung der Arterie aus. Dadurch entfallen die damit verbundenen Risiken.
Um auch nicht-invasiv eine kontinuierliche oder zumindest halbwegs kontinuierliche Messung des Blutdrucks zu ermöglichen, wurde eine Vielzahl verschiedener Verfahren entwickelt:

Sphygmomanometrische Methoden
Bei der sphygmomanometrischen Messung des arteriellen Blutdrucks wird die ent spre-chende Extremität (in der Regel der Arm) mit einer Blutdruckmanschette komprimiert. Die Manschette besteht aus einem aufblasbaren, elastischenSchlauch und wird über einen Handballon, oder bei so genannten Blutdruckvoll bzw. -halbautomaten über eine pneuma-tische Elektropumpe, aufgepumpt.

Wichtig bei allen sphygmomanometrischen Methoden ist die Wahl der richtigen Manschettengröße. Empfohlen wird eine Manschettenbreite von 40 % desUmfangs der jeweiligen Extremität. Um Fehler durch den hydrostatischen Druck zu minimieren, ist die Messung stets auf Herzhöhe durchzuführen (am Oberarm des sitzenden Patienten, am Oberschenkel des liegenden Patienten).

Palpatorische Methode

Die Blutdruckmanschette wird am Oberarm oder Oberschenkel angebracht und auf einen Druckwert oberhalb des vermuteten systolischen Drucks aufgepumpt. Anschließend wird der Manschettendruck langsam abgesenkt. Sobald dieser den systolischen Druck unterschreitet, fließt wieder Blut durch das komprimierte Segment der Arterie, welcher sich in spürbaren Druckpulsen äußert. Diese Druckpulse können an der Speichenarterie abgetastet werden.

Oszillometrische Methode

Die einfache Handhabung oszillometrischer Messgeräte ist ein großer Vorteil und ermöglicht den Patienten eine Blutdruckbestimmung selbst durchzuführen. Da die Messgeräte nicht nur am Oberarm sondern auch an Handgelenk oder Finger platziert werden können. Nachteilig bei diesem Messvorgang ist allerdings die Anfälligkeit gegenüber Bewegungsgeräuschen des Patienten.

Die maschinelle Selbst-Messung am Oberarm ist heute die am meisten verbreitete. Dabei drückt die Manschette durch elektromotorisches Aufpumpen die Gefäße zu. Beim Ablassen des Luftdrucks mit einem Regelventil wird während der Systole wenig Blut durch die Arterie gepresst. Bei geringerem Druck erzeugt das Gefäß an der Manschette ein Pulsieren, welches elektronisch gemessen wird. Außerdem wird noch die Pulsfrequenz gemessen.

Eine Einzelmessung ist immer eine Momentaufnahme, deshalb führt man 24 h Blutdruckmessungen zur Diagnose und Therapiekontrolle durch.

Es wird noch ständig an der Fehlerverbesserung der Druckmeßgeräte gearbeitet. Es gibt bereits vielversprechende Lösungen z. B. Handgelenkmessgeräte. Die Druckimpulse werden durch ein geringes Totvolumen in der Manschette erreicht (siehe weiterführende Literatur).

9.8 Temperaturmessung

9.8.1 Nicht-Invasive, berührende Messung

Das Quecksilberthermometer

Erfinder des Quecksilberthermometers war Andreas Celsius (1701–1744), der mit einer „hundertgradigen Einteilung zwischen Gefrier- und Siedepunkt des Wassers" (Bley 1994), erstmals ein verlässliches Instrument zur objektiven Erfassung der Körpertemperatur von Patienten für die medizinische Diagnostik entwickelte. (Bley 1994). Seit April 2009 ist der Vertrieb von quecksilberhaltigen Messgeräten innerhalb der EU verboten, da zum Beispiel bei einem Bruch des Thermometers, das Quecksilber beim Bruch des Thermometers, bereits bei Raumtemperatur verdampft und die entstehenden Gase bei Inhalation hoch toxisch sind.

Abb. 9.11   Fieberthermometer

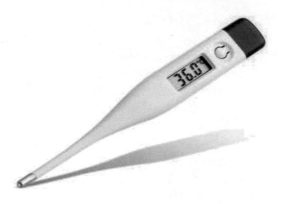

Das digitale Fieberthermometer

Abb. 9.11 zeigt das digitale Fieberthermometer. Neben einer identischen Ablese-genauigkeit bietet es eine erhöhte Sicherheit für den Patienten und eine kürzere Ab-lesezeiten

Technische Grundlage für das digitale Thermometer ist die Keramik-Halbleitertechnik mit dem NTC-Widerstand als Messfühler (Bley 1994).

Zusätzliche Funktionen, wie die Anzeige von Datum und Uhrzeit lassen sich mit gerin-gem elektronischem Mehraufwand integrieren. Angewendet werden diese zur Messung des Atemstromes und der Körpertemperatur.

Plattenthermographie

Bei diesem Messverfahren wird eine thermoempfindliche Flüssigkristallfolie in Berührung mit der zu untersuchenden Körperstelle gebracht. Mit diesem Verfahren lassen sich Temperaturdifferenzen von 0,1 Kelvin mit einer Ansprechzeit von 0,1–0,2 Sekunden dar-stellen. Die Erkennung und Messung von Entzündungen, Fieber, Haut- und Brustkrebs sind das Hauptaufgabengebiet dieser medizinischenMethode.

Doppelsensortechnologie

Eine neue Methode zur kontinuierlichen und nicht-invasiven, berührenden Kern-temperaturmessung, die auch im intensiv-medizinischen Bereich Verwendung findet, ist die Doppelsensormethode. Die Messung der Kerntemperatur erfolgt an der Körperober-fläche durch einen Doppelsensor, der aus zwei separaten Temperatursensoren besteht, die durch eine isolierende Schicht voneinander getrennt sind.

9.8.2   Invasive, berührende Messung

Der Swan-Ganz-Katheter

Der Swan-Ganz-Katheter ist ein dreilumiger Ballonkatheter, der im Rahmen der Rechts-herzkatheteruntersuchung perkutan über einen zentralvenösen Zugang durch den rechten Herzvorhof und die rechte Herzkammer in den Stamm der Arteria pulmonalis vor-geschoben wird (Näheres siehe DocChecknMedical Services GmbH)

Weitere Katheter sind:

- Der PiCCO-Katheter
- Der Foley-Katheter

Der Katheter wird über die Harnröhre bis in die Blase geschoben.

Nasopharynx
EinTemperatursensor wird durch die Nase des Patienten eingeführt.

Ösophagus
Ein Temperatursensor wird über die Nase oder den Mund in die Speiseröhre eingeführt, bis der Messfühler auf Herzhöhe liegt.

9.8.3 Berührungslose Oberflächentemperaturmessung

Pyrometer-Infrarot-Thermografie
Arbeitet der Stoffwechselprozess nicht einwandfrei, so lässt sich eine Veränderung der Hauttemperatur als Indikator dafür nehmen. Ein großer Vorteil der Infrarottemperaturmessung ist es, sie ist absolut nicht-invasiv und kann kontaktfrei ausgeführt werden. Die abgegebene Wärmestrahlung des Menschen wird dabei passiv erfasst.

Speziell bei der Diagnose einiger Krebsarten folgt die Tumordetektion dem thermografischen Paradigma, so dass das starke Wachstum maligner Tumore notwendigerweise von einem Anstieg des Stoffwechsels begleitet ist, der sich in der Konsequenz als Änderung der Temperatursignatur widerspiegelt (Kramme 2011).

Infrarot-Ohr-Thermometer
Die Temperaturmessung am Ohr beziehungsweise am Trommelfell ist eine für den Patienten sehr angenehme Art und Weise die Körpertemperatur zu messen. Bei der Messung wird eine hygienische Schutzkappe auf die Messsonde gesteckt und im Anschluss vorsichtig in den Gehörgang eingeführt, sodass der Infrarotsensor direkt auf das Trommelfell gerichtet ist.

Das Trommelfell liegt in unmittelbarer Nähe des Hypothalamus, dem Temperaturregulationszentrum im Zwischenhirn. Dadurch wird ein sehr genauer Temperaturwert ermittelt, der der Körperkerntemperatur wiederum sehr nahekommt.

Zusammenfassung
Die Körpertemperaturmessung am und im menschlichen Körper ist eine der wichtigsten und an den häufigsten angewandten diagnostischen Modalitäten im medizinischen Bereich, um sowohl den aktuellen Gesundheitszustand als auch den Krankheitsverlauf des zu

behandelnden Patienten zu überwachen. Die Körpertemperaturmessung geht weit über die Funktion des Fiebermessens mittels digitaler Fieberthermometer oder Ohr- Infrarot-Thermometer hinaus. Vor allem im intensiv- medizinischen Bereich während Operationen und Narkosen ist eine möglichst genaue Kerntemperaturmessung des Patienten unerlässlich. Es werden invasive beziehungsweise minimal-invasive Methoden wie zum Beispiel den Swan-Ganz-Katheter, den Foley-Katheter und die Messung über den Ösophagus eingesetzt. Zur Tumorlokalisierung und Diagnose verwendet man bildgebende Verfahren wie die Infrarot-Thermografie und die Plattenthermographie, die eine präzise Aussage über das Temperaturniveau der zu untersuchenden Körperstelle ermöglichen und sich mittlerweile als unverzichtbare Methoden der Krebsdiagnostik etabliert haben. Durch Weiterentwicklung dieser Verfahren werden in Zukunft auch Krankheiten wie Morbus Parkinson und Epilepsie vollkommen nicht- invasiv behandelbar sein.

Literatur

Andrew E (1958) Nuclear Magnetic Resonance. Cambridge University Press s. 62

Axel L (1983) Approaches to NMR Imaging of Blood Flow. Proc of the SPIE 347:336

Bartels E (1999a) Farbduplexsonographie der hirnversorgenden Gefässe: Atlas and Manual. Atlas und Handbuch. Stuttgart: F. K. Schattauer Verlagsgesellschaft mbH

Bartels E et al (2012) New Trends in Neurosondology and Cerebral Hemodynamics. München, Elsevier

Bartels E (1999b) Color-Coed Suplex Ultrasonography of the cerebral vessels. Stuttgart, Schattauer

Bonfig K (1977) Technische Durchflussmessung, Essen, Vulkan

Bösiger P, Kernspin-Tomographie für die medizinische Diagnostik. Stuttgart B. G. Teubner,

Büttner L (2004) Untersuchung neuartiger Laser-Doppler-Verfahren zur hochauflösenden Geschwindigkeitsmessung, Cuvillier Verlag, Göttingen

Bley H (1994) Kompendium Medizin + Technik. Grundlagen und Anwendungen der Elektrophysiologie, Elektromedizin, Elektrotherapie, bildgebenden Verfahren, Labordiagnostik, Informatik, Sicherheitsaspekte in Praxis und Klinik. Gräfelfing: Forum Medizin Verl. Ges.

Czarske J (2004) Laserinterferometrische Sensoren zur Abstands-, Geschwindigkeits- und Temperaturmessung. Expert Verlag, Renningen

Dantec Dynamics A/S Integrated Solutions in Particle Dynamics Analysis. General Information. https://www.dantecdynamics.com/docs/products-and-services/spray-and-particle/pda/Particle_Dynamics_Analysis_317.pdf.

Deutscher Ärzteverlag GmbH (2016) Ärzteblatt, Redaktion Deutsches: Ultraschall, Teil 2: Therapie – Schritte zur nicht invasiven Chirurgie. Online verfügbar unter http://www.aerzteblatt.de/archiv/66724, zuletzt geprüft am 20.06.2016.

Disa: Disa Typ 55 L Laser-Doppler-Anemometer. Firmenschrift.

DocCheck Medical Services GmbH (2016): Fieberthermometer – DocCheck Flexikon. DocCheck Medical Services GmbH. Online verfügbar unter http://flexikon.doccheck.com/de/Fieberthermometer#Invasive_ Temperaturmessung, zuletzt aktualisiert am 27.05.2016, zuletzt geprüft am 27.05.2016.

Durst F et al (1987) Theorie und Praxis der Laser-Doppler-Anemometrie. G.Braun, Karlsruhe

Engl L (1972) Der induktive Durchflussmesser mit inhomogenem Gleichfeld. Archiv für Elektrotechnik 53 (1970) 344–359 und (54) 269–277

Ewen K (1998) Moderne Bildgebung. Stuttgart: Georg Thieme Verlag 197–222

Feser M (1994) Scanning Laser Vibrometer. In: Waidelich W. (eds) Laser in der Technik/Laser in Engineering Springer, Berlin, Heidelberg

Fiedler H (2003) Vorlesungsskript turbulente Strömungen" TU Berlin, Herrmann-Föttinger-Institut für Strömungstechnik

Finck (1999) Referenzdruckmessung in flüssigkeitsgefüllten Systemen. Hochschule Mittweida, 1999.

Föppel L, Mönch E (1959) Praktische Spannungsoptik, Springer Berlin

Frentzel-Beyme B (2005) Als die Bilder laufen lernten. Hamburger Ärzteblatt, 10: 446–450.

Girod B et al (2007) Einführung in die Systemtheorie – Signale und Systeme in der Elektrotechnik und Informationstechnik. Teubner Verlag, Wiesbaden

Goldstein R (1996) Fluid Mechanics Measurements. Philadelphia Taylor & Francis

Halbach RE et al (1979) Cylindrical Cross-Coil NMR Limb Blood FlowMeter. Rev Sci Instr 50: 428

Harten U (2011) Physik für Mediziner. Eine Einführung. Berlin/Heidelberg: Springer

Hering E, Martin R (2006) Photonik: Grundlagen, Technologie, Anwendung. Springer, Heidelberg

Hennerici M, Meairs St (2001) Cerbrovascular Ultrsound. Theory, Practice and Future Developments. Cambridge University Press

Hogrefe W (1976) Magnetisch- induktive Durchflussmesser. Regelungstechnische Praxis 11/12

Iten P, Dändliker, R (1972) A Sampling Wide Band FM-Demodulator Useful for Laser-Doppler-Velocimeters. BBC Research Report KLAR-72-15

Karino T (1976) Particle Flow and Practice of Laser-Doppler-Anemometry. London, Acad. Press

Kolin A (1936) An Electromagnetic Flowmeter. The Principle of the Method and Its Application to Blood Flow Measurement.Proc. Soc. Exp. Biol. N.Y. 35: 53

Kramme R (2002) Medizintechnik. In R. Kramme, *Medizintechnik* Berlin: Springer-Verlag 157–187

Kramme, R (2011): Medizintechnik. Verfahren-Systeme-Informationsverarbeitung. 4. vollständig überarbeitete und erweiterte Auflage. Berlin, Heidelberg: Springer-Verlag Berlin Heidelberg.

Lay P (2000) Keine Angst vor der Medizintechnik. Eine Einführung in die Bioelektronik. Aachen: Elektor-Ver

Liepsch, D (1974,1975) Untersuchungen der Strömungsverhältnisse in Verzweigungen von Rohren kleiner Durchmesser (Coronararterien) bei Stromtrennung. Dissertation, TU-München, VDI Berichte 232: 423–442

Liepsch D (1987) Strömungsuntersuchungen an Modellen menschlicher Blutgefäßsysteme. VDI Verlag Reihe 7: Strömmungstechnik Nr. 11 3

Liepsch D (1989) Flow Visualization studies in a mold of the normal human aorta and renal arteries. J. Biomedical Eng. Vol. 111 222–227

Marshall M (1983): Angiologie. Springer, Berlin

Meier P (1991) Laser-Vibrometer zur berührungslosen Schwingungsanalyse. In: Verein Deutscher Ingenieure (Hrsg) Fortschrittliche Mess- und Analysemethoden lösen Schwingungs- und Lärmprobleme, Düsseldorf, 179–206

Mills CM et al (1984) NMR: Am JRadiol 142:165

Moran PR (1982) A Fow Velocity Zeugmatographic Interlace for NMR Imaging in Humans. Mag Res Imaging 1:197

Morse OC, Singer Jr (1970) Blood Velocity Measurements in Intact Subjects. Science 170: 440

Naumann A (1975) Strömung in natürlichen und künstlichen Organen und Gefäßen Klein. W Schr, 53

Niimi H (1979) Role of stress concentration in arterial walls in atherogenesis. Biorheology. 16: 233–230

Philips M (1990). 794 Produktinformation. Arbeitsprinzipien der Real- Time Schallköpfe.

Pfeiffer U (1990) Das itrathorakale Blutvolumen als hämodynamischer Leitparameter. Berlin, Springer

Polytec GmbH (2007) Optische Messsysteme. Applikationsnote VIB-G-05

Raffell M et al (1998) Particle Image Velocimetrie. Springer Verlag, Berlin

Saffmann M (1989) Phasen-Doppler-Methode zur optischen Partikelgrößenmessung/Optical particle sizing by phase-Doppler anemometry. In: Technisches Messen (tm) 56 7/8. R. Oldenbourg Verlag, München, s. 298–303

Schramm G (1995): Einführung in die Rheologie und Rheometrie. Firmenschrift Thermo Fisher Scientific

Schüssler H (1979) Induktiver Durchflussmesser bei unsymmetrischem Geschwindigkeitsprofil und für hydraulischen Transport. Technisches Messen 3:101–108.

Schuster P (2003) Weltbewegend und doch unbekannt. Physik Journal 2, Nr. 10

Shercliff J (1972) The Theory of Electromagnetic Flow-Measurement. Cambridge University Press

Schümmer P.: Zur Darstellung der Durchflusscharakteristik Viskoelastischer Flüssigkeiten in Rohrleitungen. Chem. Ing. Techn. 41: 1020–1021, 1969.

Singer Jr: Blood Flow Rates by NMR-Measurements. Science 130:1962

Sramek B, Valenta, J, Klimes, F.: Biomechanics of the Cardiovascular System.Prag, Czech Technical University Press 1995

Stehbens W (1993) The Lipid Hypothesis of Atherogenesis. Austin, R.G. Landes Company

Strauss A (1995) Farbduplexsonographie der Arterien und Venen. Berlin: Springer-Verlag

Strunk P, Frentzel-Beyme D, Stuckmann D (2013). DEGUM. Abgerufen am 27. 12 2013 von Deutsche Gesell f Ultraschall in der Medizin e.V.: http://www.degum.de/Geschichte_der_diagnostischen.627.0.html

Taylor G (1935) Statistical Theory of Turbulence. Proc. Roy. Soc., London A 151: 421

Thürlemann B (1941) Methode zur elektrischenGeschwindigkeitsmessung von Flüssigkeiten. Helv. Phys. Acta 14:383–419.

Tschöke H, Henze W (2009) Motor- und Aggregate-Akustik. Expert Verlag, Essen

Veith F (1992) Current crtical problems in vascular surgery. Vol 4, St. Louis, Missouri, Quality Medical Publishing, Inc

von Reutern GM, von Büdingen HJ (1993) Ultraschall Diagnositik der hirnversorgenden Arterien, Thieme, Stuttgart

Wack (2006) Nichtinvasive Blutdruckmessung unter Ergometriebedingungen, Technische Universität München

Wehrli FW et al (1984) Approaches to in-plane and out-of-plane flow imaging, Noninvas Med Imaging

Wehrli F et al (1983) Parameters Determining the Appearence of NMR Images. In: Modern Neuroradiology Vol. 2: Advanced Imaging Techniques, ed: Newton TH, Potts DG, Clavadel Press, San Anselmo

Wessels, & Weber (1983) Physikalische Grundlagen. Braun, Gunther, & Schwerk, Landsberg *Ultraschalldiagnostik* ec/omed Verlagsgesellschaft. 1–27

Wurzinger L (1979) Hydrodynamisch induzierte Plättchenablagerungen an Glasrohren verzweigter Gefäßabschnitte und Speziesunterschiede im Plättchenaggregationsverhalten von Menschen, Rind, Schwein, Schaf, Hund, Kaninchen und Truthahn, Diss. RWTH Aachen

Weiß (2009) Klinische Evaluierung einer Methode zur kontinuierlichen nichtinvasiven Messung des arteriellen Blutdrucks im Rahmen kardiochirurgischer Eingriffe, Friedrich-Alexander-Universität Erlangen-Nürnberg

Stichwortverzeichnis

Printed in the United States
by Baker & Taylor Publisher Services